国外实用统计丛书

通过实例学习 R

［美］
吉姆·艾伯特 （Jim Albert）
玛利亚·里佐 （Maria Rizzo）
著

胡 锐 李 义 译

机 械 工 业 出 版 社

本书按照统计学的知识框架，通过大量实例介绍 R 语言及其统计计算环境．主要内容包括：引言、定量数据、分类数据、图形表示、探索性数据分析、基本推断方法、回归、方差分析、随机化检验、模拟试验、贝叶斯模型和蒙特卡罗方法．

本书适用于已经具备初步统计知识并期望熟练掌握 R 语言的读者．

北京市版权局著作权合同登记　图字：01-2012-8910 号。

图书在版编目（CIP）数据

通过实例学习 R/（美）吉姆·艾伯特（Jim Albert），（美）玛利亚·里佐（Maria Rizzo）著；胡锐，李义译. —北京：机械工业出版社，2019.4
（国外实用统计丛书）
书名原文：R by Example
ISBN 978-7-111-61990-1

Ⅰ．①通⋯　Ⅱ．①吉⋯②玛⋯③胡⋯④李⋯　Ⅲ．①程序语言－程序设计　Ⅳ．①TP312

中国版本图书馆 CIP 数据核字（2019）第 026882 号

机械工业出版社（北京市百万庄大街 22 号　邮政编码 100037）
策划编辑：韩效杰　责任编辑：韩效杰　陈崇昱　任正一
责任校对：樊钟英　封面设计：张　静
责任印制：孙　炜
北京联兴盛业印刷股份有限公司印刷
2020 年 1 月第 1 版第 1 次印刷
185mm×260mm · 22.5 印张 · 496 千字
标准书号：ISBN 978-7-111-61990-1
定价：79.00 元

电话服务　　　　　　　　　　　网络服务
客服电话：010-88361066　　　机 工 官 网：www.cmpbook.com
　　　　　010-88379833　　　机 工 官 博：weibo.com/cmp1952
　　　　　010-68326294　　　金 书 网：www.golden-book.com
封底无防伪标均为盗版　　　　机工教育服务网：www.cmpedu.com

前　　言

本书通过大量的实例对R[40]统计计算环境进行了介绍，不要求读者具备R或其他软件包的预备知识. R是一个用于统计计算以及制图的统计计算环境，它是一种计算机语言，设计用于典型的以及可能非常专业的统计及制图应用. 在通用公共许可协议下，R可以应用于UNIX或Linux、Windows以及Macintosh等多种平台，其程序可以从www.r-project.org下载. 此外还有大量的贡献包和实用程序，这些也是非常方便安装的.

本书面向那些正在学习、讲授或使用统计学的人，通过一系列具体的实例来展示如何使用R进行统计或者概率计算. 具体地说，本书的对象是那些学习了（或正在学习）至少相当于本科层次、以微积分为基础的统计学课程的读者. 这些读者正在学习或应用探索性和推断性方法来分析数据，而本书在如何利用R实现这些过程方面无疑是非常有用的资源.

第1章和第2章对R系统做了一个总体介绍，并对R展现数据基本的数值或图形概要功能进行了概述. 第3、4、5章介绍了一些R函数来处理分类数据、生成统计图形以及实现John Tukey的探索性数据分析方法. 第6章给出了关于比例和均值的基本推断的R程序. 第7章到第10章介绍了R在热门的统计模型中的应用，比如回归、方差分析、随机区组设计、双因素方差分析，以及随机化检验. 本书的最后一部分介绍了R在蒙特卡罗模拟试验（第11章）、贝叶斯建模（第12章）以及从概率分布进行模拟的马尔可夫链蒙特卡罗算法（第13章）中的应用.

本书的主要特点是，在有趣的应用中对R函数进行介绍，而且这些应用使用的都是真实的数据. 比如"lm"是一个非常有用的R函数，它的特点可以通过一个很好的回归实例来充分展示. 我们尽量通过各章中的实例来展示良好的统计实务. 一个本科生可以很容易地将我们关于回归的R工作和他在统计学课程中学到的回归资料联系起来. 在每一章中我们都给出了一些练习题，在这些题目中读者可以运行一下学过的R函数进行练习.

实例中所用的数据文件一部分是R自带的，另一部分可以在我们的网站上找到. 一些数据文件可以直接从网页导入，还有一些可以在推荐包（R自带安装）或贡献包（需要时用户自行安装）中找到. 本书的网址为personal.bgsu.edu/~mrizzo/Rx.

我们在本书中用R_x来标记关于R的附注或提示，以便将它们和正文进行区分. 在实例中，R代码和输出结果用加粗等宽字体显示. 用先导提示符号"＞"来标明用户可以输入的代码. 实例中一些函数的脚本可以在本书网站提供的相关文件中找到，这些函数将不加提示地给出.

R手册和帮助文件中的实例一般会使用箭头赋值运算符"＜-"和"-＞". 但是在本书中我们使用等号运算符"="来赋值而不使用"＜-"，这是因为初学者会觉得输入符号"="会更方便一些.

R函数和关键词在索引的开始部分给出. 实例也被编入了索引，参见索引中的"实例"条目.

俄亥俄州博林格林州立大学

吉姆·艾伯特(Jim Albert)

玛利亚·里佐(Maria Rizzo)

目　　录

符号和缩写

$\in$	属于
$\propto$	正比于
$\Gamma(a)$	完全伽马函数, $\Gamma(a) = \int_0^\infty t^{a-1} \exp(-t)\,\mathrm{d}t$
cdf	累积分布函数
csv	逗号分隔值（文件格式）
E	期望值
GUI	图形用户界面
iid	独立同分布
IQR	四分位距
log	自然对数（以e为底）[i]
NID	独立正态分布
QQ	分位数对分位数（图）
MC	蒙特卡罗（方法）
MCMC	马尔可夫链蒙特卡罗（方法）
M-H	Metropolis-Hastings（算法）
MSE	均方误差
MST	处理均方
SS.total	总误差平方和
SSE	误差平方和（组间误差）
SST	处理平方和（组内误差）

---

[i] 我国教材中普遍使用"ln"来表示自然对数.——编辑注

第1章 引　言

R是一个统计计算环境. 它是一个自由的（开放源代码的）、用于统计计算和制图[40]的软件，也是一种设计用于典型的统计和制图应用的计算机语言. R发行版可以保存和运行脚本文件中的命令，还含有一个集成在R图形用户界面(R Graphical User Interface, R-GUI)中的编辑器. 它在UNIX或Linux、PC、Macintosh以及其他绝大多数平台上都可以使用. 此外还有数以千计的贡献包可以使用，用户还可以使用各种工具来自己制作R包.

R的核心是一种解释性计算机语言. 这种语言提供了进行分支、循环以及使用函数进行模块化程序设计的逻辑控制. 基本的R发行版中包含了很多函数和数据，它们可以实现和阐明大多数常见的统计过程，包括回归和方差分析、经典参数和非参数检验、聚类分析以及密度估计等. 除此之外，R还提供了一个概率分布函数的扩展套装和许多生成程序，还有一个用于探索性数据分析和生成演示图形的图形环境.

关于R的历史和演变可以参见R-FAQ[26]和R主页http://www.R-project.org/中的资源.

1.1　开始

R是一种解释性语言，即系统处理用户输入的命令，用户可以在命令提示符处输入命令或者通过一个称为脚本的文件提交命令. 我们假定读者在一个运行视窗系统的图形工作站中使用R，比如Windows、Macintosh或者X-window系统. 在视窗系统中用户通过R控制台与R进行互动. 除了一些最简单的运算之外，大多数用户都更喜欢在一个脚本中输入命令（参见1.1.3 节），因为这样可以避免重复输入并且可以将命令与结果分开. 但是，这里我们还是以直接在命令提示符处输入命令的方式开始.

使用命令行界面时，每个待处理的命令或表达式都要在命令提示符处输入，在一个语法完整的语句结尾处按回车键时，R会立即处理相关的命令或表达式. 使用R时下面的提示是非常有用的.

- 按<↑>键来重新输入前面的命令，输入之后可以对这些命令进行编辑.
- 使用<Esc>键来取消一条命令.

1.1.1 准备工作

本书使用 R_x 来表示关于R的附注或提示，以便将它们和正文进行区分.

R_x 1.1   从右到左的赋值运算符是左箭头"<-"和等号"=". 例如（引自例1.3），下面的两种方法

```
> x = c(109, 65, 22, 3, 1)
> x <- c(109, 65, 22, 3, 1)
```

都可以生成向量$(109, 65, 22, 3, 1)$并将它赋值给"x". 从例1.3引用另一段代码，下面的两种方法

```
> y = rpois(200, lambda=.61)
> y <- rpois(200, lambda=.61)
```

都可以将函数"rpois"的结果赋值给"y". 注意括号里的等号并不是赋值运算符，它是将一个参数(lambda)的值传递给函数"rpois".

R手册和帮助文件中的实例一般会使用箭头赋值运算符"<-"和"->". 但是在本书中使用等号运算符"="来赋值而不使用"<-"，这是因为初学者会觉得输入符号"="会更方便一些.

和上面的附注R_x 1.1一样，我们在例子中用加粗等宽字体显示R代码和输出结果. 用户可以交互式地输入代码，也可以从R脚本提交，代码通过先导提示符">"来识别. 实例中一些函数的脚本可以在本书网站提供的相关文件中找到，这些函数将不加提示地给出.

网站personal.bgsu.edu/~mrizzo/Rx提供了实例中使用的数据文件和脚本. 一些数据文件可以通过指向URL[i]的超链接直接下载.

1.1.2 基本运算

在接下来的例子中将介绍一些基本的向量运算. 在R控制台窗口的提示符处输入R命令. 提示符为">"，当一行空间不够需要在下一行继续输入时，提示符会变为"+"（提示符会发生改变）.

例1.1 (气温数据).

美国康涅狄格州纽黑文市的年平均气温用华氏温度记录如下：

Year	1968	1969	1970	1971
Mean temperature	51.9	51.8	51.9	53

---

[i] 统一资源定位符(Uniform Resource Locator, URL)的缩写.——编辑注

（这个数据是R中一个比较大的数据集nhtemp中的一部分）. 组合函数"c"将它的参数生成一个向量，结果可以储存在一个用户自定义的向量中. 我们用组合函数来输入数据并将它储存在一个名为"temps"的对象内.

```
> temps = c(51.9, 51.8, 51.9, 53)
```

为了显示"temps"的值，我们只需要输入它的名称就可以了.

```
> temps
[1] 51.9 51.8 51.9 53.0
```

假设想将华氏温度(F)转换为摄氏温度(C)，转换公式为$C = \frac{5}{9}(F - 32)$. 我们只需要一步就可以将这个公式应用到所有的温度上去，这是因为R中的算术运算是向量化的，运算会逐个作用在元素上. 比如，为了将"temps"中的每个元素都减去32，我们可以使用

```
> temps - 32
[1] 19.9 19.8 19.9 21.0
```

那么"(5/9)*(temps - 32)"就会将每个差值乘上5/9. 对应的摄氏温度为

```
> (5/9) * (temps - 32)
[1] 11.05556 11.00000 11.05556 11.66667
```

根据美国国家气候数据中心网页数据显示，从1968年到1971年康涅狄格州的年平均气温（华氏度）为48、48.2、48、48.7. 我们将州平均气温储存在"CT"中，然后将纽黑文市本地平均气温和州平均气温进行比较. 比如，我们可以计算平均气温的年度差异. 这里"CT"和"temps"都是长度为4的向量，减法运算是逐个应用在元素上的. 结果为4个差值构成的向量.

```
> CT = c(48, 48.2, 48, 48.7)
> temps - CT
[1] 3.9 3.6 3.9 4.3
```

结果中的4个值是1968年到1971年平均温度的差值. 看起来在这段时间内，纽黑文市平均来讲比整个康涅狄格州要暖和了一点点.

　　例1.2 (总统的身高).

　　维基百科上的一篇文章[54]报道了美国总统和他们在总统大选时的竞选对手的身高数据. 经过观察发现[53, 48]，较高的总统候选人一般会赢得大选. 在本例中，我们来研究一下电视时代的相关选举数据. 表1.1给出了1948年到2008年间美国总统和他们的竞选对手的身高，这些数据是从维基百科上摘录的.

表 1.1 1948年到2008年间美国总统大选中胜选者的身高和他们主要竞选对手的身高.

年份	胜选者	身高	竞选对手	身高	
2008	贝拉克·奥巴马	6英尺1英寸	185厘米	约翰·麦凯恩	5英尺9英寸	175厘米
2004	乔治·W. 布什	5英尺11.5英寸	182厘米	约翰·克里	6英尺4英寸	193厘米
2000	乔治·W. 布什	5英尺11.5英寸	182厘米	阿尔·戈尔	6英尺1英寸	185厘米
1996	比尔·克林顿	6英尺2英寸	188厘米	鲍勃·多尔	6英尺1.5英寸	187厘米
1992	比尔·克林顿	6英尺2英寸	188厘米	乔治·H. W. 布什	6英尺2英寸	188厘米
1988	乔治·H. W. 布什	6英尺2英寸	188厘米	迈克尔·杜卡其斯	5英尺8英寸	173厘米
1984	罗纳德·里根	6英尺1英寸	185厘米	沃尔特·蒙代尔	5英尺11英寸	180厘米
1980	罗纳德·里根	6英尺1英寸	185厘米	吉米·卡特	5英尺9.5英寸	177厘米
1976	吉米·卡特	5英尺9.5英寸	177厘米	杰拉尔德·福特	6英尺0英寸	183厘米
1972	理查德·尼克松	5英尺11.5英寸	182厘米	乔治·麦戈文	6英尺1英寸	185厘米
1968	理查德·尼克松	5英尺11.5英寸	182厘米	休伯特·汉弗莱	5英尺11英寸	180厘米
1964	林登·B. 约翰逊	6英尺4英寸	193厘米	巴里·戈德华特	5英尺11英寸	180厘米
1960	约翰·F. 肯尼迪	6英尺0英寸	183厘米	理查德·尼克松	5英尺11.5英寸	182厘米
1956	德怀特·D. 艾森豪威尔	5英尺10.5英寸	179厘米	阿德莱·斯蒂文森	5英尺10英寸	178厘米
1952	德怀特·D. 艾森豪威尔	5英尺10.5英寸	179厘米	阿德莱·斯蒂文森	5英尺10英寸	178厘米
1948	哈里·S. 杜鲁门	5英尺9英寸	175厘米	托马斯·杜威	5英尺8英寸	173厘米

1.5节将会说明从文件输入数据的几种方法,这里我们按下面的方式来交互式地输入数据. 连续符"+"表示这条R命令还未输入完.

```
> winner = c(185, 182, 182, 188, 188, 188, 185, 185, 177,
+    182, 182, 193, 183, 179, 179, 175)
> opponent = c(175, 193, 185, 187, 188, 173, 180, 177, 183,
+    185, 180, 180, 182, 178, 178, 173)
```

(另一种交互式地输入数据的方法是使用"scan"函数,参见例3.1). 现在我们新生成了两个对象"winner"和"opponent",每个对象都是长度为16的向量.

```
> length(winner)
[1] 16
```

大选年份是一个等差数列,可以使用数列函数"seq"来生成它. 第一个数据值对应的是2008年,所以可以这样生成数列

```
> year = seq(from=2008, to=1948, by=-4)
```

或者简略地

```
> year = seq(2008, 1948, -4)
```

《华盛顿邮报》的博客[53]指出,"维基百科错报了比尔·克林顿的身高,他在官方体检时测量的身高为6英尺2.5英寸,比乔治·H.W.布什高了一点点". 我们可以通过将189赋值给"winner"的第四项和第五项来更正比尔·克林顿的身高数据.

```
> winner[4] = 189
> winner[5] = 189
```

也可以通过数列运算符"`:`"来实现这个操作:

```
> winner[4:5] = 189
```

修正过的"`winner`"的值为

```
> winner
 [1] 185 182 182 189 189 188 185 185 177 182 182 193 183 179 179 175
```

总统确实比一般成年男性要高吗? 美国国家卫生统计中心的数据显示, 2005年美国成年男性的平均身高为5英尺9.2英寸或者175.768厘米. 我们使用"`mean`"函数来计算样本均值.

```
> mean(winner)
[1] 183.4375
```

有意思的是, 竞选对手们看起来也要比一般人高.

```
> mean(opponent)
[1] 181.0625
```

接下来, 我们使用向量化的运算来计算胜选者和他们主要竞选对手的身高差, 并将结果储存在"`difference`"中.

```
> difference = winner - opponent
```

利用数据框(`data.frame`)可以比较方便地将数据完整地显示出来.

```
> data.frame(year, winner, opponent, difference)
```

结果显示在表1.2中. 数据框将会在1.4节详细讨论.

我们可以看到, 大多数(不是所有的)高度差都是正的, 说明较高的候选人会赢得大选. 另一种检验较高的候选人是否会胜利的方法是使用逻辑运算符"`>`"来比较身高. 和基本的算术运算一样, 这种运算也是向量化的. 结果是由逻辑值("`TRUE`"或"`FALSE`")构成的向量, 该向量和进行比较的两个向量具有相同的长度.

```
> taller.won = winner > opponent
> taller.won
 [1] TRUE FALSE FALSE TRUE TRUE TRUE TRUE TRUE FALSE
[10] FALSE TRUE TRUE TRUE TRUE TRUE TRUE
```

在第二行, 前缀"`[10]`"表示输出结果从向量的第10个元素开始继续显示.

可以使用"`table`"函数对"`taller.won`"结果中的离散数据进行汇总.

表 1.2 例1.2的数据.

```
   year winner opponent difference
1  2008   185     175        10
2  2004   182     193       -11
3  2000   182     185        -3
4  1996   189     187         2
5  1992   189     188         1
6  1988   188     173        15
7  1984   185     180         5
8  1980   185     177         8
9  1976   177     183        -6
10 1972   182     185        -3
11 1968   182     180         2
12 1964   193     180        13
13 1960   183     182         1
14 1956   179     178         1
15 1952   179     178         1
16 1948   175     173         2
```

```
> table(taller.won)
taller.won
FALSE   TRUE
    4     12
```

如果我们将结果除以16再乘以100, 这样可以显示出 "table" 的百分比.

```
> table(taller.won) / 16 * 100
taller.won
FALSE   TRUE
   25     75
```

这样在最近的16次选举中, 较高的候选人会赢得大选的几率为3比1.

　　这组数据的一些图形形式可以将内在模式可视化. 比如我们可以使用 "barplot" 函数来显示一个差值的柱状图. 对这幅图我们使用 "rev" 函数来颠倒差值的顺序, 这样选举年份就是从左到右递增的了. 此外, 还可以对两个坐标轴添加说明标签.

```
> barplot(rev(difference), xlab="Election years 1948 to 2008",
+   ylab="Height difference in cm")
```

图1.1给出了身高差的柱状图.

这组数据的散点图也比较有趣. 维基百科的文章[54]给出了从1798年到2004年败选者身高对比胜选者身高的散点图. 在R中可以使用下面的命令得到这个散点图的简单版本（这里未给出图形）：

```
> plot(winner, opponent)
```

第4章"演示图形"给出了多种方法来生成类似维基百科文章中的散点图那样的自定义图形.

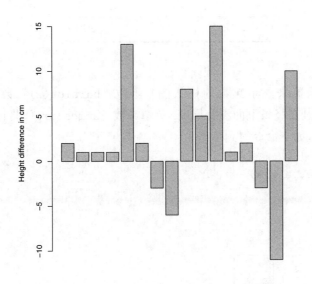

Election years 1948 to 2008

图 1.1 美国总统大选中胜选者与其主要竞选对手身高差的柱状图. 从左到右依次为1948年到2008年间选举年的身高差，以厘米为计量单位. 选举人票决定大选结果. 16次大选中有12次是身高较高的候选人赢得了选举人票. 2000年，身高较高的候选人（阿尔·戈尔）并没有赢得选举人票，但是获得了较多的选民票.

例1.3 (马匹蹬踏).

这个数据集在很多书中都出现过，比如Larsen和Marx[30, p287]. 19世纪后期，普鲁士军方搜集了20多年间10个骑兵军团记录的由于马匹蹬踏而造成的事故中士兵死亡人数的数据. 表1.3中汇总了200个值.

我们用组合函数"c"来输入这组数据.

```
> k = c(0, 1, 2, 3, 4)
> x = c(109, 65, 22, 3, 1)
```

表 1.3　例1.3中普鲁士骑兵由于马匹蹬踏而造成的死亡事故.

死亡人数k	一个军团一年发生k人死亡的次数
0	109
1	65
2	22
3	3
4	1
	200

使用"barplot"函数来显示频数的柱状图. 函数"barplot(x)"会生成一个类似图1.2的柱状图，但是在竖条下面没有标签. 可选参数"names.arg"将标签添加到竖条下方. 图1.2可以通过如下命令得到.

```
> barplot(x, names.arg=k)
```

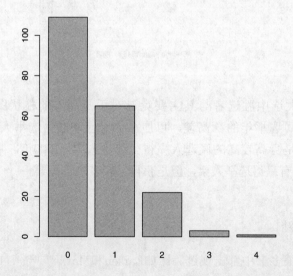

图 1.2　例1.3中普鲁士马匹蹬踏数据的频数分布.

"x"中观测数据的相应频率分布很容易通过R中的向量化算法计算得到. 比如，1的样本比例为$65/200 = 0.325$. 表达式"x/sum(x)"用向量"x"的和(200)去除它里面的每个元素. 结果是一个和 "x" 有相同长度的向量, 它包含了死亡人数从0到4的样本比例.

```
> p = x / sum(x)
> p
[1] 0.545 0.325 0.110 0.015 0.005
```

这个分布的中心可以通过它的样本均值来估计, 即

$$\frac{1}{200}\sum_{i=1}^{200} x_i = \frac{109(0)+65(1)+22(2)+3(3)+1(4)}{200}.$$

$$= 0.545(0)+0.325(1)+0.110(2)+0.015(3)+0.005(4).$$

R是逐个元素地 ("向量化地") 计算乘积的, 所以最后一行也就是 "p*k" 的和. 现在我们将样本均值公式写为向量 "p*k" 的和 "sum", 然后将样本均值赋值给 "r".

```
> r = sum(p * k)
> r
[1] 0.61
```

类似地, 我们可以计算方差的估计值. 对于样本 $y_1, \cdots, y_n$, 方差的计算公式为

$$s^2 = \frac{1}{n-1}\sum_{i=1}^{n}(y_i-\overline{y})^2.$$

这里的样本均值是上面计算得到的值 "r", 并且

$$s^2 = \frac{1}{n-1}\left\{109(0-r)^2+65(1-r)^2+22(2-r)^2+3(3-r)^2+1(4-r)^2\right\},$$

括号中的表达式可以用代码 "x*(k-r)^2" 来表示. 样本方差 "v" 为

```
> v = sum(x * (k - r)^2) / 199
> v
[1] 0.6109548
```

在可能符合这组数据的计数分布（二项分布、几何分布、负二项分布、泊松分布等）中, 只有泊松分布具有相等的均值和方差. 样本均值0.61和样本方差0.611几乎相等, 这就使得我们考虑数据是否符合泊松分布. 泊松模型具有概率质量函数

$$f(k) = \frac{\lambda^k \mathrm{e}^{-\lambda}}{k!}, \quad k \geqslant 0, \tag{1.1}$$

其中, $\lambda = \sum_{k=0}^{\infty} k f(k)$ 是分布的均值. 样本均值0.61是我们对总体均值λ的估计. 用样本均值代替式(1.1)中的λ, 相应的泊松概率为

```
> f = r^k * exp(- r) / factorial(k)
> f
[1] 0.5433509 0.3314440 0.1010904 0.0205551 0.0031346
```

R中内置了很多分布的概率函数, 其中就包括了泊松分布. R中的密度函数以"d"开头, 泊松密度函数为"dpois". 上面的概率也可以这样计算

```
> f = dpois(k, r)
> f
[1] 0.5433509 0.3314440 0.1010904 0.0205551 0.0031346
```

$\mathbf{R_x}$ **1.2** R对许多广泛应用的分布提供了密度函数、累积分布函数(Cumulative Distribution Function, CDF)、百分位数函数以及生成随机变量的函数. 对于泊松分布, 这些对应的函数为"dpois""ppois""qpois"和"rpois". 对于正态分布, 对应的函数为"dnorm""pnorm""qnorm"和"rnorm".

泊松模型与马匹蹬踏数据拟合得怎么样呢? 在大小为200的样本中, 期望次数为$200f(k)$. 使用"floor"去掉小数部分, 对$k = 0, 1, 2, 3, 4$我们分别得到

```
> floor(200*f)  #expected counts
[1] 108 66 20  4  0
> x             #observed counts
[1] 109 65 22  3  1
```

期望次数和观测次数非常接近, 所以看起来泊松模型与这组数据拟合得很好.

或者我们也可以将泊松概率 (储存在向量"f"中) 与样本比例进行比较 (储存在向量"p"中). 我们可以使用"rbind"或者"cbind"在一个矩阵中显示概率的比较结果. 两个函数都可以将向量组合在一起生成一个矩阵, "rbind"将向量变成行, "cbind"将向量变成列. 这里我们使用"cbind"来构造矩阵, 它的列分别为"k""p"和"f".

```
> cbind(k, p, f)
     k     p         f
[1,] 0 0.545 0.5433509
[2,] 1 0.325 0.3314440
[3,] 2 0.110 0.1010904
[4,] 3 0.015 0.0205551
[5,] 4 0.005 0.0031346
```

看起来观测比例"p"非常接近"f"中参数为0.61的泊松概率.

1.1.3　R脚本

例1.3中包含了若干行的代码，如果想继续进行数据分析就会发现重复输入是非常冗长乏味的. 如果把这些命令保存在一个称为R脚本的文件中，那么命令就可以通过"source"函数运行或者进行复制粘贴. 在R中可以使用"source"函数从指定数据源（比如一个文件）中接收输入信息.

打开一个新的R脚本用来编辑. 在R的图形用户界面(GUI)中，用户可以通过"File"菜单打开一个新的脚本窗口. 在脚本中输入下面"horsekicks.R"中的命令. 插入一些注释是个比较好的习惯. 注释以"#"开始.

使用"source"函数时，表达式并不会自动在屏幕上显示. 我们在脚本中添加"print"语句就可以在屏幕上显示对象的值.

```
——————————— horsekicks.R ———————————
# Prussian horsekick data
k = c(0, 1, 2, 3, 4)
x = c(109, 65, 22, 3, 1)
p = x / sum(x)        #relative frequencies
print(p)


r = sum(k * p)   #mean
v = sum(x * (k - r)^2) / 199  #variance
print(r)
print(v)
f = dpois(k, r)
print(cbind(k, p, f))
```

为本书中将会用到的R脚本和数据文件生成一个工作目录可能会比较方便. 输入"getwd()"来显示当前的工作目录. 比如我们可能在根目录创建了一个目录，叫作"/Rx". 那么通过"File"菜单或者使用"setwd"函数（将此函数下方引号中的路径替换为你的工作目录）就可以改变工作目录了. 在我们的系统中效果如下.

```
> getwd()
[1] "C:/R/R-2.13.0/bin/i386"
> setwd("c:/Rx")
> getwd()
[1] "c:/Rx"
```

将脚本命名为"horsekicks.R"并保存在你的工作目录中. 现在可以通过命令

```
source("horsekicks.R")
```

来提供文件,该文件中的全部命令都会被执行.

R$_X$ 1.3 和MATLAB中的.m文件不同,R脚本可以包含任意数量的函数和命令. MATLAB用户可能比较熟悉通过.m文件定义函数,但是每个.m文件被限制只能定义一个函数. 函数语法将在1.2节介绍.

R$_X$ 1.4 这里给出一些运行R脚本时比较有用的快捷方式.

- 选中需要的行并单击工具栏中的"Run line or selection"按钮.
- 复制需要的行并粘贴在命令提示符处.
- (对Windows用户)要想在R的图形用户界面编辑器中运行文件中的一行或多行代码,选择这些行然后按<Ctrl>键和<R>键.
- (对Macintosh用户)要想运行文件中的部分行,选择这些行然后按<Command>键和<Return>键.

例1.4 (模拟马匹蹬踏数据).

为了和例1.3进行比较,在本例中我们使用随机泊松生成程序"**rpois**"来模拟200个随机观测值,它们服从参数为$\lambda = 0.61$的泊松分布. 然后我们对这个样本计算相应的频率分布. 由于这些次数都是随机生成的,我们每次运行下面代码得到的都是不同的样本,所以读者得到的结果可能会与下面给出的结果略有不同.

```
> y = rpois(200, lambda=.61)
> kicks = table(y)    #table of sample frequencies
> kicks
y
  0   1   2   3
105  67  26   2
> kicks / 200         #sample proportions
y
    0     1     2     3
0.525 0.335 0.130 0.010
```

将这组数据与理论泊松频率进行比较:

```
> Theoretical = dpois(0:3, lambda=.61)
> Sample = kicks / 200
> cbind(Theoretical, Sample)
  Theoretical Sample
0  0.54335087  0.525
1  0.33144403  0.335
```

```
2   0.10109043   0.130
3   0.02055505   0.010
```

这里方差和均值的比较要比例1.3中的简单,因为我们有向量"y"中原始未分组的数据.

```
> mean(y)
[1] 0.625
> var(y)
[1] 0.5571608
```

比较有趣的是,观测得到的普鲁士马匹蹬踏数据比我们模拟得到的$\lambda = 0.61$的泊松样本更加符合泊松模型.

1.1.4 R帮助系统

R图形用户界面有一个"Help"菜单,通过它可以找到并显示相应的R对象、方法、数据集和函数的在线说明文档. 通过"Help"菜单还可以找到一些PDF格式的手册、一个html帮助页面和一些帮助搜索程序. 通过函数"help"和"help.search"以及相应的快捷方式"?"和"??",也可以在命令行中使用帮助功能来搜索工具函数. 下面介绍这两个函数.

- "help("keyword")"显示与"keyword"(关键词)有关的帮助.
- "help.search("keyword")"搜索所有包含"keyword"的对象.

一般来说,在"help"中引号可加可不加,但是对某些特殊的字符则必须要加上,比如"help("[")"的情况. 在"help.search"中,则必须加上引号. 搜索帮助主题时需要注意R是区分大小写的,比如"t"和"T"是不同的对象.

用快捷方式,在搜索项前面加上一个或两个问号也可以进行帮助或搜索.

- "?keyword"是"help(keyword)"的省略形式.
- "??keyword"是"help.search(keyword)"的省略形式.

试着输入下面的命令,看一下运行的效果.

```
?barplot        #searches for barplot topic
??plot          #anything containing "plot"


help(dpois)        #search for "dpois"
help.search("test") #anything containing "test"
```

上面最后一行命令将会显示一个列表,它包含了大量在R中可以实现的统计检验.

R在线帮助的一个特点是绝大多数关键词都包含了实例,实例会出现在页面的最下方. 对这些实例,读者可以选择其代码并复制粘贴到控制台尝试运行一下. R还提供了

一个函数"example"，它将把关键词下的所有实例都运行一遍. 比如要想看一下函数
"mean"的实例，可以输入"example(mean)". 接下来实例就会运行并显示在控制台,
此时会有一个特殊的提示符"mean>"，这个提示符是和关键词相对应的.

```
> example(mean)

mean> x <- c(0:10, 50)

mean> xm <- mean(x)

mean> c(xm, mean(x, trim = 0.10))
[1] 8.75 5.50

mean> mean(USArrests, trim = 0.2)
  Murder  Assault UrbanPop     Rape
    7.42   167.60    66.20    20.16
>
```

　　很多制图函数的说明文件都包含了有趣的实例. 试着运行一下"example(curve)",
大概了解一下"curve"函数可以实现哪些功能. 系统显示每个图形的时候都会提示用
户进行输入.
　　手册"An Introduction to R"[49]中的"Appendix D: Function and Variable Index"
部分给出了一个R函数列表，这个文件可以在网上找到. "R Reference Manual"[41]中
也给出了一个关于函数及其概念的较为全面的索引. R发行版中都会包含这些手册，也
可以在R-project的主页i中"Documentation"下的"Manuals"链接里找到.

1.2　函数

　　在R语言中可以使用函数进行模块化程序设计. R用户主要是通过函数与软件进行
互动. 之前我们已经见识过了几个函数的实例. 在本节将讨论如何生成用户自定义函数.
　　函数的语法为

```
f = function(x, ...) {
  }
```

或者

```
f <- function(x, ...) {
  }
```

其中，"f"是函数的名称，"x"是第一个参数的名称（可以有多个参数），"..."表示可能有额外的参数. 当然，也可以定义没有参数的函数. 函数体放在花括号中. 一个函数的返回值是由最后一个表达式计算得到的值.

例1.5（函数定义）.

R中有一个函数"var"，它用来计算方差的无偏估计（通常用s^2表示）. 偶尔我们也会需要计算方差的极大似然估计(Maximum Likelihood Estimator, MLE)

$$\hat{\sigma}^2 = \frac{1}{n}\sum_{i=1}^{n}(x_i - \overline{x})^2 = \frac{n-1}{n}s^2.$$

可以按照下面的方法生成一个计算$\hat{\sigma}^2$的函数

```
var.n = function(x) {
  v = var(x)
  n = NROW(x)
  v * (n - 1) / n
}
```

"NROW"函数计算"x"中观测值的个数. 函数返回的是对最后一行"v*(n-1)/n"进行计算得到的值. 注意，将函数"var.n"的最后一行换成

```
return(v * (n - 1) / n)
```

也是正确的，但没有必要.

在使用这个用户自定义函数之前，必须输入代码使得这个函数（在这里就是"var.n"）成为R工作空间中的一个对象. 一般地，我们把函数放入脚本文件然后使用"source"函数（或者复制粘贴到命令行）来提交. 这里给出一个计算例1.1中温度数据的s^2和$\hat{\sigma}^2$的例子.

```
> temps = c(51.9, 51.8, 51.9, 53)
> var(temps)
[1] 0.3233333
> var.n(temps)
[1] 0.2425
```

例1.6（将函数作为参数）.

R中有许多可以将函数作为参数的函数. "integrate"函数就是一个例子，它用来计算数值积分，我们必须把被积函数作为参数. 假设需要计算贝塔(Beta)函数，其定义如下:

$$B(a,b) = \int_0^1 x^{a-1}(1-x)^{b-1}\,\mathrm{d}x,$$

其中，常数$a > 0, b > 0$. 首先，我们给出一个函数来返回被积函数在给定点x处的值. 额外的参数a和b指定了指数.

```
f = function(x, a=1, b=1)
    x^(a-1) * (1-x)^(b-1)
```

这里不需要使用花括号，因为函数体中只有一行. 另外，我们还定义了默认值$a = 1$和$b = 1$，这样，如果没有指定a和b的话，将会使用默认值. 这个函数可以用来计算被积函数在一列x处的值.

```
> x = seq(0, 1, .2)  #sequence from 0 to 1 with steps of .2
> f(x, a=2, b=2)
[1] 0.00 0.16 0.24 0.24 0.16 0.00
```

这种向量化的表现对"integrate"函数的参数来说是必不可少的，计算被积函数取值的函数必须以向量作为它的第一个参数并返回一个相同长度的向量.

现在我们可以用如下命令得到$a = b = 2$时的数值积分结果：

```
> integrate(f, lower=0, upper=1, a=2, b=2)
0.1666667 with absolute error < 1.9e-15
```

实际上R专门提供了一个"beta"函数来计算这个积分. 我们可以将数值积分的结果与"beta"函数返回的值进行比较：

```
> beta(2, 2)
[1] 0.1666667
```

关于贝塔函数和其他的特殊数学函数可以参见"?Special".

R$_{\mathbf{X}}$ 1.5 "integrate"函数是一个有额外参数（"..."）的例子. 这个函数完整的语法为

```
integrate(f, lower, upper, ..., subdivisions=100,
        rel.tol = .Machine$double.eps^0.25, abs.tol = rel.tol,
        stop.on.error = TRUE, keep.xy = FALSE, aux = NULL)
```

其中，"..."代表传递给被积函数"f"的额外参数. 在我们的例子中额外的参数就是"a"和"b".

例**1.7** (使用"curve"函数进行函数制图).

R中的"curve"函数可以用来显示函数的图形. 比如我们希望画出例1.6中的被积函数

$$f(x) = x^{a-1}(1-x)^{b-1}$$

在$a = b = 2$时的图形. 这可以用下面的命令做到

```
> curve(x*(1-x), from=0, to=1, ylab="f(x)")
```

结果如图1.3所示. "curve"函数中的参数经常写成 "x" 的函数形式. 可选参数 "ylab" 会给纵轴加上标签.

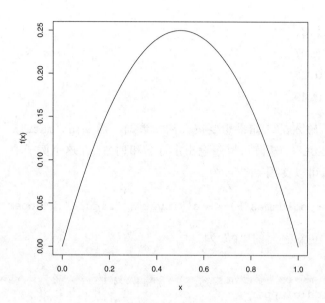

图 1.3 例1.7中贝塔函数在参数 $a = 2, b = 2$ 时的图形.

1.3 向量和矩阵

R中的向量是一个由有限多个同一类型的值组成的序列, 比如一列数字或一列字符. R中的矩阵是由同一类型的值组成的二维数组.

我们通过下面的概率方面的实例来介绍一般的向量运算和矩阵运算. 本书附录中有关于向量和矩阵更加详细的介绍.

例1.8 (阶级流动).

Ross[42, p207, 例4.19]讨论了下面的阶级流动模型. 假设一个孩子的阶级 (低阶级、中阶级、高阶级) 只依赖于他父母的阶级. 行标签代表父母的阶级. 下面表格中的每一项对应着孩子转移到列标签所代表的阶级中去的概率.

```
        lower middle upper
 lower   0.45   0.48  0.07
 middle  0.05   0.70  0.25
 upper   0.01   0.50  0.49
```

使用"matrix"函数来生成一个转移概率的矩阵. 首先, 构造概率向量"probs"来提供矩阵中的元素. 然后通过这些元素以及矩阵的行数和列数来定义矩阵.

```
> probs = c(.45, .05, .01, .48, .70, .50, .07, .25, .49)
> P = matrix(probs, nrow=3, ncol=3)
> P
     [,1] [,2] [,3]
[1,] 0.45 0.48 0.07
[2,] 0.05 0.70 0.25
[3,] 0.01 0.50 0.49
```

注意这些值是按列输入的; 如果想要按行输入数据, 需要在"matrix"函数中使用可选参数"byrow=TRUE". 矩阵可以随意指定行名和列名. 在这个例子中, 行名和列名是完全一样的, 所以可以使用

```
> rownames(P) <- colnames(P) <- c("lower", "middle", "upper")
```

对它们指定名称, 更新之后的"P"为

```
> P
       lower middle upper
lower   0.45   0.48  0.07
middle  0.05   0.70  0.25
upper   0.01   0.50  0.49
```

在矩阵 $P = (p_{ij})$ 中, 第 i 行第 j 列的概率 p_{ij} 是一代人从阶级 i 转移到阶级 j 的概率.

这种类型的矩阵行和为1 (因为每一行都是一个阶级的概率分布). 这一事实可以通过函数"rowSums"来验证.

```
> rowSums(P)
 lower middle  upper
     1      1      1
```

还可以通过"apply"函数来验证. 它需要指定矩阵的名称、"MARGIN" (行 $= 1$, 列 $= 2$) 以及"FUN" (函数) 作为它的参数.

```
> apply(P, MARGIN=1, FUN=sum)
lower middle  upper
    1      1      1
```

可以证明两代人的转移概率可以通过矩阵乘积 $P^2 = PP$ 给出, 它可以通过矩阵乘法运算符"%*%"计算得到.

```
> P2 = P %*% P
> P2
       lower middle  upper
lower  0.2272 0.5870 0.1858
middle 0.0600 0.6390 0.3010
upper  0.0344 0.5998 0.3658
```

R$_\mathbf{x}$ 1.6　这里我们不使用语法"P^2"，因为"P^2"是将矩阵中每个元素计算二次方，结果是矩阵(p_{ij}^2)而不是矩阵乘积.

从矩阵中提取元素可以使用"[行，列]"的语法. 如果省略了行或者列，那么会给出一整列或者一整行. 在第二代中，低阶级父母的后代可以转移到高阶级的概率在第1行第3列：

```
> P2[1, 3]
[1] 0.1858
```

第1行给出了从低阶级转移到（低阶级、中阶级、高阶级）的概率分布：

```
> P2[1, ]
 lower middle  upper
0.2272 0.5870 0.1858
```

许多代之后，转移矩阵的每一行将会近似相等，这个概率$p = (l, m, u)$对应着低、中、高3个阶级所占的百分比. 8次转移之后概率为P8：

```
> P4 = P2 %*% P2
> P8 = P4 %*% P4

> P8
           lower     middle     upper
lower  0.06350395 0.6233444 0.3131516
middle 0.06239010 0.6234412 0.3141687
upper  0.06216410 0.6234574 0.3143785
```

可以证明极限概率为0.07、0.62和0.31. 关于p的求解方法可参见Ross[42, p207].

R$_\mathbf{x}$ 1.7　要想输入常数矩阵，在"matrix"函数中通常使用"byrow=TRUE"来按行输入数据会比较简单. 将下面的方法和例1.8中的方法做个比较.

```
> Q = matrix(c(  0.45,  0.48,  0.07,
+                0.05,  0.70,  0.25,
+                0.01,  0.50,  0.49), nrow=3, ncol=3, byrow=TRUE)
```

```
> Q
     [,1] [,2] [,3]
[1,] 0.45 0.48 0.07
[2,] 0.05 0.70 0.25
[3,] 0.01 0.50 0.49
```

"按行"的格式使得人们更容易在代码中将数据向量看成一个矩阵.

R$_{\mathbf{x}}$ 1.8 R中数值矩阵的矩阵运算.

1. 按元素乘法:"`*`".

   如果矩阵$A = (a_{ij})$和$B = (b_{ij})$有相同的维数,那么"`A*B`"计算得到的是矩阵$(a_{ij}b_{ij})$.

2. 如果$A = (a_{ij})$是一个矩阵,那么"`A^r`"计算得到的是矩阵(a_{ij}^r).

3. 矩阵乘法:"`%*%`".

   如果$A = (a_{ij})$是一个$n \times k$矩阵,$B = (b_{ij})$是一个$k \times m$矩阵,那么"`A%*%B`"计算得到的是$n \times m$的乘积矩阵AB.

4. 矩阵的逆:

   如果A是一个非奇异矩阵,那么可以用"`solve(A)`"来求A的逆矩阵.

   关于特征值和矩阵分解参见"`eigen`""`qr`""`chol`"和"`svd`".

1.4 数据框

数据框是R中一种特殊类型的对象,是为了某种类似矩阵的数据集而设计的.数据框和矩阵有所不同,数据框"`data.frame`"的列可以是不同类型的,比如数字或者字符.R自带了一些数据集,可以通过命令"`data()`"来显示这些数据集.大部分R自带的数据集都是数据框格式的.

1.4.1 数据框简介

数据框格式类似于电子表格,变量对应着列,观测值对应着行.数据框中的变量可以是数值变量(数字)也可以是分类变量(字符或因子).

为了对数据框有个初步的了解,我们把精力主要放在认识变量名、数据类型、样本大小以及缺失值个数等问题上.

例1.9 (USArrests).

USArrests数据记录了美国的暴力犯罪率.统计数据给出了1973年美国各个州每100 000名居民中由于袭击(Assault)、谋杀(Murder)和强奸(Rape)而被逮捕的人数.同时也给出了城市居民所占人口比例(Urban Pop).通过这个数据集我们来展示一下数据框的一些基本函数.

显示所有数据

在R中输入对象的名称USArrests就可以将数据简单地显示出来.

显示顶端数据

使用下面代码来显示数据的前几行:

```
> head(USArrests)
           Murder Assault UrbanPop Rape
Alabama      13.2     236       58 21.2
Alaska       10.0     263       48 44.5
Arizona       8.1     294       80 31.0
Arkansas      8.8     190       50 19.5
California     9.0     276       91 40.6
Colorado      7.9     204       78 38.7
```

结果显示有4个变量,名称分别为Murder、Assault、UrbanPop和Rape,观测值(行)是用州名标记的. 还可以看到州名是按字母顺序排列的. 所有的变量都是定量变量,这一点我们从上面的描述中就能猜测出来.

样本大小和维数

这个数据集中有多少个观测值?("NROW""nrow"或"dim")

```
> NROW(USArrests)
[1] 50
> dim(USArrests)  #dimension
[1] 50  4
```

数据框或者矩阵的维数("dim")返回一个由行数和列数构成的向量. "NROW"返回观测值的个数. 这个数据集有50个观测值,对应着美国的50个州.

变量名称

可以通过下面的方法得到(或设置)数据框中的变量名称:

```
> names(USArrests)
[1] "Murder"   "Assault"  "UrbanPop" "Rape"
```

数据结构

显示数据框的结构信息("str"):

```
> str(USArrests)
'data.frame':   50 obs. of  4 variables:
 $ Murder  : num  13.2 10 8.1 8.8 9 7.9 3.3 5.9 15.4 17.4 ...
 $ Assault : int  236 263 294 190 276 204 110 238 335 211 ...
 $ UrbanPop: int  58 48 80 50 91 78 77 72 80 60 ...
 $ Rape    : num  21.2 44.5 31 19.5 40.6 38.7 11.1 15.8 31.9 25.8 ...
```

"str"的结果给出了维数以及每个变量的名称和类型. 这个数据集有两个数值类型的变量和两个整数类型的变量. 尽管我们可以将整数类型看成是一种特殊的数值类型, 但是它们在R中的存储方式还是不同的.

$\mathbf{R_x}$ **1.9** 对于许多类似"USArrests"的数据集, 其中的数据都是数字, 这种情况下可以使用"as.matrix"将其转换为矩阵. 但是为了将数据储存在矩阵中, 所有的变量必须具有相同的类型, 所以R将会把整数类型转换成数值类型. 比较一下矩阵形式:

```
> arrests = as.matrix(USArrests)
> str(arrests)
 num [1:50, 1:4] 13.2 10 8.1 8.8 9 7.9 3.3 5.9 15.4 17.4 ...
 - attr(*, "dimnames")=List of 2
  ..$ : chr [1:50] "Alabama" "Alaska" "Arizona" "Arkansas" ...
  ..$ : chr [1:4] "Murder" "Assault" "UrbanPop" "Rape"
```

这个输出结果显示, 所有的数据都被转换成了数值类型, 其类型"num"在第一行就列出了. 属性("attr")是行与列的名称("dimnames"). 转换保持了行标签并将变量名转换为列标签. 我们使用"names"来得到数据框中变量的名称, 使用"rownames"得到行名, 使用"colnames"得到列名, 使用"dimnames"得到行名和列名. 最后的三个函数也可以用在数据框上.

缺失值

"is.na"函数对缺失值返回"TRUE", 否则返回"FALSE". 表达式"is.na(USArrests)"将会返回一个大小和"USArrests"一样的数据框, 里面每一项都是"TRUE"或"FALSE". 我们使用"any"函数快速检查是否含有"TRUE".

```
> any(is.na(USArrests))
[1] FALSE
```

我们可以看到USArrests不包含缺失值. 我们会在例2.3中讨论一个包含缺失值的数据集.

1.4.2 使用数据框

本小节中我们将介绍数据框的运算以及一些基本的统计数据和图形.

例1.10 (USArrests，续).

计算概括统计量

使用"summary"函数可以得 到每个变量合适的概括统计量. 对数值数 据，"summary"函数计算五数概括[i]以及样本均值.

```
> summary(USArrests)
    Murder          Assault          UrbanPop          Rape
 Min.   : 0.800   Min.   : 45.0   Min.   :32.00   Min.   : 7.30
 1st Qu.: 4.075   1st Qu.:109.0   1st Qu.:54.50   1st Qu.:15.07
 Median : 7.250   Median :159.0   Median :66.00   Median :20.10
 Mean   : 7.788   Mean   :170.8   Mean   :65.54   Mean   :21.23
 3rd Qu.:11.250   3rd Qu.:249.0   3rd Qu.:77.75   3rd Qu.:26.18
 Max.   :17.400   Max.   :337.0   Max.   :91.00   Max.   :46.00
```

如果有缺失值的话，概括结果中会给出缺失值的个数（参见例2.3）. 如果有分类变量的话，"summary"函数将会列表显示这些变量的值.

从概括结果可以看出，除了"Assault"之外其他变量的均值和中位数近似相等. "Assault"的均值比中位数大，说明袭击数据是正偏态的.

从数据框提取数据

从数据框提取数据最简单的方法是使用矩阵形式的"[行，列]"检索.

```
> USArrests["California", "Murder"]
[1] 9
> USArrests["California", ]
           Murder Assault UrbanPop Rape
California      9     276       91 40.6
```

使用"$"提取变量

在"$"后面加上变量名称就可以提取该变量.

---

[i]五数概括(five-number summary)：用最小值、三个四分位数及最大值来概括数据的分布情况.——编辑注

```
> USArrests$Assault
 [1] 236 263 294 190 276 204 110 238 335 211  46 120 249 113
[15]  56 115 109 249  83 300 149 255  72 259 178 109 102 252
[29]  57 159 285 254 337  45 120 151 159 106 174 279  86 188
[43] 201 120  48 156 145  81  53 161
```

直方图

在USArrests的数据框概括结果中, 我们看出袭击的分布可能是正偏态的, 因为样本均值要比样本中位数大. 数据的直方图可以较为形象地给出分布的形状. 我们给出关于"Assault"的两个版本的直方图.

```
> hist(USArrests$Assault)
```

的结果作为第一种直方图在图1.4a中给出. 而在第二种直方图 (见图1.4b) 中更容易观察到偏态, 它是由下面的代码得到的

```
> library(MASS)     #need for truehist function
> truehist(USArrests$Assault)
```

这两个直方图有着明显的差异, 一个是纵坐标不一样, 另一个是分组数量不同. 图1.4a是一个频数直方图, 图1.4b是一个概率直方图.

R_x 1.10　试运行下面的命令, 并将结果和由"truehist"得到的图1.4b进行比较:

```
hist(USArrests$Assault, prob=TRUE, breaks="scott")
```

两个直方图函数"hist"和"truehist"设定组距的默认方法是不同的, 并且"truehist"函数默认生成的是概率直方图. 上面命令中"hist"设置的可选参数和"truehist"的默认参数是一样的.

连接数据框

如果我们使用"attach"函数连接了数据框, 那么变量可以直接通过名称引用, 而不用使用"$"符号. 比如很容易用向量化运算来计算谋杀(Murder)在暴力犯罪中所占的百分比.

```
> attach(USArrests)
> murder.pct = 100 * Murder / (Murder + Assault + Rape)
> head(murder.pct)
[1] 4.881657 3.149606 2.431702 4.031150 2.764128 3.152434
```

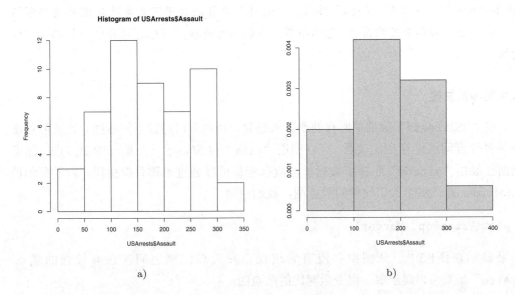

图 1.4 关于"USArrests"中的"Assault"数据的直方图, 图a是使用"hist"绘制的频数直方图, 图b是使用"truehist"绘制的概率直方图.

如果数据框已经被连接了, 当我们不再需要它的时候可以使用"detach"函数来撤销连接.

另一种连接数据框的方法是使用"with"函数. 它对显示图形和概括统计量非常有用. 但是使用"with"函数生成的变量只能在其内部识别.

```
> with(USArrests, expr={
+    murder.pct = 100 * Murder / (Murder + Assault + Rape)
+    })
> murder.pct
Error: object 'murder.pct' not found
```

"with"函数的说明文件指出"'expr'内的赋值发生在构造的环境中而不是在用户的工作空间中". 所以所有的计算, 包括在"with"函数的"expr"中生成的"murder.pct"变量, 都必须在"expr"的范围内完成. 这有时会在分析过程中导致察觉不到的意外错误[i].

R_x 1.11 连接("attach")数据框是一个很好的编程习惯吗? 这种做法的缺点是可能导致与工作空间中已经存在的变量发生名称冲突. R中很多函数都有一个"data"参数, 它允许在一列参数中通过名称引用变量, 而不用连接数据框. 不过有些R函数

---

[i]如果之前已经创建了murder.pct(在使用attach的例子中), 那么它仍然是一个全局变量. 如果想要知道使用with函数会出现什么情况, 那么需要先使用rm(murder.pct)将它移除.

（比如"plot"）并没有"data"参数. "with"函数的使用可能会导致意外的编程错误，这一点对初学者尤为常见. 总体而言，我们认为连接数据框有时会使得代码更有可读性.

散点图和相关性

在"USArrests"数据中所有的变量都是数，所以可以通过不同数据对比的散点图来寻找变量间可能存在的关系. 可以使用"plot"函数显示一个单一的散点图. 注意上面已经用"attach"连接了数据框，所以变量可以通过名称直接引用. 为了得到谋杀(Murder)对比城市人口比例的散点图，我们使用

```
> plot(UrbanPop, Murder)
```

结果显示在图1.5中. 从图中并没有看出谋杀和人口比例之间存在着较强的联系. "pairs"函数可以显示每一组变量对比的散点图.

```
> pairs(USArrests)
```

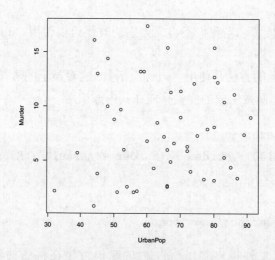

图 1.5　"USArrests"中谋杀率对比城市人口百分比的散点图.

图1.6中得到的对比图给出了数据的更多信息. 谋杀率和袭击率之间似乎存在着正相关，但是在谋杀率和城市人口比例之间相关性很弱，或者根本不相关. 强奸率和城市人口比例是正相关的.

相关性统计量度量了两个变量之间的线性相关程度. 我们可以使用"cor"函数得到一对变量的相关性，或者一组变量间的相关性统计量表. 它默认计算的是皮尔森(Pearson)相关系数.

```
> cor(UrbanPop, Murder)
[1] 0.06957262
> cor(USArrests)
            Murder    Assault   UrbanPop       Rape
Murder   1.00000000  0.8018733  0.06957262  0.5635788
Assault  0.80187331  1.0000000  0.25887170  0.6652412
UrbanPop 0.06957262  0.2588717  1.00000000  0.4113412
Rape     0.56357883  0.6652412  0.41134124  1.0000000
```

所有的相关系数在符号上都是正的. "Murder" 和 "UrbanPop" 之间的相关系数 $r \doteq 0.07$ 是比较小的, 这和我们对图1.5中散点图的解释是一致的. "Murder" 和 "Assault" 之间有着很强的正相关性 $(r = 0.80)$, 这和图1.6也是一致的.

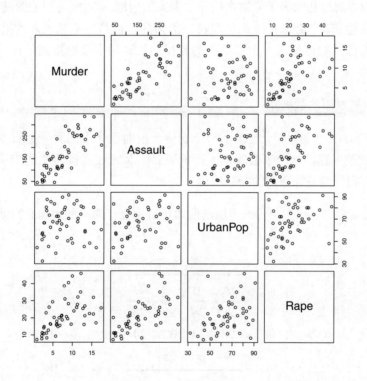

图 1.6 "USArrests" 数据通过 "pairs" 生成的一组散点图.

1.5 输入数据

数据分析中一项最基本的任务就是将数据输入R. 数据集可能是在网上找到的, 可能是纯 (空格分隔) 文本文件, 可能是电子表格, 也可能是许多其他的格式. R中有一些实用的函数可以对各种格式的数据进行输入. 把一个数据集输入R时我们一般把它储存在一个 "data.frame" 对象中. 参见1.4节的例子.

本节将介绍以下几种输入数据的方法:

- 手动输入数据.
- 从一个纯文本(ASCII)格式本地文件输入数据.
- 输入网页中以表格形式给出的数据.

1.5.1   手动输入数据

在本章前面几个例子中我们已经看到了如何使用组合函数 "c" 来输入数据向量. 有时可以也用 "scan" 函数来交互式地输入较小的数据集. 具体的例子参见第3章的例3.1 "掷硬币".

这本书的思想最初来源于学生在统计学课上的问题. 在学习了一些R基础知识之后, 学生们非常希望在R中尝试一下他们教材中的习题, 但是经常在输入数据时遇到问题. 下面的实例指出该如何输入一个非常小的数据集, 这种小数据集在统计学教材的习题中是很常见的.

例1.11 (教材中的数据).

Larsen和Marx[30, 问题12.1.1]给出了一个表格, 里面包含了四种新型日本高档轿车的每加仑汽油行驶里程, 这个表格就是下面的表1.4. 要求读者检验平均来讲这四种型号的汽车是否有相同的每加仑汽油行驶里程.

表 1.4   Larsen和Marx[30, 问题12.1.1]给出的四种日本高档轿车的每加仑汽油行驶里程.

型号			
A	B	C	D
22	28	29	23
26	24	32	24
	29	28	

为了解决这个问题, 我们需要把数据作为两个变量来输入, 每加仑汽油行驶里程 "y" 和型号 "Model". 下面给出了一种方法. 使用复制函数 "rep" 来生成字母序列.

```
> y1 = c(22, 26)
> y2 = c(28, 24, 29)
> y3 = c(29, 32, 28)
> y4 = c(23, 24)
```

```
> y = c(y1, y2, y3, y4)
> Model = c(rep("A", 2), rep("B", 3), rep("C", 3), rep("D", 2))
```

我们看到已经正确输入"y"和"Model"了.

```
> y
 [1] 22 26 28 24 29 29 32 28 23 24
> Model
 [1] "A" "A" "B" "B" "B" "C" "C" "C" "D" "D"
```

用下面的命令生成数据框

```
> mileages = data.frame(y, Model)
```

生成数据框时字符向量"Model"默认转换为因子. 我们可以使用结构("str")函数来检验我们的数据框结构是否正确.

```
> str(mileages)
'data.frame':   10 obs. of  2 variables:
 $ y    : num  22 26 28 24 29 29 32 28 23 24
 $ Model: Factor w/ 4 levels "A","B","C","D": 1 1 2 2 2 3 3 3 4 4
```

以及

```
> mileages
    y Model
1  22     A
2  26     A
3  28     B
4  24     B
5  29     B
6  29     C
7  32     C
8  28     C
9  23     D
10 24     D
```

我们的数据框已经可以用来分析了,这个分析工作留作后面章节的练习(练习8.1).

1.5.2 从文本文件输入数据

经常遇到的情况是用于分析的数据包含在一个(相对于R的)外部文件中,并且是纯文本(ASCII)格式. 数据通常会被一种特殊字符分隔开,比如空格、制表符或者逗号.

"read.table"函数提供了一些可选参数，比如分隔符参数"sep"，又比如用来指出第一行是否包含变量名称的参数"header".

例1.12 (马萨诸塞州的精神病人).

我们可以用"数据与故事图书馆"(Data and Story Library, DASL)网站中的一个数据集作为例子来说明如何从一个纯文本文件输入数据. "马萨诸塞州的精神病人"(Massachusetts Lunatics)数据集可以在http://lib.stat.cmu.edu/DASL/Datafiles/lunaticsdat.html找到.

这些数据来源于马萨诸塞州精神疾病委员会进行的一项1854例的调查. 一共在14个郡进行了调查. 数据可以从网页上复制，然后粘贴到一个纯文本文件中. 但是这样得到的格式并不好，因为它是用空格分隔的（用空格把列分隔开）. 数据可以储存在我们当前工作目录下的"lunatics.txt"文件中. 这个数据集最好输入到一个14行、6列的数据框中，分别对应着下面的变量：

1. COUNTY = 郡名
2. NBR = 每个郡的精神病人人数
3. DIST = 到最近的精神卫生中心的距离
4. POP = 1950年的郡人口数(单位为千人)
5. PDEN = 每平方英里郡人口密度
6. PHOME = 在家照顾的精神病人百分比

使用"read.table"函数将文件读入到一个数据框中. 参数"header=TRUE"指定第一行为变量名称而不是数据. 关于其他参数的具体说明可以输入"?read.table"来查看.

```
> lunatics = read.table("lunatics.txt", header=TRUE)
```

用"str"(structure)函数来快速检验这6个变量的14个观测值是否成功输入了.

```
> str(lunatics)
'data.frame':   14 obs. of  6 variables:
 $ COUNTY: Factor w/ 14 levels "BARNSTABLE","BERKSHIRE",..
 $ NBR   : int   119 84 94 105 351 357 377 458 241 158 ...
 $ DIST  : int   97 62 54 52 20 14 10 4 14 14 ...
 $ POP   : num   26.7 22.3 23.3 18.9 82.8 ...
 $ PDEN  : int   56 45 72 94 98 231 3252 3042 235 151 ...
 $ PHOME : int   77 81 75 69 64 47 47 6 49 60 ...
```

由于"lunatics"是一个相对较小的数据集，我们可以直接把它显示在屏幕上来查看"read.table"的结果. 输入数据集的名称就可以把它显示在控制台上.

```
> lunatics
      COUNTY NBR DIST    POP PDEN PHOME
1   BERKSHIRE 119  97 26.656   56    77
2    FRANKLIN  84  62 22.260   45    81
3   HAMPSHIRE  94  54 23.312   72    75
4    HAMPDEN  105  52 18.900   94    69
5   WORCESTER 351  20 82.836   98    64
6   MIDDLESEX 357  14 66.759  231    47
7      ESSEX  377  10 95.004 3252    47
8     SUFFOLK 458   4 123.202 3042    6
9    NORFOLK  241  14 62.901  235    49
10    BRISTOL 158  14 29.704  151    60
11   PLYMOUTH 139  16 32.526   91    68
12 BARNSTABLE  78  44 16.692   93    76
13   NANTUCKET  12  77  1.740  179    25
14      DUKES  19  52  7.524   46    79
```

"马萨诸塞州的精神病人"(Massachusetts Lunatics)数据集将在第7章的例7.8中进行讨论.

在上面的例子中, 文件 "lunatics.txt" 中的数据是用空格分隔的. 有时数据是电子数据表格式, 这时它是用制表符或逗号分隔开的.

对制表符分隔文件, 简单地将 "sep" 参数改为制表符 "\t" 就可以了. 第5章探索性数据分析中给出了一个例子, 在这个例子中使用命令

```
dat = read.table("college.txt", header=TRUE, sep="\t")
```

输入了一个制表符分隔数据文件 "college.txt".

R_x **1.12** 输入电子数据表格式的数据, 最简单的方法就是将其储存为.csv格式 (csv是comma separated values的缩写, 即逗号分隔值) 或者制表符分隔格式. 工作表应该只包含数据, 最多再有一个由名称构成的标题. 可以在 "read.table" 函数中令参数 "sep=","" 来读取.csv文件.

```
> lunatics = read.table("lunatics.csv", header=TRUE, sep=",")
```

或者对这种类型的文件直接使用 "read.csv".

```
> lunatics = read.csv("lunatics.csv")
```

1.5.3 网上的数据

网上有很多有趣的数据集,我们可能会想去分析一下它们. 对此R提供了一个简单的方法,使用网页的URL获取网上文件中的数据. 函数"read.table"可以用来直接从网上输入数据. 我们通过下面的实例加以介绍.

例1.13 (π的数字).

数据文件"PiDigits.dat"包含了数学常数$\pi = 3.1415926535897932384\cdots$的前5000位数字. 这个数据来源于美国国家标准与技术研究所(National Institute of Standards and Technology, NIST)提供的统计参考数据库(Statistical Reference Datasets)[i]. 文件的开头是一段说明材料,从第61行开始给出π的数字. 我们对完整的URL[ii] (网页地址)使用"read.table"函数,并令参数"skip=60"来从第61行开始读取数据. 我们显示前六个数字来进行检验:

```
pidigits = read.table(
  "http://www.itl.nist.gov/div898/strd/univ/data/PiDigits.dat",
  skip=60)
head(pidigits)

  V1
1  3
2  1
3  4
4  1
5  5
6  9
```

尽管我们这里只有一个变量,但数据"pidigits"仍然是一个数据框. 这个数据框是自动生成的,因为我们是使用"read.table"来输入数据的. 在生成数据框的同时会默认给这个单独的变量分配一个标签"V1".

π的数字也是均匀分布的吗? 这些数字可以通过"table"函数概括在一个表格中,也可以形象化地概括在一个图形中.

```
> table(pidigits)

pidigits
  0   1   2   3   4   5   6   7   8   9
466 531 496 461 508 525 513 488 491 521
```

---

[i]http://www.itl.nist.gov/div898/strd/univ/pidigits.html.
[ii]URL应该单独一行并在其两边加上引号,否则将会给出错误信息"cannot open the connection".

为了更容易理解, 我们来计算一下比例. 我们将各个数字出现的次数直接除以5000就可以将这个表格转换为比例, 这又是一个向量化运算的实例.

```
> prop = table(pidigits) / 5000    #proportions
> prop
```

```
pidigits
     0      1      2      3      4      5      6      7      8      9
0.0932 0.1062 0.0992 0.0922 0.1016 0.1050 0.1026 0.0976 0.0982 0.1042
```

注意一个样本比例的方差为$p(1-p)/n$. 如果每个数字的真实比例都是0.1, 那么标准误差(standard error, se)为

```
> sqrt(.1 * .9 / 5000)
[1] 0.004242641
```

但是如果真实比例未知, 那么就得使用样本来估计比例. 这种情况下我们得到的结果和标准误差有所不同. 在 "se" 的计算中, 常数0.1和0.9被长度为10的向量替换, 所以结果是长度为10的向量而不是一个数. 我们可以使用向量化算法将样本比例加上或减去两个标准误. "rbind" 函数可以很方便地将结果放入矩阵以便显示. 我们对结果进行四舍五入, 并将标准误差的估计一起显示.

```
> se.hat = sqrt(prop * (1-prop) / 5000)
> round(rbind(prop, se.hat, prop-2*se.hat, prop+2*se.hat), 4)
             0      1      2      3      4      5      6
prop    0.0932 0.1062 0.0992 0.0922 0.1016 0.1050 0.1026
se.hat  0.0041 0.0044 0.0042 0.0041 0.0043 0.0043 0.0043
        0.0850 0.0975 0.0907 0.0840 0.0931 0.0963 0.0940
        0.1014 0.1149 0.1077 0.1004 0.1101 0.1137 0.1112
             7      8      9
prop    0.0976 0.0982 0.1042
se.hat  0.0042 0.0042 0.0043
        0.0892 0.0898 0.0956
        0.1060 0.1066 0.1128
```

这里我们看到没有一个样本比例在$0.1 \pm 2\widehat{se}$构成的区间外面.

柱状图可以帮助我们将表格化的数据形象化. 用 "abline" 函数添加一条通过0.1的水平参考线. 柱状图在图1.7中给出.

```
barplot(prop, xlab="digit", ylab="proportion")
abline(h = .1)
```

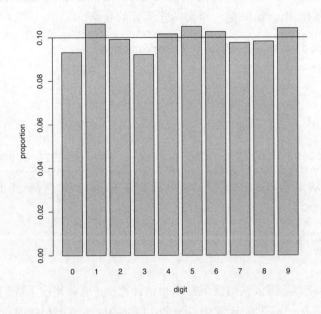

图 1.7 数学常数π的数字比例的柱状图.

1.6 包

R函数都被集成在包中，比如"base"包、"datasets"包、"graphics"包和 "stats"包. R发行版中包含了大量的推荐包，比如"boot"包、"MASS"包[50]和 "lattice"包. 此外还有大量的贡献包可以安装使用. 输入命令

```
library()
```

来显示已经安装的包. 比如在我们当前的系统中这个命令生成了这样一个表单：

```
Packages in library 'C:/R/R-2.13.0/library':
```

```
base                    The R Base Package
boot                    Bootstrap R (S-Plus) Functions (Canty)
bootstrap               Functions for the Book "An Introduction to the
                        Bootstrap"
    ...
```

这里面每一个包都是当前安装在我们的系统里的. "base"包和"boot"包是自动安装 的. 我们通过"Packages"菜单安装了"bootstrap"包[31]. 尽管"boot"包对自助 法已经有了非常好的支持，但是我们还是安装了"bootstrap"包，因为它里面包含 了Efron和Tibshirani[14]的著作"An Introduction to the Bootstrap"中的数据集.

例1.14 (使用 "bootstrap" 包).

假设我们对 "bootstrap" 包中与 "law" 数据相关的实例感兴趣. 在提示符处输入 "law" 将会产生下面的错误, 因为在R的搜索路径中找不到名为 "law" 的对象.

```
> law
Error: object 'law' not found
```

类似我们也会得到这样的警告

```
> data(law)
Warning message:
In data(law) : data set 'law' not found
```

为了使用 "law", 我们首先需要安装 "bootstrap" 包. 这可以在R图形用户界面中通过 "Packages" 菜单来完成, 也可以使用下面命令

```
install.packages("bootstrap")
```

系统会提示用户选择一个服务器

```
--- Please select a CRAN mirror for use in this session ---
```

选好服务器之后就可以安装包了. 只有在安装新版本R的时候才会需要重新安装包. 下面的命令可以显示 "bootstrap" 包中的数据文件:

```
> data(package="bootstrap")
```

但是为了使用包中的对象, 我们还是要先使用 "library" 函数来加载包 (见以下代码)

```
> library(bootstrap)
```

之后包中的对象就可以使用了. 一般在每一个新的R会话中 (每次打开程序时) 都要使用 "library" 函数来对包进行加载. "library" 函数另一个很有用的特点是可以获得包的帮助信息: 下面两个命令都可以显示包的概要.

```
library(help=bootstrap)
help(package=bootstrap)
```

最后, 我们想要使用 "law" 数据, 现在它已经被载入R工作空间并可以使用了.

```
> library(bootstrap)
> law
  LSAT GPA
```

```
1    576 339
2    635 330
3    558 281
4    578 303
5    666 344
6    580 307
7    555 300
8    661 343
9    651 336
10   605 313
11   653 312
12   575 274
13   545 276
14   572 288
15   594 296
```

比如我们想要计算样本均值或者计算LSAT成绩和GPA的相关性.

```
> mean(law)
    LSAT      GPA
600.2667 309.4667
> cor(law$LSAT, law$GPA)
[1] 0.7763745
```

我们应该在安装R之后（并在以后定期地）使用"update.packages"或者通过"Packages"菜单对包进行更新.

搜索包中的数据或方法

R有数以千计的贡献包可以使用,一些R包中可能已经有了我们想使用的方法. 此外R包中还包含了很多知名的数据集. 使用"help.search"或者"??"可以在任何已安装的包中进行搜索. 但要注意"help.search"和"??"不会在R没有安装的包中进行搜索.

比如,假设我们想找到一个关于父子身高的数据集. 我们可以试一下"??height",但是没有一条结果是相关的. 接下来我们登录"www.r-project.org"上的R主页,并单击该网页上的"Search". 利用R网站上的搜索我们可以得到若干相关的结果. "UsingR"包[51]中的"galton"数据集（Galton收集的多对父母和子女的身高数据[i]）就是一个相关的结果,我们还在"UsingR"中找到了一个指向数据集

---

[i]高尔顿(F.Galton)于1889年在研究人类身高的亲子关系时发现的生物数量性状的"回归现象",即平均来说,子代的表型值比亲代更接近于群体的平均值.——编辑注

"father.son" 的链接，这正是我们要找的数据集. 当我们安装 "UsingR" 包并使用 "library(UsingR)" 进行加载之后，"father.son" 数据集就可以使用了.

在 "www.r-project.org" 上的R主页进行搜索可以找到某种特定方法的实现办法. 在 "任务视图"(Task Views)中进行查阅也是一个很好的办法（参见1.8节）.

1.7 R工作空间

当用户关闭R图形用户界面或者输入退出命令 "q()" 来结束一个会话时，R会弹出一个对话框询问是否需要保存工作空间映像("Save workspace image?"). 一般来说，我们不需要保存工作空间映像. 通常数据会保存在文件中，可以再次使用的R命令会被保存在脚本中.

我们可以通过命令 "ls()" 或 "objects()" 来列出当前工作空间中的对象. 如果开始一个新的R会话并且之前没有保存过工作空间，那么 "ls()" 将会返回一个空的列表.

```
> ls()
character(0)
```

运行1.1.3节的脚本 "horsekicks.R" 之后会有一些对象被加入到工作空间中去. 这些对象在R会话结束或者用户移除或重新定义它们之前都一直有效.

```
> source("/Rx/horsekicks.R")
[1] 0.545 0.325 0.110 0.015 0.005
[1] 0.61
[1] 0.6109548
     k    p           f
[1,] 0 0.545 0.543350869
[2,] 1 0.325 0.331444030
[3,] 2 0.110 0.101090429
[4,] 3 0.015 0.0250555054
[5,] 4 0.005 0.003134646
```

"ls()" 函数可以显示R工作空间中现在存在的对象的名称.

```
> ls()
[1] "f" "k" "p" "r" "v" "x"
```

使用 "rm" 或者 "remove" 函数可以将对象从工作空间中移除.

```
> rm("v")
> ls()
[1] "f" "k" "p" "r" "x"
```

```
> remove(list=c("f", "r"))
> ls()
[1] "k" "p" "x"
```

如果在此刻保存工作空间并退出，那么"k""p"和"x"将会被保存. 但是保存一个含有人为错误的工作空间将会导致一些容易被忽视但又很严重的编程错误. 一个典型的例子，是当我们忘记定义一个对象，比如说"x"，但是由于它在工作空间中已经存在（对"x"来说是意料之外的和错误的值），这时R仍会正常运行，不会报告任何错误. 并未意识到这一点的用户将不会知道分析结果是完全错误的.

最后，我们可以使用下面的代码来把R工作空间恢复到没有任何用户自定义对象的"崭新的"环境中去. 这会不加提示地移除所有"ls()"列出的对象.

```
rm(list = ls())
```

最好在一个会话的开始或结束这样做. 等到本章结束尝试一下这个命令.

1.8 选项和资源

"options" 函数

对于可读性较好的数据表格，我们可能希望对显示的数据进行四舍五入. 这可以通过明确指定取舍位数实现：

```
> pi
[1] 3.141593
> round(pi, 5)
[1] 3.14159
```

此外，还有一个选项可以控制数字显示的位数，这个选项可以自己设定，默认的是"digits=7".

```
> options(digits=4)
> pi
[1] 3.142
```

可以通过"options()"来查看选项的当前值. 还有一个选项"width"可以控制显示结果，它可以控制屏幕上每一行显示多少个字符. 下面给出两种获取宽度（"width"）选项当前值的方法和一种改变宽度当前值的方法.

```
> options()$width        #current option for width
[1] 70
```

```
> options(width=60)      #change width to 60 characters
> getOption("width")     #current option for width
[1] 60
```

制图参数："par"

对制图参数来说，"par"函数控制了另一类选项. 其中非常有用的一条是如何改变"提示用户下一个图形"的状态. 它可以通过改变制图参数"ask"来进行开关. 比如

```
par(ask = FALSE)
```

可以关掉这个提示. 本书中我们还会用到"mfrow"和"mfcol"选项，这两个选项可以控制在当前图形窗口中可以显示多少个图形. 比如"par(mfrow=c(2, 2))"会把图形按行排列成一个2×2的数组. 帮助主题"?par"中给出了可以使用"par"设置的制图参数.

$\mathbf{R_x}$ **1.13** 对制图函数来说还有很多其他的参数，在说明文件中通常只列出其中的一部分. 比如"plot"的帮助页面开始就说明了

```
Generic function for plotting of R objects.  For more
details about the graphical parameter arguments, see 'par'.
```

"par"的帮助页面里面包含了"plot"和其他制图函数更加详细的说明文件.

图形的历史记录

在Windows系统中，当制图窗口处于激活状态（在最上层）时，我们可以从"History"菜单中选择"Recording"选项. 这样就可以记录之后显示的所有图形. 用户可以使用向上和向下翻页键(<page up>/<page down>)翻阅这些图形.

如果你在Macintosh系统中绘制了多个图形，那么你可以通过"Quartz"菜单从选中的图形向前或向后翻阅这些图形.

其他资源

除了R手册、常见问题(frequently asked questions, FAQ)和在线帮助之外，还有很多的贡献文件和网页，其中包含了许多非常好的教程、实例和讲解. R网站给出了一些这样的文件和网页[i].

---

[i] 贡献文档, http://cran.r-project.org/other-docs.html.

任务视图

CRAN提供了不同类型统计分析的"任务视图"(Task Views). 访问R项目主页www.r-project.org，并单击"CRAN"，然后选择一个你所在地区附近的镜像. CRAN 页面有一个链接(Task Views)，它指向了多个项目的任务视图. 任务视图列出了与指向任务有关的函数和R包，例如"贝叶斯(Bayesian)""多元(Multivariate)"或者"时间序列(Time Series)". 直接地址为http://cran.at.r-project.org/web/views/.

外部资源

除了R项目网站上提供的资料，还可以在网上找到许多有用的资料. R维基[i]中给出了很多有趣的信息和实例，其中还包括了R图形库中的实例列表. 此外还有一些其他的R维基. http://www.statmethods.net/index.html上的"Quick R: for SAS/SPSS/Stata Users"也是一个架构很好的外部资源.

R图形库和R制图手册

对经验丰富的R用户来说，R图形库(R Graph Gallery)[ii]是一个非常好的制图资源. 我们打开图形库的主页并单击"Thumbnails"来查看图形的缩略图. 每一个图形都包含了生成它的R代码. 此外，我们还可以通过关键词或者直接浏览来选择图形. R制图手册(R Graphical Manual)[iii]通过图像、任务视图、数据集以及R包分类展示了数以千计的图形.

1.9　报告和可重复性研究

大多数的数据分析会以某种报告或文章的形式总结出来. 对命令和输出结果进行"复制粘贴"的过程可能会导致一些错误和遗漏. 可重复性研究指的是将数据分析、输出结果、图形以及书面报告结合在一起的报告方法，在这种方法中整个分析和报告可以由其他用户重复生成. 报告可以有多种格式，包括文字处理文档(word processing documents)、LaTeX以及HTML.

R中的"Sweave"函数可以生成这种类型的报告. "LaTeX"包可以从"Sweave"的输出结果生成一个.tex文件. 还有很多其他的包可以安装使用，比如"R2wd"（R转换为Word）包、"R2PPT"（R转换为PowerPoint）包、"odfWeave"（odf是open document format的缩写，即开放文档格式）包以及"R2HTML"（R转换为HTML）包. 还有一些商业包也可以使用（比如"RTFGen"包和"Inference for R"包）. 更多细节可以参见CRAN中的"Reproducible Research"任务视图[iv].

---

[i]R维基，http://rwiki.sciviews.org/doku.php.
[ii]R图形库，http://addictedtor.free.fr/graphiques/.
[iii]R制图手册，http://rgm2.lab.nig.ac.jp/RGM2/images.php?show=all.
[iv]http://cran.at.r-project.org/web/views/ReproducibleResearch.html.

练习

1.1（正态百分位数）. "qnorm"函数返回的是一个正态分布的百分位数（分位数）. 使用"qnorm"函数找到标准正态分布的第95百分位数. 然后使用"qnorm"函数找到标准正态分布的四分位数（四分位数是第25、50、75百分位数）. 提示：使用"c(.25, .5, .75)"作为"qnorm"的第一个参数.

1.2（卡方密度曲线）. 使用"curve"函数给出$\chi^2(1)$密度的图形. 卡方密度函数为"dchisq".

1.3（伽马密度）. 使用"curve"函数给出形状参数和率参数都为1的伽马密度的图形. 然后使用参数为"add=TRUE"的"curve"函数在同一个图形窗口中给出形状参数为k、率参数分别为1、2和3的伽马密度的图形. 伽马密度函数为"dgamma". 查看帮助文件"?dgamma"来了解如何指定参数.

1.4（二项概率）. 令X表示掷12次骰子得到点数1的次数. 那么X服从$B(n = 12, p = 1/3)$分布. 通过两种方法对$x = 0, 1, \cdots, 12$计算二项概率：

a. 使用概率密度公式

$$P(X = k) = \binom{n}{k} p^k (1 - p)^{n-k}$$

以及R中的向量化算法. 使用"0:12"得到x的值构成的序列，并用"choose"函数来计算二项系数$\binom{n}{k}$.

b. 使用R中提供的"dbinom"函数并将两种方法得到的结果进行比较.

1.5（二项累积分布函数）. 令X表示掷12次骰子得到点数1的次数. 那么X服从$B(n = 12, p = 1/3)$分布. 通过两种方法对$x = 0, 1, \cdots, 12$计算累积二项概率（累积分布函数）：(1) 使用"cumsum"函数和练习1.4的结果；(2)使用"pbinom"函数. $P(X > 7)$等于多少？

1.6（总统的身高）. 例1.2对历届美国总统和他们在总统大选中主要竞选对手的身高进行了比较. 使用"plot"函数生成一个败选者身高和胜选者身高对比的散点图. 将你生成的图形和维基百科文章"美国总统和总统候选人的身高(Heights of Presidents of the United States and presidential candidates)"[54]中更加详细的图形进行比较.

1.7（模拟的马匹蹬踏数据）. "rpois"函数可以生成服从泊松分布的随机观测值. 在例1.3中我们比较了马匹蹬踏造成的死亡人数和均值$\lambda = 0.61$的泊松分布，在例1.4中我们模拟了随机泊松分布$P(\lambda = 0.61)$的数据. 使用"rpois"函数来模拟比较大的（$n = 1000$和$n = 10000$）泊松分布$P(\lambda = 0.61)$的随机样本. 给出样本的频率分布、均值和方差. 比较理论泊松密度和样本比例（参见例1.4）.

1.8（马匹蹬踏，续）. 参考例1.3. 使用"ppois"函数对0到4之间的值计算均值$\lambda = 0.61$的泊松分布的累积分布函数(Cumulative Distribution Function, CDF). 将这些概率和经验累积分布函数进行比较. 经验累积分布函数是样本比例"p"的累积和，可以很容易地通过"cumsum"函数计算得到. 把"0:4"的值、累积分布函数以及经验累积分布函数放入一个矩阵中，以便把这些结果放在一个表中显示.

　　1.9（自定义标准差函数）. 写出一个和例1.5中"var.n"函数类似的函数"sd.n"，使得该函数可以返回估计值$\hat{\sigma}$（$\hat{\sigma}^2$的平方根）. 试着对例1.1中的温度数据使用这个函数.

　　1.10（欧氏范数函数）. 写出一个计算数值向量欧氏范数的函数"norm". $x = (x_1, \cdots, x_n)$的欧氏范数定义为

$$\|x\| = \sqrt{\sum_{i=1}^{n} x_i^2}.$$

使用向量化运算来求和. 对向量$(0, 0, 0, 1)$和$(2, 5, 2, 4)$使用一下你的函数来检验它是否正确.

　　1.11（数值积分）. 使用"curve"函数给出函数$f(x) = \mathrm{e}^{-x^2}/(1 + x^2)$在区间$0 \leqslant x \leqslant 10$上的图像. 然后使用"integrate"函数计算积分

$$\int_0^{\infty} \frac{\mathrm{e}^{-x^2}}{1 + x^2}\, \mathrm{d}x$$

的值. 积分上限处的无穷大可以通过在"integrate"函数中指定"upper=Inf"来实现.

　　1.12（二元正态）. 构造一个10行、2列的矩阵，使其包含随机标准正态数据

```
x = matrix(rnorm(20), 10, 2)
```

这是一个服从标准二元正态分布、有10个观测值的随机样本. 用"apply"函数和你在练习1.10中定义的"norm"函数来计算这10个观测值的欧氏范数.

　　1.13（精神病人数据）. 对精神病人（"lunatics"）数据集（参见例1.12）中的数值变量计算五数概括. 从概括结果中我们通过比较中位数和总体均值可以对变量的偏态有所猜测. 哪一个分布是偏态的，向哪个方向偏？

　　1.14（纸张的撕裂系数）. 下列数据给出了挤压过程中不同压力下的纸张撕裂系数. 该数据由Hand等人[21, p4]给出. 从生产的五批纸张中每次选择4张纸来检测.

压力	撕裂系数			
35.0	112	119	117	113
49.5	108	99	112	118
70.0	120	106	102	109
99.0	110	101	99	104
140.0	100	102	96	101

将这组数据输入到一个具有两个变量（撕裂系数和压力）的R数据框中. 提示：最简单的方法是将其输入到一个电子表格中，然后再保存为制表符分隔文件(.txt)或逗号分隔文件(.csv). 成功输入之后会得到20个观测值.

1.15（向量化运算）. 在例1.1中我们给出了两个向量化算法的例子. 在转换为摄氏度的过程中参与运算的是一个长度为4的向量"temps"和两个常数（32和5/9）. 当我们计算差时，参与运算的两个长度为4的向量分别是"temps"和"CT". 在这两种情况中算术运算都是逐元素应用的. 如果两个长度不同的向量一起出现在一个算术表达式中，此时会发生什么结果？使用冒号算子"："生成一列连续整数，然后试着运行下面的例子.

a.

```
x = 1:8
n = 1:2
x + n
```

b.

```
n = 1:3
x + n
```

解释一下在两种情况中较短向量中的元素是如何"循环"使用的.

第2章 定量数据

2.1 引言

本章主要介绍数据的一些基本数值摘要和图形摘要. 不同类型的数据适合不同的数值摘要和图形摘要. 变量可以分为以下几类:

- 定量变量（数值或整数）
- 有序变量（有顺序的变量，比如整数）
- 定性变量（分类变量、名义变量或因子）

一个数据框中可以包含多种类型的变量. 数据可能有内在结构，比如在时间序列的数据中就含有时间指标. 在本章中我们对各种类型的数据给出数值摘要和图形摘要的例子. 第3章中对分类数据的摘要做了更加详细的介绍. 第5章"探索性数据分析"是第2章和第3章的延续.

2.2 二元数据：两个定量变量

我们的第一个实例是含有两个数值变量的二元数据集，哺乳动物的身体尺寸和大脑尺寸. 我们通过这个实例来介绍数据的一些基本统计量、图形以及运算.

2.2.1 探索数据

哺乳动物的身体尺寸和大脑尺寸[i]

R发行版中包含了许多的数据集. 可以使用"data()"命令来查看可用的数据集. "MASS"包[50]是一个推荐安装的R包，它和基本的R包是捆绑在一起的，所以应该已经和R同时安装了. 为了使用"MASS"包中的数据集或函数，我们首先需要通过下面的命令加载"MASS"包：

```
> library(MASS)   #load the package
> data()          #display available datasets
```

---

[i]这里的尺寸指的是重量，身体(body)尺寸的单位是千克，大脑(brain)尺寸的单位是克.——编辑注

加载"MASS"包之后,"MASS"包中的数据集就会出现在由"data()"命令生成的可用数据集列表中.

例2.1 (哺乳动物).

在"data()"命令的结果中,标题"Data sets in package MASS"下有一个名为"mammals"的数据集. 命令

```
> ?mammals
```

给出了"mammals"数据集的信息. 这个数据集包含了62种哺乳动物的大脑尺寸和身体尺寸. 输入数据集的名称可以把数据显示在控制台上. 这个数据集中的数据非常多, 所以我们这里只是通过"head"命令给出前几个观测值.

```
> head(mammals)
                body brain
Arctic fox       3.385  44.5
Owl monkey       0.480  15.5
Mountain beaver  1.350   8.1
Cow            465.000 423.0
Grey wolf       36.330 119.5
Goat            27.660 115.0
```

这个数据包含了两个数值变量,"body"和"brain".

R$_X$ 2.1 在上面的显示结果中并不能很容易地看出"mammals"是一个矩阵还是一个数据框. 我们可以通过下面的简单方法来检验一下它到底是矩阵还是数据框:

```
> is.matrix(mammals)
[1] FALSE
> is.data.frame(mammals)
[1] TRUE
```

如果我们在分析中需要用到矩阵, 那么可以通过命令"as.matrix(mammals)"将"mammals"转换为矩阵.

一些基本统计量和图形

"summary"计算了数据框中每个数值变量的五数概括和均值.

```
> summary(mammals)
     body              brain
 Min.   :  0.005  Min.   :   0.14
```

```
1st Qu.:    0.600    1st Qu.:    4.25
Median :    3.342    Median :   17.25
Mean   :  198.790    Mean   :  283.13
3rd Qu.:   48.203    3rd Qu.:  166.00
Max.   : 6654.000    Max.   : 5712.00
```

如果存在缺失数据，将会在概括中显示为"NA". 五数概括不太容易解读，这是因为存在着一些非常大的观测值（均值不仅比中位数要大，也比第3四分位数要大）. 如果我们将五数概括表示为并排箱线图，这一点将更加明显.

```
> boxplot(mammals)
```

箱线图在图2.1a中给出. 散点图可以形象化地给出两个定量变量间的关系. 对于类似"mammals"这样恰好具有两个数值变量的数据框，其散点图可以在"plot"中使用默认参数得到.

```
> plot(mammals)
```

散点图在图2.2a中给出. 由于尺寸的关系，这个散点图并不能将信息很好地展示出来. 通过对数变换可以得到一个信息更加全面的图形. 我们在图2.2b中给出了整个"mammals"数据集（在对数尺度下）的散点图.（注：R中的"log"函数计算的是自然对数.）

```
> plot(log(mammals$body), log(mammals$brain),
+     xlab="log(body)", ylab="log(brain)")
```

在第二行"plot"命令中我们对坐标轴添加了说明标签.

R$_x$ 2.2 我们已经看到"mammals"由两个数值变量"body"和"brain"组成，所以运算"log(mammals)"对两个数值变量使用自然对数，然后返回一个由两个数值变量（身体尺寸的自然对数和大脑尺寸的自然对数）组成的数据框. 这是一种非常简便的方法，但是当数据框中含有不能使用对数的变量时这种方法自然也就失效了.

身体尺寸对数和大脑尺寸对数的五数概括为

```
> summary(log(mammals))
     body              brain
Min.   :-5.2983    Min.   :-1.966
1st Qu.:-0.5203    1st Qu.: 1.442
Median : 1.2066    Median : 2.848
Mean   : 1.3375    Mean   : 3.140
3rd Qu.: 3.8639    3rd Qu.: 5.111
Max.   : 8.8030    Max.   : 8.650
```

图2.1b中给出了变换后的数据所对应的并排箱线图，它是由下面的命令得到的：

```
boxplot(log(mammals), names=c("log(body)", "log(brain)"))
```

图2.1b中箱线图的默认标签会是变量名（"body"，"brain"），我们可以通过"names"
函数对该图形添加说明标签.

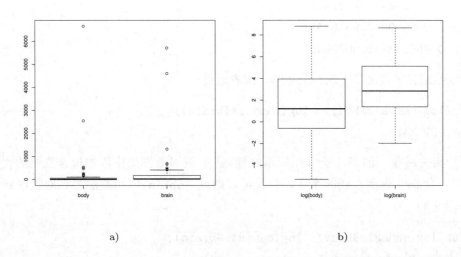

a)　　　　　　　　　　　　　　　　b)

图 2.1　例2.1中在正常尺度（图a）和对数尺度（图b）下，哺乳动物大脑尺寸和身体尺寸对比的箱线图.

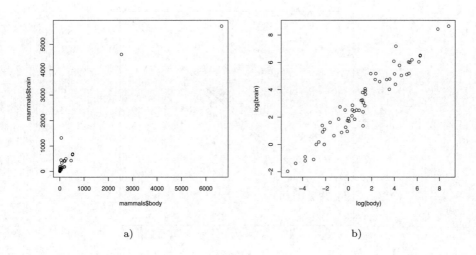

a)　　　　　　　　　　　　　　　　b)

图 2.2　例2.1中在正常尺度（图a）和对数尺度（图b）下，哺乳动物大脑尺寸和身体尺寸对比的散点图.

2.2.2 相关性和回归线

在图2.2b中，我们可以观察到一个线性趋势：身体和大脑尺寸的对数是正相关的. 我们可以通过

```
> cor(log(mammals))
          body      brain
body  1.0000000 0.9595748
brain 0.9595748 1.0000000
```

来计算数据在对数尺度下的相关矩阵，或者通过

```
> cor(log(mammals$body), log(mammals$brain))
[1] 0.9595748
```

来计算相关系数. 第7章中会介绍简单线性回归. 向对数图形中添加拟合直线的代码非常简单. "lm"返回直线的系数，直线可以通过"abline"函数添加到对数图形中去（参见图2.3）.

```
> plot(log(mammals$body), log(mammals$brain),
+   xlab="log(body)", ylab="log(brain)")
> x = log(mammals$body); y = log(mammals$brain)
> abline(lm(y ~ x))
```

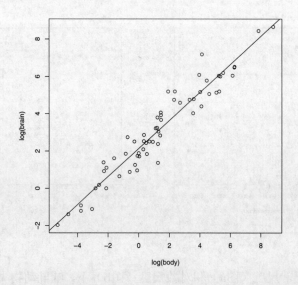

图 2.3 例2.1中对数尺度下添加了拟合线的散点图.

R𝕩 2.3 图2.3中通过代码"abline(lm(y ~ x))"对散点图添加了拟合直线. "lm"是一个函数,"y ~ x"是一个公式("formula"). 这是本书众多使用"formula"语法的例子中的一个. "formula"可以通过波浪运算符"~"识别,它连接了左边的因变量和右边的自变量. 公式经常作为制图函数中某种类型的参数出现,也会出现在回归和方差分析模型拟合的模型设定参数中. 生成下面图2.4中的函数"boxplot"就是一个含有公式参数的制图函数.

2.2.3 二元数据分组分析

双胞胎的智商

例2.2 (刚出生就分离的双胞胎的智商).

数据文件"twinIQ.txt"中记录了一些刚出生就分离的同卵双胞胎的智商数据. 文件中的数据在"UsingR"包[51]中作为数据集"twins"出现. 该数据集共有3个变量、27个观测值:

Foster	跟随养父母长大的孩子的智商
Biological	跟随亲生父母长大的孩子的智商
Social	亲生父母的社会地位

表2.1给出了这个数据集,我们可以通过

```
> twins = read.table("c:/Rx/twinIQ.txt", header=TRUE)
```

来输入数据,并通过下面命令显示前几组观测值:

```
> head(twins)
  Foster Biological Social
1     82         82   high
2     80         90   high
3     88         91   high
4    108        115   high
5    116        115   high
6    117        129   high
```

接下来我们使用"summary"函数来对每个变量计算合适的数值摘要.

```
> summary(twins)
     Foster          Biological        Social
 Min.   : 63.00   Min.   : 68.0   high  : 7
 1st Qu.: 84.50   1st Qu.: 83.5   low   :14
```

```
Median : 94.00    Median : 94.0    middle: 6
Mean   : 95.11    Mean   : 95.3
3rd Qu.:107.50    3rd Qu.:104.5
Max.   :132.00    Max.   :131.0
```

"summary"函数对两个数值的智商值变量给出了五数概括和均值,对因子"Social"给出了频数表. 这个两个智商值变量的五数概括是很接近的.

表 2.1 刚出生就分离的双胞胎的智商. 此数据在"twinIQ.txt"文件中是以3列的形式给出的.

Foster	Biological	Social	Foster	Biological	Social	Foster	Biological	Social
82	82	high	71	78	middle	63	68	low
80	90	high	75	79	middle	77	73	low
88	91	high	93	82	middle	86	81	low
108	115	high	95	97	middle	83	85	low
116	115	high	88	100	middle	93	87	low
117	129	high	111	107	middle	97	87	low
132	131	high				87	93	low
						94	94	low
						96	95	low
						112	97	low
						113	97	low
						106	103	low
						107	106	low
						98	111	low

我们可以利用公式"Foster - Biological ~ Social"来得到不同社会地位下智商值差异的并排箱线图.

```
> boxplot(Foster - Biological ~ Social, twins)
```

图2.4中的箱线图显示出被分开抚养的双胞胎在智商上存在差异,但是并不清楚这种差异是否显著. 另一种观察这个数据的方法是散点图,社会地位可以通过绘图符号或者颜色进行区分. 对"Social"生成一个整数变量并使用该变量来选择绘图符号("pch")和颜色("col")可以生成这种类型的图形.

```
> status = as.integer(twins$Social)
> status
 [1] 1 1 1 1 1 1 1 3 3 3 3 3 3 2 2 2 2 2 2 2 2 2 2 2 2 2 2
> plot(Foster ~ Biological, data=twins, pch=status, col=status)
```

这个散点图在图2.5中给出. 注意到因子"Social"的等级是按字母顺序转换的: high=1, low=2, middle=3. 我们可以用

```
> legend("topleft", c("high","low","middle"),
+   pch=1:3, col=1:3, inset=.02)
```

将图例加入到散点图中去.（在图2.5中，high、low和medium的符号分别用"○""△"和"+"来表示.）为了在图形中添加Foster=Biological这条直线，我们可以使用截距为0、斜率为1的"abline":

```
> abline(0, 1)
```

在图2.5中可以看出，尽管在社会地位高的一组中由亲生父母抚养的孩子有着更高的智商，但是不同社会地位之间并没有显著差异.

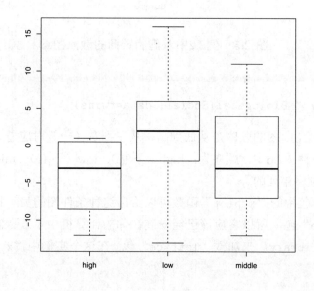

图 2.4 例2.2中双胞胎智商分数差值(Foster-Biological)的箱线图.

2.2.4 条件图

我们继续分析"twins"数据集，并介绍一个简单的条件图以及"coplot"函数."coplot"函数不是将数据用不同的颜色或绘图符号显示，而是显示为多个散点图，并且这些图的尺度也都是一样的. 我们用公式"y ~ x | a"来进行设定，它表示在变量"a"的条件下"y"和"x"的对比图.

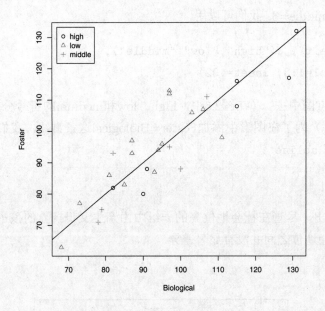

图 2.5 例2.2中双胞胎智商的散点图.

```
> coplot(Foster ~ Biological|Social, data=twins)
```

条件图在图2.6中给出. 图的顺序是从低到高、从左到右（一般对应着"a"值增加的顺序）. 在我们的条件图2.6中，顺序为：high（下左）、low（下右）、middle（上左），因为它们是按字母顺序排列的.

"lattice"包中的"xyplot"函数可以给出这种条件图的另一种形式. R发行版中含有"lattice"包，所以它应该已经安装在你的计算机中了. 要想使用"xyplot"函数需要先用"library"来加载"lattice"包. 在这个实例中"xyplot"函数的基本语法为

```
xyplot(Foster ~ Biological|Social, data=twins)
```

上面的命令会给出一个和图2.7非常类似的条件图（这里并没有显示该图），但是使用的是默认的绘图符号——蓝色的圆圈. 为了得到图2.7我们使用下面的语句来指定黑色的（"col=1"）实心圆（"pch=20"）：

```
> library(lattice)
> xyplot(Foster ~ Biological|Social, data=twins, pch=20, col=1)
```

在变量"Social"的条件下，图2.6和图2.7中都没有显示出明显的模式或相关性.

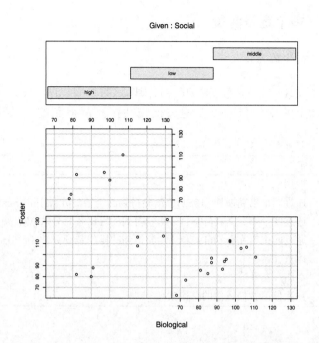

图 2.6 例2.2中以亲生父母的社会地位为条件的双胞胎智商的条件图（"coplot"函数）.

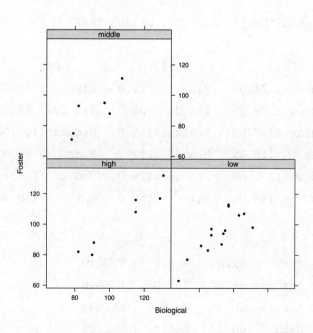

图 2.7 例2.2中以亲生父母的社会地位为条件的双胞胎智商的条件散点图（使用"lattice"包中的"xyplot"函数）.

2.3 多元数据：多个定量变量

例2.3 (大脑尺寸和智力).

DASL网站上[12]提供了一个大脑尺寸和智力比较研究的数据. 其中包含了Willerman等人[56]所搜集的40个学生的智商以及通过核磁共振测量得到的大脑尺寸. 共有8个变量：

变量	描述
Gender	性别
FSIQ	通过四个韦克斯勒[i](1981)分测验得到的全智商分数(Full Scale IQ)
VIQ	通过四个韦克斯勒(1981)分测验得到的言语智商分数(Verbal IQ)
PIQ	通过四个韦克斯勒(1981)分测验得到的操作智商分数(Performance IQ)
Weight	体重（磅）
Height	身高（英寸）
MRI_Count	18次核磁共振成像的总像素数

2.3.1 探索数据

使用"read.table"读入数据之后，我们使用"summary"函数来显示出概括统计量.

```
> brain = read.table("brainsize.txt", header=TRUE)
> summary(brain)
    Gender        FSIQ            VIQ            PIQ
 Female:20   Min.   : 77.00  Min.   : 71.0  Min.   : 72.00
 Male  :20   1st Qu.: 89.75  1st Qu.: 90.0  1st Qu.: 88.25
             Median :116.50  Median :113.0  Median :115.00
             Mean   :113.45  Mean   :112.3  Mean   :111.03
             3rd Qu.:135.50  3rd Qu.:129.8  3rd Qu.:128.00
             Max.   :144.00  Max.   :150.0  Max.   :150.00


     Weight          Height        MRI_Count
 Min.   :106.0   Min.   :62.00  Min.   : 790619
 1st Qu.:135.2   1st Qu.:66.00  1st Qu.: 855919
 Median :146.5   Median :68.00  Median : 905399
 Mean   :151.1   Mean   :68.53  Mean   : 908755
 3rd Qu.:172.0   3rd Qu.:70.50  3rd Qu.: 950078
```

---

[i]美国心理学家韦克斯勒(D.Wechsler)创制的智力检测工具. 它把智力分为言语和操作两个部分，采用离差智商测量智力水平.——编辑注

```
Max.    :192.0   Max.    :77.00   Max.    :1079549
NA's    :  2.0   NA's    : 1.00
```

"summary"函数对每个变量给出了合适的概括统计量;对分类变量"Gender"给出了表格,对其他数值类型的变量给出了均值和四分位数.概括结果表明"Weight"和"Height"存在着缺失值.

2.3.2 缺失值

有一些选项可以帮助我们计算有缺失值数据的统计量.当数据中出现缺失值时,很多基本的函数(比如"mean""sd"或"cor")将会返回缺失值.例如,

```
> mean(brain$Weight)
[1] NA
```

函数的帮助主题中说明了可以使用哪些选项.对于均值可选参数为"na.rm",它的默认值是"FALSE".将它设置为"TRUE"就可以去掉缺失值来计算均值.

```
> mean(brain$Weight, na.rm=TRUE)
[1] 151.0526
```

这个结果和上面"summary"函数所给出的均值是一样的.

2.3.3 分组概括

这个数据集中有20名男性、20名女性,平均来讲男性的体型要比女性大.就像我们在例2.1中看到的一样,较大的身体尺寸可能对应着较大的大脑尺寸.将男性和女性分开统计可以将信息展示得更加全面,这可以通过"by"函数简单地做到."by"函数的基本语法为"by(data, INDICES, FUN, ...)",其中省略号表示函数"FUN"中可能带有其他的附加参数.这就为我们设置"mean"函数的"na.rm=TRUE"参数提供了位置.对于"data"我们希望去掉第一个变量,可以使用"brain[, -1]"或者"brain[, 2:7]"做到.这种语句省略了行指标,表明每一行的数据我们都需要.

```
> by(data=brain[, -1], INDICES=brain$Gender, FUN=colMeans, na.rm=TRUE)
brain$Gender: Female
     FSIQ        VIQ        PIQ     Weight     Height   MRI_Count
  111.900    109.450    110.450    137.200     65.765   862654.600
---------------------------------------------------------------------
brain$Gender: Male
     FSIQ        VIQ        PIQ     Weight     Height     MRI_Count
 115.00000  115.25000  111.60000  166.44444   71.43158   954855.40000
```

和我们猜测的一样，男性的平均身高、体重和MRI计数都要比女性的大.

　　在散点图中使用不同的颜色和绘图符号可以将MRI计数按性别来展示. 我们事先连接("attach")数据框，使得变量可以通过名称直接被引用，这样使用"plot"命令会比较简单. "MRI_Count"对比"Weight"的散点图可以通过下面的代码得到.

```
> attach(brain)
> gender = as.integer(brain$Gender)  #need integer for plot symbol, color
> plot(Weight, MRI_Count, pch=gender, col=gender)
```

通过图例指明每种性别的符号和颜色. 生成"gender"时，"Gender"按字母顺序编号，所以1代表女性(Female)、2代表男性(Male).

```
> legend("topleft", c("Female", "Male"), pch=1:2, col=1:2, inset=.02)
```

图2.8给出了带有图例的图形. 在这幅图中很容易看出一个总体的模式："MRI_Count"随着"Weight"的增加而增加，男性的"MRI_Count"要比女性的大.

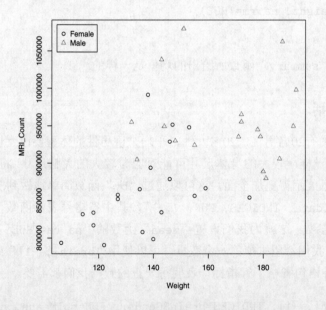

图 2.8　例2.3中MRI计数对比体重的散点图.

2.3.4　概括配对变量

　　对比图(pairs plot)可以给出每一对定量变量的散点图. 我们希望得到数据框中除了第一个变量（性别）之外所有变量对比的散点图.

```
> pairs(brain[, 2:7])
```

对比图在图2.9中给出,在每一对智商分数对比的图中都可以明显看出这些点分成了两组. 看起来似乎是选择了一组低智商个体和一组高智商个体来进行研究. 但是查阅这个数据的在线说明文件[i]之后我们发现:"根据学校研究审查委员会的事先许可,做核磁共振成像的学生要从全智商分数大于130或者小于103的学生中选取,并且还要按照性别与智力分成相等的人数."

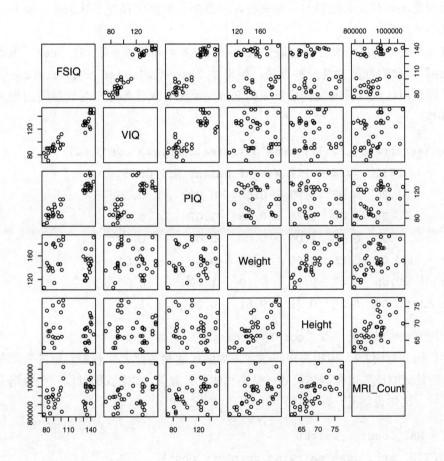

图 2.9　例2.3中大脑尺寸和各种智商测量结果的对比图.

图2.9中的对比图显示出一些变量之间存在着正相关性,例如智商分数:FSIQ(全智商)、VIQ(言语智商)、PIQ(操作智商)之间. 使用"cor"函数可以给出一个由皮尔森相关系数构成的表格,这里我们对其四舍五入取两位小数.

```
> round(cor(brain[, 2:7]), 2)
         FSIQ  VIQ  PIQ Weight Height MRI_Count
```

[i]http://lib.stat.cmu.edu/DASL/Stories/BrainSizeandIntelligence.html.

```
FSIQ       1.00 0.95 0.93      NA       NA       0.36
VIQ        0.95 1.00 0.78      NA       NA       0.34
PIQ        0.93 0.78 1.00      NA       NA       0.39
Weight      NA   NA   NA        1       NA        NA
Height      NA   NA   NA       NA        1        NA
MRI_Count  0.36 0.34 0.39      NA       NA       1.00
```

在各个智商之间存在着很强的正相关性, 但是由于数据中存在着缺失值, 很多相关系数计算不了.

有一些选项可以用来计算有缺失值数据的协方差和相关系数. 在 "cor" 函数中指定 "use" 参数的取值就是一种办法: 如果令 "use="pairwise.complete.obs"", 那么就可以使用这些变量的观测值形成的全部完整配对来计算每一对变量间的相关系数和协方差.

```
> round(cor(brain[, 2:7], use="pairwise.complete.obs"), 2)
          FSIQ   VIQ   PIQ Weight Height MRI_Count
FSIQ      1.00  0.95  0.93  -0.05  -0.09      0.36
VIQ       0.95  1.00  0.78  -0.08  -0.07      0.34
PIQ       0.93  0.78  1.00   0.00  -0.08      0.39
Weight   -0.05 -0.08  0.00   1.00   0.70      0.51
Height   -0.09 -0.07 -0.08   0.70   1.00      0.60
MRI_Count 0.36  0.34  0.39   0.51   0.60      1.00
```

(另一种方法可以参见函数 "complete.cases".)

对比图 (见图2.9) 和相关矩阵显示, 大脑尺寸和智商之间有着轻微的正相关$(r = 0.36)$. 但是MRI计数也和身体尺寸 (身高和体重) 有关. 如果我们只以一个数据来衡量身体尺寸, 比如说体重, 即

```
> mri = MRI_Count / Weight
> cor(FSIQ, mri, use="pairwise.complete.obs")
[1] 0.2353080
```

则 "mri" 和 "FSIQ" 的样本相关系数$(r = 0.235)$要小于 "MRI_Count" 和 "FSIQ" 的相关系数$(r = 0.36)$.

我们可以使用相关性检验 "cor.test" 来检验相关性是否显著. 在调整身体尺寸之前我们有

```
> cor.test(FSIQ, MRI_Count)

        Pearson's product-moment correlation
```

```
data:  FSIQ and MRI_Count
t = 2.3608, df = 38, p-value = 0.02347
alternative hypothesis: true correlation is not equal to 0
95 percent confidence interval:
 0.05191544 0.60207414
sample estimates:
     cor
0.357641
```

相关性检验在$\alpha = 0.05$的水平下是显著的. 但是如果我们调整身体尺寸（使用转换后的变量"mri"），那么p值在$\alpha = 0.05$的水平下就不再显著了.

```
> cor.test(FSIQ, mri)$p.value
[1] 0.1549858
```

对R中大多数统计检验来说，检验的p值都可以像上面的例子那样提取.

2.3.5　找出缺失值

这个数据框("brain")有一些缺失值. 前面的概括结果显示出数据中缺少了两个体重值和一个身高值. 我们可以使用"which"和"is.na"来找出这些观测值的位置.

```
> which(is.na(brain), arr.ind=TRUE)
     row col
[1,]   2   5
[2,]  21   5
[3,]  21   6
```

在对类似数据框或矩阵的对象使用"which"时，我们需要令"arr.ind=TRUE"来得到行数和列数. 观测数据2和21在第5列（体重）有缺失值，观测数据21在第6列（身高）有缺失值. 缺失的观测值在第2行和第21行，我们可以用下面的命令把这两行提取出来.

```
> brain[c(2, 21), ]
   Gender FSIQ VIQ PIQ Weight Height MRI_Count
2    Male  140 150 124     NA   72.5   1001121
21   Male   83  83  86     NA     NA    892420
```

我们还可以按下面方法把缺失值替换为样本均值:

```
> brain[2, 5] = mean(brain$Weight, na.rm=TRUE)
> brain[21, 5:6] = c(mean(brain$Weight, na.rm=TRUE),
+   mean(brain$Height, na.rm=TRUE))
```

数据框中更新后的第2行和第21行为

```
> brain[c(2, 21), ]
   Gender FSIQ VIQ PIQ   Weight Height MRI_Count
2    Male   140 150 124 151.0526   72.5   1001121
22   Male    83  83  86 151.0526   68.5    892420
```

2.4 时间序列数据

例**2.4** (纽黑文市的气温).

R数据集 "nhtemp" 中包含了康涅狄格州纽黑文市从1912年到1971年的年平均气温, 单位为华氏度. 这是一个时间序列的例子. 气温变量的指标是年份.

```
> nhtemp
Time Series:
Start = 1912
End = 1971
Frequency = 1
 [1] 49.9 52.3 49.4 51.1 49.4 47.9 49.8 50.9 49.3 51.9 50.8 49.6
[13] 49.3 50.6 48.4 50.7 50.9 50.6 51.5 52.8 51.8 51.1 49.8 50.2
[25] 50.4 51.6 51.8 50.9 48.8 51.7 51.0 50.6 51.7 51.5 52.1 51.3
[37] 51.0 54.0 51.4 52.7 53.1 54.6 52.0 52.0 50.9 52.6 50.2 52.6
[49] 51.6 51.9 50.5 50.9 51.7 51.4 51.7 50.8 51.9 51.8 51.9 53.0
```

为了将1912年到1971年的气温模式形象化地给出, 我们可以简单地使用 "plot" 函数画出一个时间序列图. "plot" 函数会对时间序列数据给出一个折线图, 横轴表示时间. 这个时间序列图在图2.10中给出.

```
> plot(nhtemp)
```

我们关注的是能否从这组数据给出的这些年平均温度中找到一种趋势. 一种将这种可能的趋势形象化的办法是拟合一条光滑的曲线. 基于局部加权多项式回归(locally-weighted polynomial regression)的 "lowess" 函数提供了一种拟合光滑曲线的方法. 下面我们再次对数据作图, 这次对温度添加了描述更加细致的标签, 并用 "abline" 函数在总均值处添加了一条水平参考线. "lines" 将光滑曲线添加到当前图中来. (参见图2.11.)

```
> plot(nhtemp, ylab="Mean annual temperatures")
> abline(h = mean(nhtemp))
> lines(lowess(nhtemp))
```

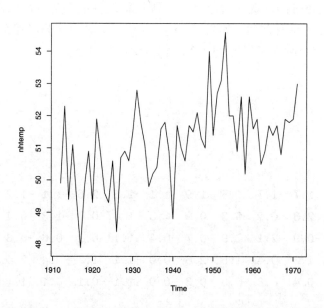

图 2.10　康涅狄格州纽黑文市年平均气温的时间序列图.

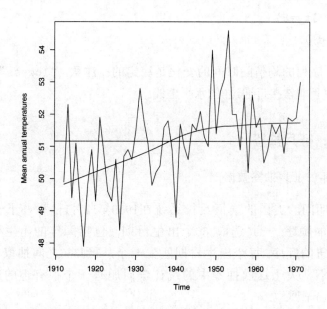

图 2.11　康涅狄格州纽黑文市年平均气温的时间序列图. 添加了水平参考线来表示总均值并使用"lowess"函数添加了一条光滑曲线.

为了便于建模，我们经常希望对时间序列进行变换，使得均值随时间的变化是稳定的. 如果均值随时间的变化看起来有一种近似线性的趋势（就像图2.11中一样），那么一阶差分会去掉这种趋势. 如果$X_1, X_2, \cdots$是一个时间序列，那么我们可以使用"diff"函数得到这个时间序列的一阶差分$X_2 - X_1, X_3 - X_2, \cdots$.

```
> diff(nhtemp)
Time Series:
Start = 1913
End = 1971
Frequency = 1
 [1]  2.4 -2.9  1.7 -1.7 -1.5  1.9  1.1 -1.6  2.6 -1.1 -1.2 -0.3
[13]  1.3 -2.2  2.3  0.2 -0.3  0.9  1.3 -1.0 -0.7 -1.3  0.4  0.2
[25]  1.2  0.2 -0.9 -2.1  2.9 -0.7 -0.4  1.1 -0.2  0.6 -0.8 -0.3
[37]  3.0 -2.6  1.3  0.4  1.5 -2.6  0.0 -1.1  1.7 -2.4  2.4 -1.0
[49]  0.3 -1.4  0.4  0.8 -0.3  0.3 -0.9  1.1 -0.1  0.1  1.1
```

下面的代码给出了气温的差分序列的时间序列图，并添加了一条通过0的参考线和"lowess"曲线，该图在图2.12中给出.

```
> d = diff(nhtemp)
> plot(d, ylab="First differences of mean annual temperatures")
> abline(h = 0, lty=3)
> lines(lowess(d))
```

图2.12显示出差分序列的均值随时间的变化是稳定的；注意，"lowess"曲线（实线）近似于水平的，并且非常接近通过0的水平虚线.

2.5 整数数据：征兵抽签

例2.5 (1970年的征兵抽签数据).

在越南战争期间，美国的选征兵役系统在1969年12月1日举办了一次征兵抽签来决定征召入伍的顺序. 一共选取366个出生日期（包括闰年的出生日期）来决定合格人员应招入伍的顺序. 每个出生日期匹配一个从1到366之间抽取的数字. 最小的数字最先被征召. 关于这次抽签中的统计学问题有一个很有趣的讨论，可以参见Fienberg[18]和Starr[46].[i]

在选征兵役系统的网站[ii]上可以找到这次抽签的数据和相关信息. 我们将其转换为制表符分隔文件，以便通过下面的命令将其读入到一个R数据框中.

---

[i]http://www.amstat.org/publications/jse/v5n2/datasets.starr.html.
[ii]http://www.sss.gov/LOTTER8.HTM.

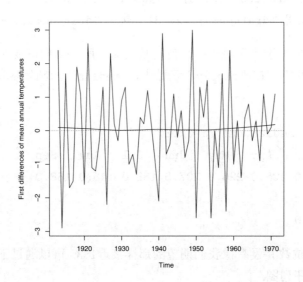

图 2.12　康涅狄格州纽黑文市年平均气温一阶差分的时间序列图. 使用"lowess"函数添加了一条光滑曲线.

```
> draftnums = read.table("draft-lottery.txt", header=TRUE)
```

这个数据框是一个表格，里面按日数和月份分组了抽签数字. 变量名为

```
> names(draftnums)
 [1] "Day" "Jan" "Feb" "Mar" "Apr" "May" "Jun" "Jul"
 [9] "Aug" "Sep" "Oct" "Nov" "Dec"
```

比如，为了找到出生日期为1月15日的征召数字，我们读取列"Jan"的第15个观测值.

```
> draftnums$Jan[15]
[1] 17
```

发现对应的征召数字是17.

　　假设这些数字是随机抽取的，我们预期每个月份征召数字的中位数接近于数字366/2 = 183. 我们对月份（列）使用中位数函数来给出每个月份征召数字的中位数. "sapply"函数是"apply"的"好用"版本. 但是如果数据中有缺失值的话，"median"会默认返回一个缺失值.

```
> months = draftnums[2:13]
> sapply(months, median)
Jan Feb Mar Apr May Jun Jul Aug Sep Oct Nov Dec
211  NA 256  NA 226  NA 188 145  NA 201  NA 100
```

R𝐱 2.4 语句"draftnums[2:13]"从数据框"draftnums"中提取第2个到第13个变量. 它的效果和使用"draftnums[, 2:13]"或者"draftnums[, -1]"是一样的.

由于我们的数据对于小于31天的月份有缺失值, 所以我们需要在"median"函数中使用"na.rm=TRUE". 在"sapply"函数中, "median"的额外参数直接写在函数名后面就可以了.

```
> sapply(months, median, na.rm=TRUE)
  Jan   Feb   Mar   Apr   May   Jun   Jul   Aug   Sep
211.0 210.0 256.0 225.0 226.0 207.5 188.0 145.0 168.0
  Oct   Nov   Dec
201.0 131.5 100.0
```

各个月份的样本中位数并没有像我们期望的那样接近183. 可以通过下面命令得到各个月份中位数的时间序列图.

```
> medians = sapply(months, median, na.rm=TRUE)
> plot(medians, type="b", xlab="month number")
```

在这个图中我们使用"type="b""来同时显示点和线, 并且在横轴上添加了一个描述性的标签"month number". 从图2.13可以看出, 中位数随着月份增加大体上呈现递减的趋势.

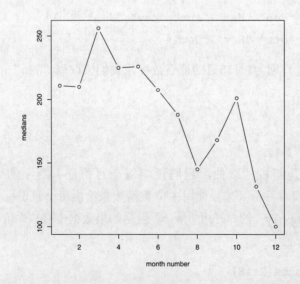

图 2.13 1970年征兵抽签数字中各个月份的中位数.

R$_{\mathbf{x}}$ 2.5　例2.5中"sapply"函数的结果是将中位数按照列（月份）的顺序排列得到的向量. 图2.13是数据向量的图形. 对一元变量使用"plot"函数时将会给出数据的时间序列图, 同时沿着横轴显示指标变量. 在这里指标值1到12对应着月份.

各个月份征召数字的箱线图有助于比较不同月份中出生日期对应数字的分布.

```
> months = draftnums[2:13]
> boxplot(months)
```

图2.14中的并排箱线图并不像我们期望的那样是按月均匀分布的. 12月的征召数字看起来要比其他月份的小. 事实上, 大体来看一年中最后两个月的数字比其他月份都要小. 对于这个问题的可能解释、更多的应征抽签数据, 以及抽签的进一步讨论可以参见Starr[46]和http://www.sss.gov/lotter1.htm上的"The Vietnam Lotteries".

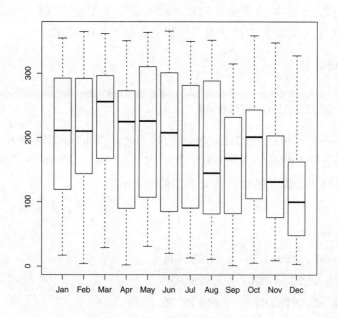

图 2.14　1970年征兵抽签数字按出生月份进行比较的箱线图.

2.6　样本均值和中心极限定理

例2.6 (样本均值).

数据框"randu"包含了400个三维连续随机数, 这些随机数是使用一个名为RANDU的算法生成的. 在本例中我们研究一下三维数的样本均值的分布. 我们知道如果这些数真的服从$(0, 1)$上的连续均匀分布, 那么它们的期望值为$1/2$, 方差为$1/12 = 0.08333$. 首先, 我们来计算一些基本的样本统计量.

```
> mean(randu)
        x         y         z
0.5264293 0.4860531 0.4809547
> var(randu)
           x             y             z
x   0.081231885 -0.004057683   0.004637656
y  -0.004057683  0.086270206  -0.005148432
z   0.004637656 -0.005148432   0.077860433
```

这里由于"randu"是一个具有三个变量的数据框, 所以对这三个变量分别给出了均值, 并且"var"函数对这三个变量计算了方差-协方差矩阵. 三个样本均值都接近于均匀分布的均值$1/2$. 方差-协方差矩阵的对角线上是三个变量的方差, 在RANDU生成的数据服从区间$(0, 1)$上均匀分布的假设下它们应该接近于0.08333.

```
> diag(var(randu))
         x          y          z
0.08123189 0.08627021 0.07786043
```

方差-协方差矩阵的对角线外的元是样本的协方差, 理论上来讲协方差应该是0: 如果RANDU事实上给出的是独立同分布的数, 那么列"x""y"和"z"中的数应该是不相关的. 样本的相关系数在绝对值意义下都接近于0.

```
> cor(randu)
           x           y           z
x   1.00000000 -0.04847127   0.05831454
y  -0.04847127  1.00000000  -0.06281830
z   0.05831454 -0.06281830   1.00000000
```

注2.1 尽管"randu"数据(x, y, z)的相关系数接近于0, 但实际上如果我们在三维图中观察这个数据的话, 还是能够发现线性关系的. 试着给出下面的图, 看一下能否从数据中找到某种模式 (数据并不是非常随机的).

```
library(lattice)
cloud(z ~ x + y, data=randu)
```

第4章将会给出这个图形 (见图4.19), 并对"cloud"函数做进一步的讨论.

我们关注的问题是行均值的分布. 假设每一行是一个服从区间$(0, 1)$上均匀分布的、大小为3的随机样本. 我们可以使用"apply"得到行均值:

```
> means = apply(randu, MARGIN=1, FUN=mean)
```

这里"MARGIN=1"指定了行,"FUN=mean"给出了应用到行上的函数. 或者我们也可以使用

```
rowMeans(randu)
```

来得到均值向量. 现在"means"是由400个样本均值构成的向量. 我们使用"hist"函数来给出样本均值的频数直方图.

```
> hist(means)
```

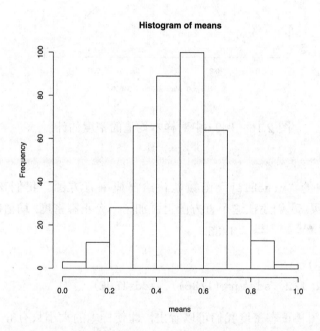

图 2.15　例2.6中对样本均值使用带默认参数的"hist"函数生成的频数直方图.

图2.15中的均值直方图是丘形的,并且有一些对称. 根据中心极限定理,当样本大小趋于无穷时样本均值趋于正态分布,这样我们需要一个概率直方图而不是频数直方图. 概率直方图(未显示)可以通过下面的代码给出:

```
> hist(means, prob=TRUE)
```

密度估计可以通过下面的代码给出:

```
> plot(density(means))
```

图2.16中给出了密度估计. 它看起来有一点像钟形,类似正态分布.

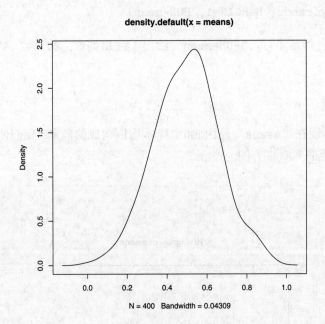

图 2.16　例2.6中对样本均值的密度估计.

　　"MASS"包中的"truehist"函数默认给出概率直方图. 我们在图2.17中显示"truehist"的结果. 我们还在这个直方图上添加了一个正态密度. 均值应该为1/2，样本均值方差应该为$\frac{1/12}{n} = \frac{1/12}{3} = 1/36$.

```
> truehist(means)
> curve(dnorm(x, 1/2, sd=sqrt(1/36)), add=TRUE)
```

从图2.17中的直方图和正态密度我们可以看出，即使样本的大小只有3，样本均值也是接近正态分布的.

　　正态分位数对分位数(Quantile-Quantile, QQ)图比较了正态分布分位数和样本分位数. 如果抽样总体是正态的，QQ图应该接近于一条直线. QQ图和参照线可以通过下面的命令得到：

```
> qqnorm(means)
> qqline(means)
```

　　从图2.18中的正态QQ图可以看出样本均值是近似正态分布的.

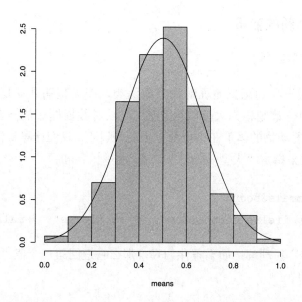

图 2.17 例2.6中由"MASS"包中的"truehist"函数对样本均值生成的直方图. 通过"curve"添加了正态密度.

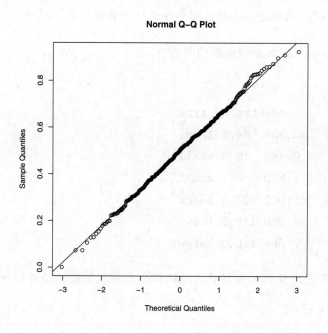

图 2.18 例2.6中样本均值的正态QQ图.

2.7 特殊主题

2.7.1 添加一个新的变量

例**2.7** (哺乳动物，续).

在例2.1中，假设我们想把哺乳动物分成两类，即大型哺乳动物和小型哺乳动物. 如果体重超过了中位数则称为大型哺乳动物. 可以对数据框添加一个因子变量(factor variable)来表明哺乳动物的体重在中位数以上还是以下. 我们计算身体尺寸的中位数并用 "ifelse" 函数来指定 "大型(large)" 或者 "小型(small)".

```
> m = median(mammals$body)
> mammals$size = ifelse(mammals$body >= m, "large", "small")
```

"ifelse" 函数很容易理解：如果条件为真，那么它返回第一个值 "large"；否则，返回第二个值 "small".

R$_\mathbf{x}$ 2.6 代码

```
mammals$size = ifelse(mammals$body >=m, "large", "small")
```

将 "large" 或 "small" 赋值给 "mammals" 数据框中的 "size" 变量. 由于数据框中还不存在变量 "size"，这样将会在数据框中生成一个新的变量 "size".

我们使用 "head" 来显示数据框的前六行：

```
> head(mammals)
                body   brain  size
Arctic fox       3.385   44.5 large
Owl monkey       0.480   15.5 small
Mountain beaver  1.350    8.1 small
Cow            465.000  423.0 large
Grey wolf       36.330  119.5 large
Goat            27.660  115.0 large
```

新变量 "size" 的出现使得对大型哺乳动物和小型哺乳动物分别进行分析变得简单了. 比如

```
subset(mammals, size=="large")
```

将会返回一个只包含大型哺乳动物的数据框. "==" 运算符是逻辑相等，而不是赋值.

2.7.2 哪个观测值是最大的

变量"body"和"brain"可以通过"mammals$body"和"mammals$brain"引用.
我们可以通过"which"函数找到观测值. 比如这里我们找出最大的动物.

```
> which(mammals$body > 2000)
[1] 19 33
```

```
> mammals[c(19, 33), ]
                 body brain  size
Asian elephant   2547  4603 large
African elephant 6654  5712 large
```

"which"函数返回那些"mammals$body > 2000"为真("TRUE")的哺乳动物所在的
行数. 然后我们将这两行从数据框中提取出来.

身体尺寸的最大值为

```
> max(mammals$body)
[1] 6654
```

假设我们想找出身体尺寸最大的动物，而不是尺寸的最大值. 一个可以用来找到
最大哺乳动物的函数是"which.max". 它返回最大值对应的指标，而不是数值.
"which.min"返回最小值对应的指标. 我们可以使用这些结果来提取最大或最小身体
尺寸所对应的观测值.

```
> which.max(mammals$body)
[1] 33
```

```
> mammals[33, ]
                 body brain  size
African elephant 6654  5712 large
```

```
> which.min(mammals$body)
[1] 14
```

```
> mammals[14, ]
                          body brain  size
Lesser short-tailed shrew 0.005  0.14 small
```

在这个数据集中，非洲象(African elephant)有最大的身体尺寸——6654公斤，小短尾
鼩鼱(Lesser short-tailed shrew)有最小的身体尺寸——0.005公斤.

2.7.3 数据框排序

例2.8 (将哺乳动物排序).

很明显哺乳动物并不是按身体尺寸由小到大排列的. 我们可以用"sort"或"rank"将身体尺寸变量排序, 但这两个函数并不能将整个数据框按照身体尺寸重新排序. 为了将哺乳动物按照某种特定的顺序排列, 我们首先要使用"order"函数得到排序. "order"函数返回一个整数列, 这个数列将数据按照要求的次序进行排序[i]. 我们通过"mammals"数据的一个小子集来看一下它的效果.

```
> x = mammals[1:5, ]   #the first five
> x
                body brain  size
Arctic fox     3.385  44.5 large
Owl monkey     0.480  15.5 small
Mountain beaver 1.350   8.1 small
Cow          465.000 423.0 large
Grey wolf     36.330 119.5 large
```

我们希望将观测值按照身体尺寸排序.

```
> o = order(x$body)
> o
[1] 2 3 1 5 4
```

"order"的结果储存在向量"o"中, 说明了观测值按身体尺寸由小到大分别是2、3、1、5、4. 最后我们使用"order"的结果来重新建立数据的指标. 我们使用"[row, column]"语法, 行使用向量"o", 列空着表示我们对所有的列进行操作.

```
> x[o, ]
                body brain  size
Owl monkey     0.480  15.5 small
Mountain beaver 1.350   8.1 small
Arctic fox     3.385  44.5 large
Grey wolf     36.330 119.5 large
Cow          465.000 423.0 large
```

将整个哺乳动物数据框按身体尺寸排序的代码也是类似的:

```
> o = order(mammals$body)
> sorted.data = mammals[o, ]
```

---

[i]数列中的第i个数k表示, 按照要求顺序排列的话, 第k个观测值应出现在第i位, 而不是第i个观测值排在第k位.——译者注

我们使用"tail"给出排序过后的数据框中最后三个观测值, 找到了身体尺寸最大的三种哺乳动物以及它们的大脑尺寸.

```
> tail(sorted.data, 3)
                body brain  size
Giraffe          529   680 large
Asian elephant  2547  4603 large
African elephant 6654 5712 large
```

2.7.4 点之间的距离

在本小节中我们使用"dist"来计算点与点之间的距离. 我们还是使用例2.1中介绍的"mammals"数据, 并在例2.7和例2.8结果的基础上继续进行. 该结果包含了62种哺乳动物的身体尺寸和大脑尺寸, 还包含了我们在例2.7中生成的分类变量"size".

例2.9 (点与点之间的距离).

原始的"mammals"数据 (身体尺寸、大脑尺寸) 是一个二元 (二维) 数据集. 观测值之间的距离只是对数值变量定义的, 所以我们首先要重新加载数据, 将"mammals"数据框重新变成它的原始格式.

```
> data(mammals)
```

假设我们希望对图2.2b中的图形进行注释, 用线段表示观测值之间的距离. d维空间中的点$x = (x_1, \cdots, x_d)$和$y = (y_1, \cdots, y_d)$的欧氏距离为

$$\|x - y\| = \sqrt{\sum_{k=1}^{d}(x_k - y_k)^2}.$$

在二维空间中, 也即本例中的情况, 距离就是连接两个点的线段的长度 (直角三角形斜边的长度). 一个样本的距离矩阵在第i行、第j列给出了第i个观测值和第j个观测值之间的距离. "dist"返回一个三角形的距离表格; 由于距离矩阵是对称的并且对角线上的元素都是0, 所以"dist"对象将其以一种紧凑的方式储存并显示. 我们通过"mammals"数据的一个小子集来进行说明.

```
> x = mammals[1:5, ]

> dist(x)
                Arctic fox Owl monkey Mountain beaver        Cow
Owl monkey       29.145137
Mountain beaver  36.456841   7.450966
Cow             596.951136 617.928054      622.184324
Grey wolf        81.916867 110.005557      116.762838 525.233490
```

"dist"函数默认返回的是欧氏距离，但是也可以通过"method"参数计算其他指定类型的距离.

在很多的应用中我们需要完整的距离矩阵. "as.matrix"可以将一个距离对象转换为距离矩阵.

```
> as.matrix(dist(x))
                Arctic fox Owl monkey Mountain beaver      Cow Grey wolf
Arctic fox         0.00000  29.145137        36.456841 596.9511  81.91687
Owl monkey        29.14514   0.000000         7.450966 617.9281 110.00556
Mountain beaver   36.45684   7.450966         0.000000 622.1843 116.76284
Cow              596.95114 617.928054       622.184324   0.0000 525.23349
Grey wolf         81.91687 110.005557       116.762838 525.2335   0.00000
```

整个"mammals"数据框的散点图（见图2.19）可以通过下面的命令生成：

```
> plot(log(mammals$body), log(mammals$brain),
+     xlab="log(body)", ylab="log(brain)")
```

接下来，为了显示一些距离，我们将对应(cow, wolf)、(wolf, human)和(cow, human)距离的线段添加上去. 首先，我们从"mammals"中提取这三个观测值并将它们储存在"y"中. 这三个点形成了一个三角形，所以很容易使用"polygon"函数画出它们之间的线段.

```
> y = log(mammals[c("Grey wolf", "Cow", "Human"), ])
> polygon(y)
```

（如果想要每次添加一条线段，可以使用"segments"函数. ）使用"text"来添加标签. 如果我们使用

```
text(y, rownames(y))
```

那么标签将会以"y"中点的坐标为中心. 文本标签的位置可以进行调整，这里我们使用

```
> text(y, rownames(y), adj=c(1, .5))
```

来把标签放到一个更合适的位置. 也可以参考例4.2，那里介绍了一种使用"identify"函数进行交互式添加标签的方法.

从图2.19我们可以看出，如果按照大脑和身体尺寸对数的欧氏距离来衡量的话，相较于灰狼，人类在某种程度上更接近于牛. 实际距离为

```
> dist(y)
       Grey wolf      Cow
Cow     2.845566
Human   2.460818 2.314068
```

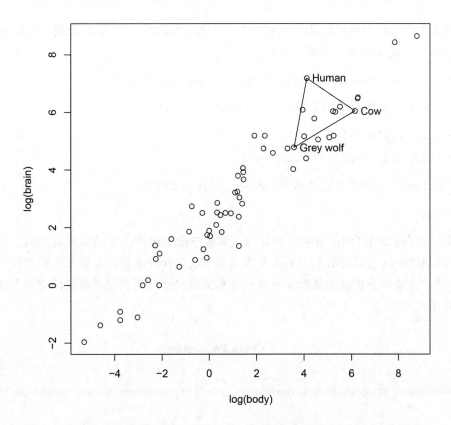

图 2.19　例2.1中的散点图，添加了三个标注的哺乳动物之间的距离.

2.7.5　聚类分析速览

例2.10 (距离的聚类分析).

距离矩阵在聚类分析中经常用到. 聚类分析一般用来探索数据中的可能结构. 由于聚类分析的深入讨论已经超出了本书的范围，所以我们在本小节只是简单介绍一下如何实现一个简单的聚类分析. "hclust" 是一个实现分层聚类分析的函数. 比如，

```
> d = dist(log(mammals))
> h = hclust(d, method="complete")
```

执行了一个基于最近邻的分层聚类分析. 使用 "method="complete""，从单点集（单个观测值）出发，每一步将最大两两距离中最短的两类聚在一起. 从图2.19中可以明显看出，"牛" 不是离 "灰狼" 或者 "人" 距离最近的点. 另一种广泛使用的方法是 "Ward最小方差法" (Ward's minimum variance)，它可以使用平方距离矩阵并且可以通过在 "hclust" 中令 "method=ward" 得到. 其他一些流行的聚类分析法也可以在 "hclust" 中实现. Everitt、Landau和Leese的著作[15]是一个比较好的关于分层聚类分析的参考资料.

在本例中，我们研究哺乳动物中身体尺寸比较大的那一半. 我们使用"subset"函数将身体尺寸较大的那一半提取出来:

```
> big = subset(mammals, subset=(body > median(body)))
```

接下来我们计算距离并对这些大型动物进行聚类:

```
> d = dist(log(big))
> h = hclust(d, method="complete")
```

"hclust"的结果可以画成系统树图（一种树形图）.

```
> plot(h)
```

系统树图在图2.20中给出. 根据这种算法，聚类中最下面的分支是距离最近的，上层中的节点相似度较小. 比如我们看到两种大象很早就聚在一起了，但很久之后才和其他类聚在一起. 注意该分析完全依赖于身体尺寸和大脑尺寸，所以聚类在某种意义上代表了动物的相对尺寸.

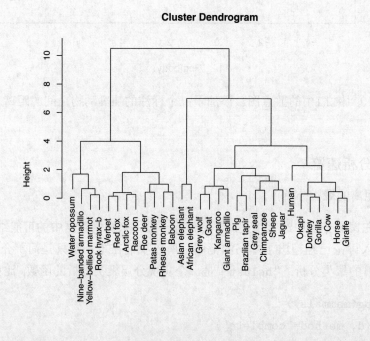

图 2.20　例2.1中"log(mammals)"数据在最近邻方法下得到的聚类系统树图.

让我们看看在这种聚类算法下哪两种动物最接近（第一对聚到一类的动物）. 而这两种动物也将会是距离最小的一对动物. 这对动物可以通过"h$merge"所返回的值找到.

```
> head(h$merge)
     [,1] [,2]
[1,]  -22  -28
[2,]  -25  -57
[3,]  -21  -29
[4,]   -8  -12
[5,]   -9  -62
[6,]  -41  -60
```

我们可以看到第22和第28个观测值的对数有最小的距离, 因此它们是第一对聚在一起的. 这两个观测值为

```
> rownames(mammals)[c(22, 28)]
[1] "Horse"    "Giraffe"
```

它们的对数为

```
> log(mammals)[c(22, 28), ]
            body     brain
Horse   6.255750 6.484635
Giraffe 6.270988 6.522093
```

注意, 如果是在原始数据 "mammals" 而不是在对数数据中计算距离或者使用不同的聚类算法, 聚类分析的结果有可能会不同.

练习

2.1 ("chickwts" 数据). "chickwts" 数据来自于一个比较不同饲料添加剂对小鸡的生长率影响效果的实验 (参见 "?chickwts"). 变量为小鸡的重量 "weight", 以及饲料添加剂的种类 "feed" (因子). 对六种不同类型的饲料添加剂给出重量的并排箱线图并进行解读.

2.2 ("iris" 数据). "iris" 数据给出了三种鸢尾花 (每种各50朵) 的花萼长度、花萼宽度、花瓣长度和花瓣宽度共四个变量的尺寸, 单位是厘米. 共有四个数值变量对应着花萼和花瓣的尺寸, 还有一个因子 "Species" 对应着鸢尾花的种类. 按 "Species" 给出均值列表 (对三个 "Species" 分别计算均值).

2.3 ("mtcars" 数据). 显示R中的 "mtcars" 数据并使用 "?mtcars" 读取说明文件. 绘制定量变量的平行箱线图. 绘制定量数据的对比图(pairs plot). 可以从对比图中看出变量间的某种可能关系吗?

2.4（"mammals"数据）. 参考例2.7. 生成一个新的变量"r"，用它表示大脑尺寸和身体尺寸的比值. 使用完整的"mammals"数据集，将"mammals"数据按照比值"r"排序. 哪种哺乳动物有最大的大脑尺寸和身体尺寸比？哪种哺乳动物有最小的比值？（提示：对排序后的数据使用"head"和"tail".）

2.5（"mammals"数据，续）. 参考练习2.4. 对完整的"mammals"数据集构造一个比值r和身体尺寸对比的散点图.

2.6（"LakeHuron"数据）. "LakeHuron"数据包含了休伦湖从1875年到1972年每年的水位线数据，单位是英尺. 画出该数据的时间序列图. 湖水的平均水位看起来是稳定的，还是随时间变化的？参考例2.4，找到一种可能的方法来转换序列，使得均值是稳定的，并给出转换后序列的图形. 这个变换确实得到了稳定的均值吗？

2.7（模拟数据的中心极限定理）. 参考例2.6，我们对"randu"数据框的每一行计算了样本均值. 使用"runif"生成一个随机数矩阵，以此代替"randu"，重复例2.6中的分析.

2.8（中心极限定理，续）. 参考例2.6和练习2.7，我们对数据框中的每一行计算了样本均值. 生成一个400×10的矩阵（样本容量为10）代替容量为3的样本，重复练习2.7中的分析. 比较容量为3的样本和容量为10的样本的直方图. 对于样本容量增大时均值的分布，我们可以通过中心极限定理得到哪些结论？

2.9（1970年越南征兵抽签）. 例2.5中1970年征兵抽签的数字看起来并不是随机的，对于这一点你有哪些可能的解释？（参看参考文献）

2.10（"老忠实泉"直方图）. 使用"hist"给出"faithful"数据集（参见例A.3）中老忠实泉等待时间的概率直方图（使用参数"prob=TRUE"或"freq=FALSE"）.

2.11（"老忠实泉"密度估计）. 使用"hist"给出"faithful"数据集（参见例A.3）中老忠实泉等待时间的概率直方图，并使用"lines"添加密度（"density"）估计.

2.12（"将mammals"数据按大脑尺寸排序）. 参考例2.1. 使用完整的"mammals"数据集，将数据按大脑尺寸排序. 哪一种哺乳动物有最大的大脑尺寸？哪一种哺乳动物有最小的大脑尺寸？

2.13（原始尺度下的"mammals"数据）. 参考例2.7中的"mammals"数据. 类似图2.19，构造一个原始尺度下的散点图（图2.19是对数尺度）. 对灰狼、牛和人这三个点以及它们之间的距离添加标签. 在这个例子中，哪一幅图更容易解读？

2.14（"mammals"聚类分析）. 参考例2.10. 用Ward最小方差法代替最近邻（完全）连接法重复聚类分析. 在"hclust"函数中令"method="ward""，并令第一个参数为平方距离矩阵，这样就可以实现Ward最小方差法. 生成系统树图并与最近邻法得到的系统树图进行比较.

2.15（识别群或类）. 在做完聚类分析之后，我们经常想要标出数据中的群或者类. 在类似例2.10的分层聚类分析中，这相当于在一个给定的层将系统树图（例如图2.20）进行切割. "cutree"函数可以很容易地找到相应的群. 比如在例2.10中，将我们完全

连接聚类的结果储存在对象 "h" 中. 我们可以使用 "k=5" 的 "cutree" 函数将树切割,得到五个群:

```
g = cutree(h, 5)
```

将 "g" 显示出来,并查看每个观测值的标签. 使用 "table(g)" 来总结群的大小. 有三个类都只含有一种哺乳动物. 使用 "mammals[g > 2]" 指出哪三种哺乳动物是单点类.

第3章 分 类 数 据

3.1 引言

在本章我们将介绍一些组织、概括以及显示分类数据的R命令. 我们将会看到分类数据可以很方便地通过一个叫作因子(factor)的特殊R对象来表示. "table"函数在构造频数表时非常有用, "plot"和"barplot"函数可以用来显示表格类结果. 判断频数向量是否服从某个特定离散分布的卡方拟合优度检验可以在"chisq.test"函数中实现. "cut"函数可以用一个划分值向量将数值变量划分为分类变量. 带有多个变量的"table"函数可以用来生成二元频数表, "prop.table"函数可以用来计算条件比例来探索表中的关联模式. "barplot"函数可以构造条件概率的并排柱状图和分段柱状图. 二元表中的独立性假设可以通过"chisq.test"函数来检验. 特殊的图形显示"mosaicplot"可以用来显示二元频数表中的频数, 此外还可以显示独立性拟合的残差模式.

3.1.1 对分类数据制表及制图

例3.1 (掷硬币).

假设我们掷了20次硬币, 并观察序列

$$H, T, H, H, T, H, H, H, T, H, H, H, T, T, H, T, T, T, H, H, H, T.$$

我们打算将这些结果制成表格, 找到正面(H, head)和反面(T, tail)的比例, 并将比例制图.

使用"scan"函数可以很方便地在R控制台中输入这些数据. "what=character"参数表明将要输入的是字符类型的数据. 这个函数默认使用空格来分隔每一项. 我们通过在一个空行处按回车键来结束输入. 字符数据被放置在向量"tosses"中.

```
> tosses = scan(what="character")
1: H T H H T H H T H H T T
13: H T T T
17: H H H T
```

21:

Read 20 items

我们可以使用"table"函数将这个掷硬币数据列表. 输出的是不同结果（正面或反面）的频数表.

```
> table(tosses)
tosses
 H T
11 9
```

我们看到共掷出了11个正面, 9个反面. 一般通过计算比例或频率来概括这些频数. 用表中的频数除以掷硬币的总次数就可以简单地得到比例, 总次数可以用"length"函数得到.

```
> table(tosses) / length(tosses)
tosses
   H    T
0.55 0.45
```

很多方法可以显示这些数据. 首先, 我们将频率的结果储存在向量"prop.tosses"中:

```
> prop.tosses = table(tosses) / length(tosses)
```

使用"plot", 我们可以得到图3.1a中的线形图.

```
> plot(prop.tosses)
```

或者我们还可以使用"barplot"函数, 通过柱状图来显示这两个比例, 柱状图在图3.1b中给出.

```
> barplot(prop.tosses)
```

线形图和柱状图给出了相同的大体印象, 即在这次掷硬币实验中我们得到了近似的正面个数和反面个数.

3.1.2 字符向量和因子

在前面的小节中, 我们通过例子说明了如何构造一个字符向量, 它是由字符串值"H"和"T"构成的向量. 如果一个向量含有少量不同的值（数字的或者字符的）, 那么因子是一种很好的表示这个向量的方法. 为了定义一个因子, 我们需要一个若干值构成的向量, 一个所有可能值构成的向量, 以及一个标记可能值的向量.

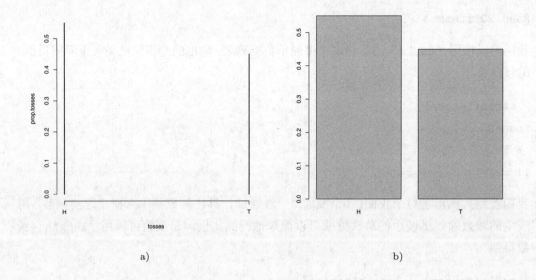

图 3.1   掷20次硬币得到正面和反面的比例的两种显示.

例3.2 (掷骰子).

我们收集几次掷骰子的结果作为一个简单的例子. 我们掷7次骰子, 并将结果储存在向量 "y" 中.

```
> y = c(1, 4, 3, 5, 4, 2, 4)
```

对掷骰子来说, 可能的结果是1到6, 我们将这些值储存在向量 "possible.rolls" 中:

```
> possible.rolls = c(1, 2, 3, 4, 5, 6)
```

我们希望用单词 "one", ⋯ , "six" 来标记掷骰子的结果, 我们将这些标签放在向量 "labels.rolls" 中:

```
> labels.rolls = c("one", "two", "three", "four", "five", "six")
```

现在我们做好了准备工作, 可以用函数 "factor" 来构造因子变量 "fy" 了:

```
> fy = factor(y, levels=possible.rolls, labels=labels.rolls)
```

通过显示向量 "fy" 我们可以看到字符向量和因子之间的区别.

```
> fy
[1] one   four  three five  four  two   four
Levels: one two three four five six
```

注意"y"中数值类型的掷骰子结果被"fy"中的因子标签取代了. 另外,还要注意因子变量的显示结果中给出了水平值,即掷骰子的可能值. 我们来构造因子的频数表.

```
> table(fy)
fy
  one   two three  four  five   six
    1     1     1     3     1     0
```

注意到对掷骰子的所有可能值都显示了频数. 在很多情况下,我们都希望显示类似"six"这种可能出现但并未出现的类别的频数.

在后面的例子中,我们将会读取包含字符变量的数据文件. 当在R中创建数据框(比如使用"read.table"函数)时,系统会默认将含有字符值的变量转换成因子.

3.2 卡方拟合优度检验

例3.3 (Weldon的骰子).

"Weldon的骰子"是一个非常有名的数据集,最早出现在Karl Pearson发表于1900年介绍卡方拟合优度检验的文章[39]中. 在那个时代(电子计算机出现之前),英国生物学家Walter F. R. Weldon使用骰子来生成随机数据,记录了12个骰子投掷了26 306次的结果. 更多的细节和该实验自动化版本的结果可以参见"Weldon's Dice, Automated"[29].

在这些结果中,Weldon认为5个点或6个点是"成功的",其他结果是"失败的". 如果一个骰子是规则的,那么每个面出现的可能性都应该是相等的,所以成功(5或6)的概率是1/3. 12 个规则骰子的总成功次数是成功概率为1/3的二项随机变量. 二项概率通过函数"dbinom"给出:

```
> k = 0:12
> p = dbinom(k, size=12, prob=1/3)
```

在12个骰子投掷26 306次的过程中,期望结果(四舍五入到最近整数)应该是

```
> Binom = round(26306 * p)
> names(Binom) = k
```

"names"函数对二项次数添加了标签. 下面输入"Weldon的骰子"数据.

```
> Weldon = c(185, 1149, 3265, 5475, 6114, 5194, 3067,
+   1331, 403, 105, 14, 4, 0)
> names(Weldon) = k
```

二项次数、数据以及二项次数和观测次数之间的差可以用多种方法来概括显示；这里我们使用"data.frame"函数. 为了将数据整合在一个数据框中，我们将数据向量排成一列并用逗号隔开. 我们将观测次数(Weldon)和期望次数(Binom)之间的差命名为"Diff".

```
> data.frame(Binom, Weldon, Diff=Weldon - Binom)
   Binom Weldon Diff
0    203    185  -18
1   1216   1149  -67
2   3345   3265  -80
3   5576   5475 -101
4   6273   6114 -159
5   5018   5194  176
6   2927   3067  140
7   1255   1331   76
8    392    403   11
9     87    105   18
10    13     14    1
11     1      4    3
12     0      0    0
```

可以通过多种方法得到观测次数和期望次数的形象化比较. 我们使用"cbind"函数将数据整合到一个矩阵中，并在"barplot"函数中指定"beside=TRUE"，这样就可以得到两个并排显示的柱状图.

```
> counts = cbind(Binom, Weldon)
> barplot(counts, beside=TRUE)
```

图3.2中的两幅柱状图看起来是大致吻合的. 但是为了更加直观地比较观测数据和拟合数据，在一幅图中显示会更好. 另一种比较观测次数和期望次数的图可以由下面的代码生成：

```
> plot(k, Binom, type="h", lwd=2, lty=1, ylab="Count")
> lines(k + .2, Weldon, type="h", lwd=2, lty=2)
> legend(8, 5000, legend=c("Binomial", "Weldon"),
+     lty=c(1,2), lwd=c(2,2))
```

绘制二项次数时的额外参数分别为"type="h""（像柱状图一样绘制竖直的直线）、"lwd=2"（线宽加倍）和"lty=1"（线型选择实线）. 使用"lines"函数来添加相应的观测次数的竖线. 对变量"k"加上了一个很小的值0.2，这样可以将观测次数的线条

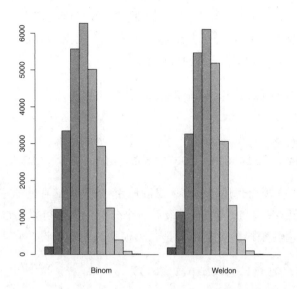

图 3.2 实例"Weldon的骰子"中期望次数(Binom)和观测次数(Weldon)的柱状图.

显示在期望次数的右边,同时还使用了另一种线型"lty=2"(线型选择虚线). 这个图在图3.3中给出.

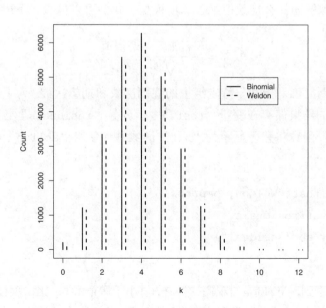

图 3.3 实例"Weldon的骰子"中期望次数(Binomial)和观测次数(Weldon)的线形图.

可以使用卡方拟合优度检验来检验观测数据是否与"规则骰子"的二项模型吻合. 但是如我们在基础统计学中所学,每个组的期望次数应该比较大——一般来说每个组的期望次数都至少要大于5. 对于卡方检验,我们应该将对应10次、11次和12次成功的分类合成一个分类. 这可以通过下面的代码实现.

```
> cWeldon = c(Weldon[1:10], sum(Weldon[11:13]))
> cWeldon
   0    1    2    3    4    5    6    7    8    9
 185 1149 3265 5475 6114 5194 3067 1331  403  105   18
```

现在我们可以应用卡方拟合优度检验了. 我们使用"p"中储存的概率向量给出前9个分类的二项概率. 由于概率的和一定为1,最后一个分类的概率可以通过计算得到. 我们使用"chisq.test"函数来检验真实模型是二项模型这个零假设.

```
>  probs = c(p[1:10], 1 - sum(p[1:10]))
>  chisq.test(cWeldon, p=probs)
        Chi-squared test for given probabilities

data:  cWeldon
X-squared = 35.4943, df = 10, p-value = 0.0001028
```

检验计算得到p值小于0.001. 因此我们可以认为Weldon得到的实验结果和二项分布并不吻合.

为了更好地理解为什么检验拒绝了二项模型,我们可以检查一下Pearson残差,其定义如下:

$$残差 = \frac{观测值 - 期望值}{\sqrt{期望值}},$$

其中,观测值和期望值是指某一特定组中的观测次数和期望次数. 为了得到这些残差,我们将卡方检验的结果储存在变量"test"中,分量"residuals"包含了残差向量. 我们通过"plot"函数将残差显示为"k"的函数并(使用"abline"函数)在0处添加一条水平线.

```
> test = chisq.test(cWeldon, p=probs)
> plot(0:10, test$residuals,
+   xlab="k", ylab="Residual")
> abline(h=0)
```

从图3.4我们可以看到,Weldon的观测次数在k值小于等于4时,比二项模型的期望次数要小;在k值大于4时,比二项模型的期望次数要大. 对于这个结论,一种可能的解释是所用的骰子并不是非常规则.

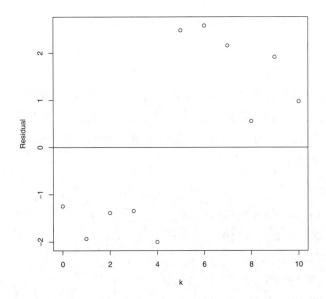

图 3.4 Weldon实例的卡方检验中Pearson残差的图形.

3.3 关联两个分类变量

3.3.1 引言

例3.4 (双胞胎数据集).

Ashenfelter和Krueger[3]进行了一项非常有趣的研究来解决这样一个问题:"多接受一年教育能在多大程度上提升一个人的收入?"了解受教育程度和收入的关系存在着诸多的困难. 首先,除了受教育程度之外,一个人的收入还与很多因素相关,比如性别、社会经济地位以及智力,在这种观察研究中很难控制这些其他的变量. 其次,很难得到一个人受教育程度的真实信息,人们告知的受教育程度往往比他们的真实水平要高. 获取真实受教育程度过程中的误差会导致对受教育程度和收入关系的估计产生偏差. 为了解决这些问题,研究人员将目标锁定为双胞胎,收集他们的收入、受教育程度以及其他背景的信息. 同卵双胞胎有完全相同的家庭背景,这样混杂变量就得到了很好的控制. 另外,一个人的受教育程度既可以从他(她)本人得到(自我描述),也可以从他(她)的双胞胎兄弟(姐妹)处得到(交叉描述). 由于有两个受教育程度信息,我们可以估计没有得到真实信息产生的偏差.

3.3.2 频数表和图形

我们通过例子介绍几种分类变量的统计学方法,对这个双胞胎数据集进行初步的

探索. 我们首先读入数据集"twins.dat.txt", 然后将它储存在数据框"twn"中:

```
> twn = read.table("twins.dat.txt", header=TRUE,
+     sep=",", na.strings=".")
```

这项研究共调查了183对双胞胎. 在每一对双胞胎中, 其中一个被随机指定为"1号双胞胎(twin 1)", 另一个被指定为"2号双胞胎(twin 2)". 变量"EDUCL"和"EDUCH"给出了1号双胞胎和2号双胞胎自我描述的受教育程度（年数）.（在变量定义中, 最后一个字母"L"指1号双胞胎,"H"指2号双胞胎.）我们使用两次"table"函数, 得到双胞胎受教育年数的频数表.

```
> table(twn$EDUCL)

 8 10 11 12 13 14 15 16 17 18 19 20
 1  4  1 61 21 30 11 37  1 10  3  3
> table(twn$EDUCH)

 8  9 10 11 12 13 14 15 16 17 18 19 20
 2  1  2  1 65 22 22 15 33  2 11  2  5
```

这些双胞胎的受教育年数变化比较大, 频数较大的年数有12（对应着高中毕业）和16（对应着大学毕业）.

由于受教育年数的值太多了, 我们需要将这个变量分类成更少但更有意义的水平. 如果一个人接受了12年的教育, 我们称他的受教育程度为"高中毕业(High School)"; 如果接受了13 到15年的教育, 称他的受教育程度为"大学肄业(Some College)"; 如果接受了16年的教育, 称他的受教育程度为"大学毕业(College Degree)"; 如果接受了16年以上的教育, 称他的受教育水平为"研究生(Graduate School)". 可以使用"cut"函数来生成新的分类. 在"cut"函数中, 第一个参数是需要转换的变量; 参数"breaks"是定义分类间断点的变量; 参数"labels"是一个字符变量, 它里面含有新分类的标签. 我们对1号双胞胎和2号双胞胎的受教育年数分别使用"cut"函数.

```
> c.EDUCL = cut(twn$EDUCL, breaks=c(0, 12, 15, 16, 24),
+   labels=c("High School", "Some College", "College Degree",
+   "Graduate School"))
> c.EDUCH = cut(twn$EDUCH, breaks=c(0, 12, 15, 16, 24),
+   labels=c("High School", "Some College", "College Degree",
+   "Graduate School"))
```

我们使用"table"函数将1号双胞胎的受教育程度列表, 使用"prop.table"函数给出频率, 并使用"barplot"函数构造频率的柱状图. 结果显示在图3.5中. 我们看到大约70%的1号双胞胎受教育程度为高中毕业或大学肄业.

```
> table(c.EDUCL)
```

```
c.EDUCL
    High School    Some College  College Degree Graduate School
            67              62              37              17
> prop.table(table(c.EDUCL))
c.EDUCL
    High School    Some College  College Degree Graduate School
     0.36612022      0.33879781      0.20218579      0.09289617
> barplot(prop.table(table(c.EDUCL)))
```

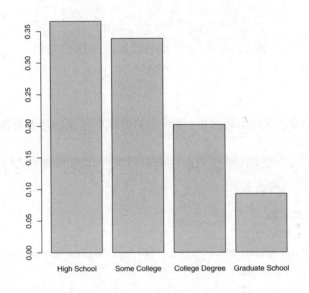

图 3.5 双胞胎研究中1号双胞胎受教育程度的柱状图.

    另一种显示列表频数的图形是马赛克图(mosaic plot)，它是由 "mosaicplot" 函数生成的. 在这种图形中（见图3.6），总的频数（用一个实心矩形表示）被分成了若干竖条，每一个竖条对应着一个受教育程度的频数（Friendly[17]给出了这种图形展示的一些历史).马赛克图和柱状图告诉了我们同样的内容——大多数的1号双胞胎在高中毕业和大学肄业分类中，但是我们很快就可以看到，如果我们想要将人们按照两个分类变量来分类的话马赛克图会更加有用.

3.3.3 列联表

    前面小节中关于受教育年数的探索引发了一个有趣的问题. 1号双胞胎的受教育程度和2号双胞胎的受教育程度有关系吗？我们可以对两个双胞胎的受教育程度构造列联

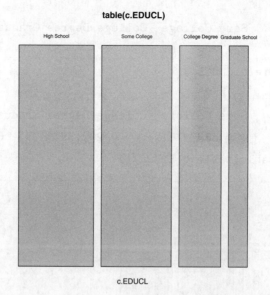

图 3.6　双胞胎研究中1号双胞胎受教育程度的马赛克图.

表来回答这个问题. 在"table"函数中使用变量"c.EDUCL"和"c.EDUCH"作为参数就可以很容易地构造出列联表来.

```
> table(c.EDUCL, c.EDUCH)
                 c.EDUCH
c.EDUCL         High School Some College College Degree Graduate School
  High School            47           16              2               2
  Some College           18           32              8               4
  College Degree          5           10             18               4
  Graduate School         1            1              5              10
```

　　从列联表中可以看出, 表格对角线上的数都很大, 该位置表明两个双胞胎有相同的自我描述受教育程度. 有相同受教育水平的双胞胎占多大的比例? 我们将这个表格储存在变量"T1"中, 然后使用"diag"函数将对角线上的数提取出来:

```
> T1=table(c.EDUCL, c.EDUCH)
> diag(T1)
    High School    Some College  College Degree Graduate School
             47              32              18              10
```

我们可以使用两次"sum"函数来计算有"相同受教育程度"的双胞胎的比例, 第一次对对角线上的元组成的向量使用, 第二次对整个表格使用.

```
> sum(diag(T1)) / sum(T1)
```

[1] 0.5846995

我们看到大约58%的双胞胎有相同的受教育程度.

对一个表格使用"plot"函数可以将该表格用马赛克图形象化地显示.

```
> plot(T1)
```

构造这个显示需要两步. 和第一个例子一样, 首先, 将一个灰色正方形分割成若干竖条, 竖条的宽度对应着1号双胞胎受教育程度的频数. 然后, 将每个竖条分成小块, 每个小块的高度对应着2号双胞胎受教育程度的频数. 在马赛克图中每个小块的面积对应着列联表中的频数. 从图3.7中可以看出,"高中毕业, 高中毕业"和"大学肄业, 大学肄业"是面积最大的两块. 这意味着大多数的双胞胎要么都是高中毕业, 要么都是大学肄业.

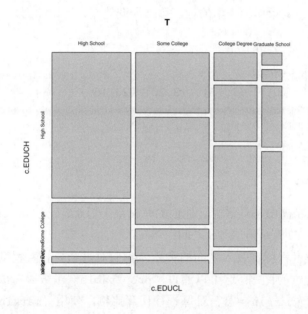

图 3.7 双胞胎研究中双胞胎受教育程度的马赛克图.

3.4 列联表中的关联模式

3.4.1 构造列联表

双胞胎研究的目的是探索受教育程度和收入之间的关系. 我们主要对1号双胞胎的数据做一些初步探索. 变量"HRWAGEL"是时薪（单位为美元）. 如果我们将工资用图形（比如直方图）来表示, 我们可以看出工资的形状是右偏的. 我们使用"cut"函数将工资分成四组，间断点为0、7、13、20和150. 这样选择间断点可以使得每个分类区间中的双胞胎人数大致相同. 我们将分类之后的工资记为变量"c.wage".

```
> c.wage = cut(twn$HRWAGEL, c(0, 7, 13, 20, 150))
```

我们使用"table"函数对分类后的工资构造频数表.

```
> table(c.wage)
c.wage
   (0,7]   (7,13]  (13,20] (20,150]
      47       58       38       19
```

有21对双胞胎没有回答收入问题，所以这里一共是是183 − 21 = 162条记录.

为了研究受教育程度和收入的关系，我们构造一个二维列联表，这是"table"的另一种应用；第一个变量作为表中的行，第二个变量作为表中的列.

```
> table(c.EDUCL, c.wage)
                 c.wage
c.EDUCL           (0,7] (7,13] (13,20] (20,150]
  High School        23     21      10        1
  Some College       15     23      12        5
  College Degree      7     12      14        3
  Graduate School     2      2       2       10
```

我们看到有23个人是高中毕业水平，他们的时薪小于等于7美元；有21个人是高中毕业水平，他们的时薪在7美元到13美元之间；等等.

为了量化受教育程度和收入之间的关系，我们对每个受教育程度（行）计算不同工资分类（列）所占的比例. 这可以通过"prop.table"函数来完成. 参数是表格和边(margin)，使用"margin = 1"对每一行计算比例，使用"margin = 2"对每一列计算比例. 由于我们希望对每个受教育程度计算不同工资的比例，我们首先将表格储存在"T2"中，然后将"prop.table"设定为"T2"和"margin = 1".

```
> T2 = table(c.EDUCL, c.wage)
> prop.table(T2, margin=1)
                 c.wage
c.EDUCL                (0,7]      (7,13]     (13,20]    (20,150]
  High School      0.41818182 0.38181818 0.18181818 0.01818182
  Some College     0.27272727 0.41818182 0.21818182 0.09090909
  College Degree   0.19444444 0.33333333 0.38888889 0.08333333
  Graduate School  0.12500000 0.12500000 0.12500000 0.62500000
```

从表中可以看出，在高中毕业水平的双胞胎中，42%的时薪在0到7美元之间，38%的时薪在7到13美元之间，18%的时薪在13到20美元之间. 类似地，从表中也可以得到在"大学肄业""大学毕业"和"研究生"水平的双胞胎中不同工资分类所占的比例.

3.4.2 绘制关联模式

有很多种图形可以将列联表中的条件比例显示出来. 一种显示比例向量的方法是分段柱状图，它将一个竖条分成若干区域，每个区域的面积对应着比例. 把"barplot"函数应用到矩阵上就会对矩阵的列向量生成分段柱状图. 如果用变量"P"表示我们的比例矩阵，我们希望对"P"的行向量（而不是列）制图. 所以我们首先（用"t"函数）得到"P"的转置，然后使用"barplot"函数. 我们在这个函数中添加一些参数，沿y轴添加标签"PROPORTION"（比例），并添加一个图例来说明四个工资分类的颜色. 结果显示在图3.8中.

```
> P = prop.table(T2, 1)
> barplot(t(P), ylim=c(0, 1.3), ylab="PROPORTION",
+   legend.text=dimnames(P)$c.wage,
+   args.legend=list(x = "top"))
```

注意颜色较浅的区域对应着较高的工资，并且从左到右逐渐增大，表明较高的受教育程度有较高的工资.

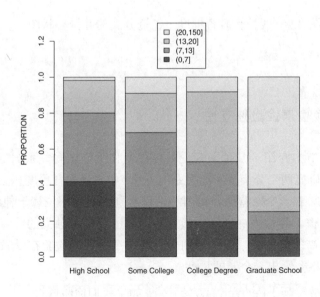

图 3.8 四种受教育程度下工资分类的分段柱状图.

另一种比较有用的显示方式是并排柱状图，在这种图中每个受教育程度的比例都用柱状图来显示. 可以在"barplot"函数中使用"beside=TRUE"参数来得到这种图形（见图3.9）. 和上一幅图中的情况一样，我们添加一个图例来说明与这四个工资分类的长条相对应的颜色. 较低的工资对应着较深的颜色. 我们可以看到，颜色最深的长条（对应着最低的工资分类）在高中毕业和大学肄业分类中占主要地位，但是在研究生分类中则完全不同.

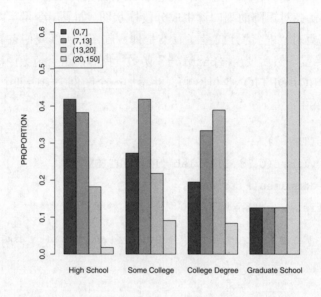

图 3.9　四种受教育程度下工资分类的并排柱状图.

3.5　使用卡方检验来检验独立性

我们在前面一节中介绍了几种探索受教育程度和工资之间关系的方法. 独立性检验是一种更正规的研究两个分类变量间关系的方法. 如果受教育程度和工资这两个变量是独立的，那就意味着一个双胞胎挣得四种工资类别的概率不依赖于他的受教育程度. 基于我们的探索工作，我们强烈怀疑受教育程度和工资是不独立的——较高的教育背景看起来对应着较高的工资——但是我们会看到这个统计学检验在受教育程度和收入如何相关的问题上将会给出一个新的见解.

传统的独立性检验基于Pearson卡方统计量. 如果我们检验假设

$$H : 教育水平和收入是独立的,$$

我们在H正确的假设下计算估计期望频数. Pearson统计量定义为

$$X^2 = \sum_{\text{所有组别}} \frac{(\text{观测频数} - \text{期望频数})^2}{\text{期望频数}}.$$

Pearson统计量衡量了观测频数和期望频数的离差，统计量X^2的较大值拒绝独立性假设. 如果独立性假设是正确的，那么X^2（对很大的样本）将会服从近似卡方分布，其自由度由$df = (\text{行数} - 1) \times (\text{列数} - 1)$给出. 假设对我们的数据计算$X^2$得到的值是$X^2_{obs}$. p值是所观测到的X^2至少是X^2_{obs}的概率；使用卡方近似，p值是一个卡方(df)随机变量超过X^2_{obs}的概率：

$$p\text{值} = Prob(\chi^2_{df} \geqslant X^2_{obs}).$$

在R中，我们已经把1号双胞胎的受教育程度储存在变量"c.EDUCL"中，把工资类别储存在"c.wage"中. 把双胞胎按受教育程度和工资类别的列联表储存在变量"T2"中：

```
> T2 = table(c.EDUCL, c.wage)
```

我们将列联表"T2"作为"chisq.test"函数的唯一参数来执行独立性检验. 我们将检验计算结果储存在变量"S"中.

```
> S  = chisq.test(T2)
Warning message:
In chisq.test(T2) : Chi-squared approximation may be incorrect
```

警告说明，由于表中有一些很小的期望频数，所以卡方近似的准确性存疑. 我们可以通过打印这个变量来得到检验的结果.

```
> print(S)

        Pearson's Chi-squared test


data:  T2
X-squared = 54.5776, df = 9, p-value = 1.466e-08
```

确认这个统计检验的计算结果是非常有益的. 我们首先在独立性假设下计算表格的估计期望频数——这些期望频数储存在"S"的"expected"分量中，我们下面给出这些频数.

```
> S$expected
                c.wage
c.EDUCL             (0,7]     (7,13]    (13,20] (20,1e+03]
  High School    15.956790 19.691358 12.901235   6.450617
  Some College   15.956790 19.691358 12.901235   6.450617
  College Degree 10.444444 12.888889  8.444444   4.222222
  Graduate School 4.641975  5.728395  3.753086   1.876543
```

观测频数储存在列联表 "T2" 中. 我们可以对所有的频数执行运算 "观测频数减去期望频数的完全平方除以期望频数", 并对所有单元求和, 以此计算检验统计量.

```
> sum((T2 - S$expected)^2 / S$expected)
[1] 54.57759
```

我们的结果(54.57759) 和 "chisq.test" 结果中的 "X-squared" 的值是一样的. 我们还可以对p值进行检验. 函数 "pchisq" 可以用来计算一个卡方随机变量的累积分布函数. 这里表的行数和列数都是4, 自由度为$df = (4-1)(4-1) = 9$. 由于独立性假设下的检验统计量X^2近似服从自由度为9的卡方分布, 所以p值就（近似）是一个$\chi^2(9)$变量超过54.57759的概率, 可以通过下面命令给出:

```
> 1 - pchisq(54.57759, df=9)
[1] 1.465839e-08
```

这和 "chisq.test" 结果中给出的p值也是一样的. 这个p值非常小，很明显拒绝了受教育程度和工资类别互相独立的假设.

和这个卡方检验相关的全部计算结果都储存在变量 "S" 中. 可以使用 "names" 函数来查看 "S" 的所有分量.

```
> names(S)
[1] "statistic" "parameter" "p.value"   "method"    "data.name" "observed"
[7] "expected"  "residuals"
```

其中, "residuals" 是一个很有用的分量——它包含了Pearson残差表，该残差定义为

$$残差 = \frac{观测频数 - 期望频数}{\sqrt{期望频数}},$$

"观测频数" 和 "期望频数" 分别表示该组中的实际频数和估计的期望频数. 通过显示Pearson残差表我们可以看到频数在哪些地方偏离了独立性模型.

```
> S$residuals
                c.wage
c.EDUCL            (0,7]       (7,13]      (13,20]     (20,150]
  High School      1.7631849   0.2949056  -0.8077318  -2.1460758
  Some College    -0.2395212   0.7456104  -0.2509124  -0.5711527
  College Degree  -1.0658020  -0.2475938   1.9117978  -0.5948119
  Graduate School -1.2262453  -1.5577776  -0.9049176   5.9300942
```

粗略来说，绝对值大于2的残差说明 "显著地" 偏离了独立性. 有趣的是，使用这种准则时在表的最右一列中存在两个很大的残差. 残差-2.14说明高中毕业工资超过20美元的人比独立性模型期望的要少. 还有，残差5.93说明研究生学历工资超过20美元的人数

多于我们对独立变量的期望. 我们可以将这种关联总结为受教育程度在最高工资类别中影响最大.

我们通过马赛克图来将显著的残差显示出来. 首先, 使用参数为 "shade=FALSE" (默认) 的 "mosaicplot" 函数, 图3.10a中矩形的面积对应着双胞胎按受教育程度和工资类别分类的表中的频数.

```
> mosaicplot(T2, shade=FALSE)
```

如果使用参数 "shade=TRUE", 我们就可以得到图3.10b中显示的扩展马赛克图. 矩形的边界类型和阴影与Pearson残差的大小有关. 其中的两个阴影矩形对应着我们在检查残差表时所发现的那两个较大的残差.

```
> mosaicplot(T2, shade=TRUE)
```

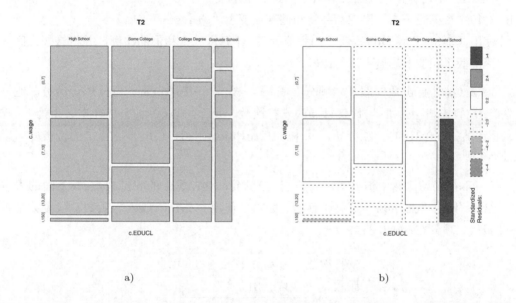

a)   b)

图 3.10 对1号双胞胎按受教育程度和工资类别分类的马赛克图. 左边的图a显示了一个基本的马赛克图, 右边的图b显示了一个扩展马赛克图, 其中图形左下角和右下角的阴影矩形对应着较大的Pearson残差值.

练习

3.1 (快餐偏好). 对一堂统计学课上的15名同学进行了一项快餐偏好调查, 请他们在温迪(Wendys)、麦当劳(McDonalds)和赛百味(Subway)中进行选择. 学生的选择在下面给出.

Wendys	McDonalds	Subway	Subway	Subway	Wendys
Wendys	Subway	Wendys	Subway	Subway	Subway
Subway	Subway	Subway			

a. 使用"scan"函数将这些数据读入到R命令窗口中.

b. 使用"table"函数给出偏爱这三家快餐的学生频数.

c. 计算每一类的学生比例.

d. 对该比例构造两种不同的图形显示.

　　3.2（掷骰子）. 假设你将一对骰子掷了1000次.

a. 我们可以使用R函数"sample(6, 1000, replace=TRUE)"来模拟一个规则骰子掷1000次的结果. 使用这个函数两次, 将模拟掷第一颗骰子的1000个结果储存在"die1"中, 将模拟掷第二颗骰子的1000个结果储存在"die2"中.

b. 对每一次掷骰子的结果求和并将和储存在变量"die.sum"中.

c. 使用"table"函数将掷骰子的和值列表. 计算每一个和值的比例, 并将这些比例与两个骰子和的准确概率进行比较.

　　3.3（棒球打击数据服从二项分布吗？）. Albert·Pujols是一位棒球运动员, 他每场有n次打击机会. 如果y代表每局的安打次数, 那么可以假设y服从样本大小为n、成功概率为$p = 0.312$的二项分布, 其中0.312是Pujols在2010年度棒球赛季的打击率（成功率）.

a. Pujols在70场比赛中恰好有$n = 4$次打击机会, 这70场中的安打次数y在下面的表中给出. 使用"dbinom"函数计算期望频数, 使用"chisq.test"函数检验频数是否服从二项分布$B(4, 0.312)$.

安打次数	0	1	2	3次以上
频数	17	31	17	5

b. Pujols在25场比赛中恰好有$n = 5$次打击机会, 这25场中的安打次数y在下面的表中给出. 使用"chisq.test"函数检验频数是否服从二项分布$B(5, 0.312)$.

安打次数	0	1	2	3次以上
频数	5	5	4	11

　　3.4（在双胞胎数据集中对年龄分类）. 变量"AGE"给出了1号双胞胎的年龄.

a. 对"AGE"使用"cut"函数将双胞胎的年龄进行分类, 间断点为30、40和50.

b. 使用"table"函数给出四个年龄类别的频数.

c. 绘制四个年龄类别比例的图形.

3.5（关联双胞胎数据集中的年龄和工资）. 变量 "AGE" 和 "HRWAGEL" 包含了1号双胞胎的年龄和时薪（单位为美元）.

a. 使用 "cut" 函数两次，用间断点30、40和50对 "AGE" 进行分类，用3.3节中的间断点对 "HRWAGEL" 进行分类.

b. 使用 "table" 函数对分类后的 "AGE" 和 "HRWAGEL" 构造一个二维列联表.

c. 使用 "prop.table" 函数对每个年龄段的双胞胎给出不同工资组所占的比例.

d. 构造一个合适的图形来显示工资分布和双胞胎年龄的关系.

e. 使用(c)中的条件比例和(d)中的图形来解释双胞胎年龄和工资之间的关系.

3.6（关联双胞胎数据集中的年龄和工资，续）.

a. 使用分类后的 "AGE" 和 "HRWAGEL" 构造的列联表以及函数 "chisq.test"，执行年龄和工资的独立性检验. 这个检验的结果可以明显地说明年龄和工资是独立的吗？

b. 计算并显示独立性检验的Pearson残差，找到绝对值超过2的残差.

c. 使用参数为 "shade=TRUE" 的函数 "mosaicplot" 构造表格中频数的马赛克图来显示极端的残差.

d. 使用(b)和(c)中的数值结果和图形结果解释年龄和工资表与独立结构有何不同.

3.7（掷骰子，续）. 假设你将一对骰子掷了1000次，你关注的问题是两颗骰子中的最大值与两颗骰子的和之间的关系.

a. 使用 "sample" 函数两次来模拟两颗骰子掷1000次的结果，将模拟的掷骰子结果储存在变量 "die1" 和 "die2" 中.

b. "pmax" 函数将会返回两个向量对应位置的最大值. 使用这个函数计算这1000次掷骰子的最大值，并将结果储存在向量 "max.rolls" 中. 类似地，计算每一次掷骰子的和并将结果储存在向量 "sum.rolls" 中.

c. 使用 "table" 函数构造掷骰子最大值与掷骰子和的列联表.

d. 通过计算条件比例解释掷骰子最大值与掷骰子和的关系.

3.8（π的数字是随机的吗？）美国国家标准与技术研究所在网上提供了无理数π的前5000位数字. 我么可以通过脚本将这些数字读入到R中.

```
pidigits =
read.table("http://www.itl.nist.gov/div898/strd/univ/data/PiDigits.dat",
  skip=60)
```

a. 使用 "table" 函数构造数字1到9的频数表.

b. 对(a)中的频数构造柱状图.

c. 使用卡方检验（和 "chisq.test" 函数中的过程一样）来验证数字1到9在π的数字中是等可能出现的假设.

第4章 图形表示

4.1 引言

R系统的一个最有吸引力的方面是它能够使生成最先进的统计学图形. 我们会在本书的各章中通过具体的实例来介绍各种R函数对一维或多维、定量或分类数据进行制图的应用. 本章主要介绍调整图形属性以及与图形互动的方法, 这能够使用户得到出版物级别的图形显示. 这里主要介绍我们在自己的实际工作中发现的一些非常有用的方法.

Murrell[37]对传统的图形系统很好地做了介绍. Sarkar[43]和Wickham[52]分别对"lattice"包和"ggplot2"包如何制图做了概述, 我们会在本章的最后进行介绍.

例4.1 (棒球史上的本垒打).

我们从一幅有趣的图开始, 这幅图可以帮助我们了解美国职业棒球的历史. 美国的职业棒球大联盟(Major League Baseball, MLB)成立于1871年, 历年来特定的棒球数据(比如安打、二垒打、本垒打的次数) 都被记录了下来. 棒球比赛中最令人激动的事情就是本垒打(球一般直接飞出场外), 我们可能想探索一下这些年间本垒打的模式.

数据文件"batting.history.txt"(可以从网站**baseball-reference.com**得到) 包含了职业棒球每个赛季的各种击打数据. 我们读入数据集并使用"attach"函数进行连接, 这样变量就可以直接使用了.

```
> hitting.data = read.table("batting.history.txt", header=TRUE,
+   sep="\t")
> attach(hitting.data)
```

变量"Year"和"HR"分别包含了棒球赛季和平均每个队伍每场比赛的本垒打次数. 我们使用"plot"函数生成一个本垒打次数按赛季排列的时间序列图, 结果显示在图4.1中.

```
> plot(Year, HR)
```

总体上我们可以看出本垒打次数随着时间的推移而增多, 但是还有更细微的变化模式, 这一点我们会在后面讲到.

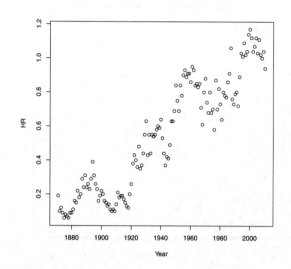

图 4.1 美国职业棒球大联盟历年来平均每个队伍每场比赛本垒打次数的显示.

4.2 标记坐标轴和添加标题

与统计学图形打交道时给横轴和纵轴加上描述性标签是非常重要的. 另外, 给图形起一个很好的标题也是非常有帮助的, 这样可以使读者更好地了解图形显示的目的. 在这个例子中, 我们认为对横轴而言 "赛季(Season)" 比 "年份(Year)" 更加合适, 我们还想在纵轴上更加精确地定义 "HR" 的含义. 我们可以在 "plot" 函数中使用参数 "xlab" 和 "ylab" 来添加这些标签, 使用 "main" 参数来生成图形的标题. 通过这些标签我们在图4.2中得到了一个更好的显示.

```
> plot(Year, HR, xlab="Season", ylab="Avg HR Hit Per Team Per Game",
+    main="Home Run Hitting in the MLB Across Seasons")
```

R$_x$ 4.1 高级制图函数 (例如 "plot" 函数) 默认会覆盖之前的图形. 我们可以打开一个新的制图窗口来避免覆盖图形, 在Windows系统中使用 "windows" 功能来打开新窗口, 在Macintosh系统中使用 "quartz" 功能来打开新窗口. 或者, 在生成一个图形之后, 从 "History" 菜单中选择 "Recording". 这样我们就可以从 "History" 菜单中通过选择 "Next" 或 "Previous" 来浏览不同的图形.

4.3 改变图形类型和绘制符号

"plot" 函数默认生成一个逐点绘制的散点图. 使用 "type" 参数选项, 我们可以令 "type = "l"", 把这些点用线段连接起来; 也可以令 "type = "b"", 这样既可以

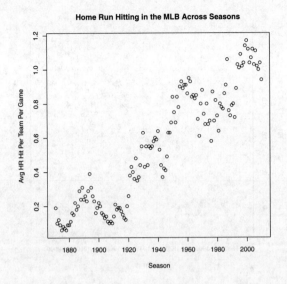

图 4.2 添加了坐标轴标签和标题的本垒打图.

显示点，也可以显示连接线段；还可以令"type = "n""，这样就不显示点了．我们在图4.3中介绍一下"type = "b""选项的使用，它对某些时间序列数据会比较合适．

```
> plot(Year, HR, xlab="Season", type="b",
+    ylab="Avg. Home Runs Hit by a Team in a Game",
+    main="Home Run Hitting in the MLB Across Seasons")
```

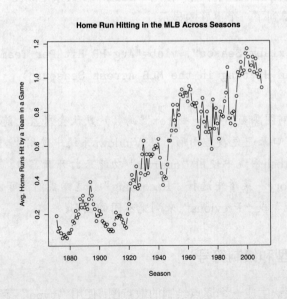

图 4.3 使用了"type = b"选项（显示点并连接线段）的本垒打图.

我们可以在"plot"函数中使用"pch"参数来指定制图符号. 为了介绍哪些符号可以使用，图4.4给出了所有的制图符号以及对应的"pch"值. 下面生成图4.4的代码展示了如何修改制图坐标轴. 在"plot"函数中，绘图区域的横向和纵向范围分别由参数"xlim"和"ylim"控制. "type = n"选项表明什么都不画，参数"xaxt = "n""和"yaxt = "n""表明不画坐标轴. 参数"xlab = """和"ylab = """使得x轴和y轴的标签不显示. 使用"points"函数将制图符号显示在当前的图形中. "row"和"col"向量表明了点的制图位置，"pch"参数表明待绘制的制图符号，参数"cex = 3"可以把符号放大到一般尺寸的3倍. 最后，"text" 函数可以让我们在当前图形中添加文字. 这里我们使用"text"函数将数字0到20添加在对应制图符号的旁边. 这些数字比它们的一般尺寸大了一半（"cex = 1.5"）并且被放到了符号右边（"pos = 4"）两个字符宽度处（"offset = 2"）. "title"函数可以用于在绘制好图形之后添加标题.

```
> row = rep(1:3, each=7)
> col = rep(1:7, times=3)
> plot(2, 3, xlim=c(.5,3.5), ylim=c(.5,7.5),
+    type="n", xaxt = "n", yaxt = "n", xlab="", ylab="")
> points(row, col, pch=0:20, cex=3)
> text(row, col, 0:20, pos=4, offset=2, cex=1.5)
> title("Plotting Symbols with the pch Argument")
```

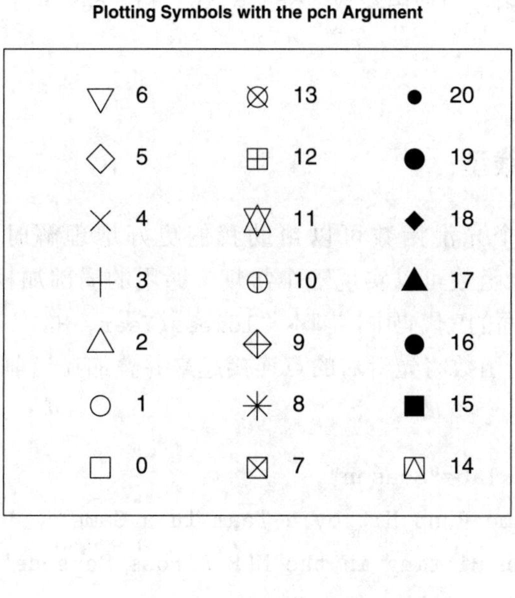

图 4.4 使用"pch"参数中的各个选项得到的21种不同的制图符号. 制图符号旁边的数字是对应的pch值.

回到本垒打图形，假设我们想使用一个比默认尺寸大50%（"cex = 1.5"）的实心圆制图符号（"pch = 19"）. 图4.5给出了修改过后的各个赛季本垒打率的图形.

```
> plot(Year, HR, xlab="Season", cex=1.5, pch=19,
+   ylab="Avg. Home Runs Hit by a Team in a Game",
+   main="Home Run Hitting in the MLB Across Seasons")
```

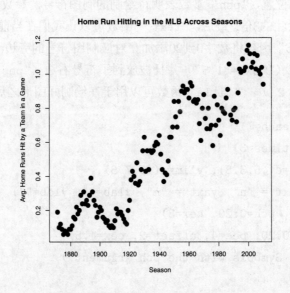

图 4.5　在"plot"函数中使用参数"pch = 19"和"cex = 1.5"得到的本垒打图形.

4.4　添加曲线及线型

对数据使用一个光滑函数可以帮助我们更好地理解时间序列图中的一般模式. 使用"lowess"函数可以实现一个常规、通用的局部加权散点光滑算法(lowess, Cleveland[10]). 在下面的R代码中，脚本"lowess(Year, HR)"将会实现局部加权散点光滑算法，"lines"函数将光滑后的点连接起来并叠加在当前的图形中. 我们可以得到图4.6.

```
> plot(Year, HR, xlab="Season",
+   ylab="Avg. Home Runs Hit by a Team in a Game",
+   main="Home Run Hitting in the MLB Across Seasons")
> lines(lowess(Year, HR))
```

注意图4.6，这种光滑看起来并不是对本垒打率改变模式的一个很好的表示. 局部加权散点光滑算法的光滑度是由光滑宽度参数f控制的，看起来默认选择$f = 2/3$使得

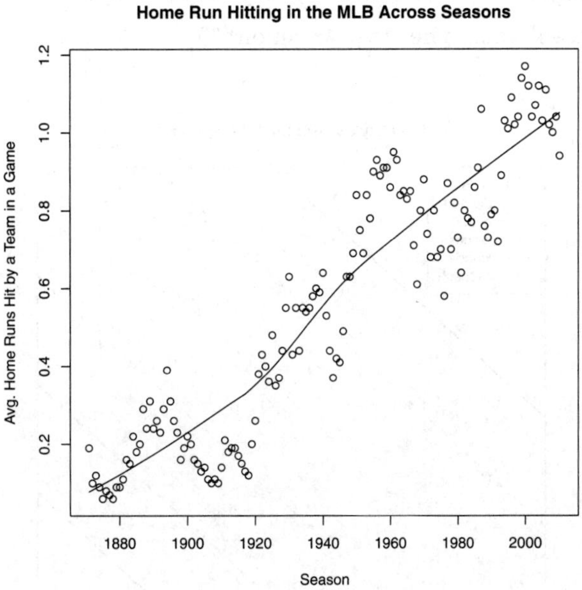

图 4.6 叠加了局部加权散点光滑拟合曲线的本垒打图形（使用的是默认光滑参数）.

数据过于光滑了. 这就建议我们对光滑参数 f 尝试一些较小的值, 然后观察一下这些选择在这个特定的数据集上的光滑效果.

如果我们想在散点图上添加一些光滑线, 应该使用不同的线型以便加以区分. 我们可以通过"lty"参数中的各个选项来指定线型. 有六种可用的线型, 编号从1到6, 分别对应着实线(solid)、虚线(dashed)、点线(dotted)、点画线(dotdash)、长虚线(longdash)和双虚线(twodash). 图4.7通过下面代码给出了这六种线型. 和显示点的类型一样, 我们首先设定一个横向和纵向范围都在-2和2之间、不显示坐标轴及其标签的空白图. 使用"abline"函数来画直线, 斜率"b = 1", 截距"a"分别取2、1、0、-1、-2和-3, 对应着1到6号线型. 我们使用"legend"函数添加图例, 这样读者能够将线型和"lty"的值联系起来. 在"legend"函数中, 我们指定图例框放在图形的左上角, 图例标签是6个值 "solid" "dashed" "dotted" "dotdash" "longdash" 和 "twodash", 参数"lty"和"lwd"分别用来指定标签对应的线型和线条粗细. 在这个实例中, 我们选择使用粗一点的线条("lwd = 2"), 这样5种线型就可以区分开了.

```
> plot(0, 0, type="n", xlim=c(-2, 2), ylim=c(-2, 2),
+     xaxt="n", yaxt="n", xlab="", ylab="")
> y = seq(2, -3, -1)
> for(j in 1:6)
+   abline(a=y[j], b=1, lty=j, lwd=2)
> legend("topleft", legend=c("solid", "dashed", "dotted",
```

```
+   "dotdash", "longdash", "twodash"), lty=1:6, lwd=2)
> title("Line Styles with the lty Argument")
```

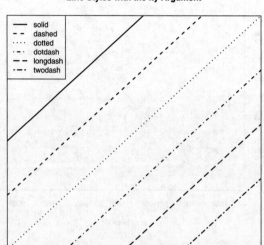

图 4.7   使用"lty"参数中的各个选项显示6种不同的线型.

我们可以用不同的线型重新绘制本垒打图形,使其分别对应着光滑参数为$f = 2/3$(默认值)、$f = 1/3$和$f = 1/12$的局部加权散点光滑拟合. 结果在图4.8中给出. 使用"plot"构造基本图形之后,我们三次使用"lines"函数来将光滑曲线覆盖到图形上,线型值分别为"lty ="solid""(默认值)、"lty = "dashed""(虚线)和"lty = "dotdash""(点画线). 我们添加一个图例,这样读者能够将线型和光滑参数联系起来. 比较三种参数下的光滑拟合曲线,看起来$f = 1/12$的局部加权散点光滑最符合散点图中的增加和减少模式. 从这条光滑曲线我们可以看出本垒打率从1940 赛季到1960赛季是上升的,从1960 赛季到1980 赛季是下降的,从1980 赛季到2000赛季又是上升的.

```
> plot(Year, HR, xlab="Season",
+   ylab="Avg. Home Runs Hit by a Team in a Game",
+   main="Home Run Hitting in the MLB Across Seasons")
> lines(lowess(Year, HR), lwd=2)
> lines(lowess(Year, HR, f=1 / 3), lty="dashed", lwd=2)
> lines(lowess(Year, HR, f=1 / 12), lty="dotdash", lwd=2)
> legend("topleft", legend=c("f = 2/3", "f = 1/3",
+     "f = 1/12"), lty=c(1, 2, 4), lwd=2,  inset=0.05)
```

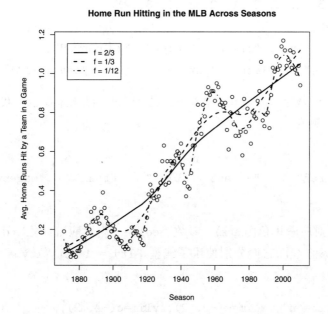

图 4.8 叠加了三条局部加权散点光滑拟合曲线（三个光滑参数）的本垒打图形.

4.5 对点和线使用不同的颜色

我们之前关注的是点的形状和线型的选择，但是用不同的颜色来区分点和线可能会更好一些. R中有非常多的颜色可以选择，这些颜色可以通过制图函数（比如 "plot" 函数或 "hist" 函数）中的 "col" 参数调用. 我们通过下面的简单命令来了解一下这些绘图颜色.

```
> colors()
  [1] "white"           "aliceblue"       "antiquewhite"
  [4] "antiquewhite1"   "antiquewhite2"   "antiquewhite3"
  [7] "antiquewhite4"   "aquamarine"      "aquamarine1"
 [10] "aquamarine2"     "aquamarine3"     "aquamarine4"
 [13] "azure"           "azure1"          "azure2"
 [16] "azure3"          "azure4"          "beige"
...
```

举个简单的例子，假设你想用不同的颜色画出下面10个点，(1, 5)、(2, 4)、(3, 3)、(4, 2)、(5, 1)、(6, 2)、(7, 3)、(8, 4)、(9, 3)、(10, 2). 试着运行下面的R代码来看一下显示的颜色（结果未显示）. 为了使颜色更容易看清，"plot" 函数使用参数（"cex = 5, pch = 19"）画出了很大的实心点.

```
> plot(1:10, c(5, 4, 3, 2, 1, 2, 3, 4, 3, 2),
+   pch=19, cex=5,
+   col=c("red", "blue", "green", "beige", "goldenrod",
+       "turquoise", "salmon", "purple", "pink", "seashell"))
```

我们还可以通过数字指定颜色. 输入下面的R代码（结果未显示）我们可以看到数字1到8默认对应的颜色.

```
> palette()
[1] "black"   "red"     "green3"  "blue"    "cyan"    "magenta" "yellow"
[8] "gray"
```

参数"col = 1"对应着黑色(black)，参数"col = 2"对应着红色(red)，等等. 下面的R代码给出了4条直线，它们分别使用了线型"lty = 1"到"lty = 4"（图形未显示）.

```
> plot(0, 0, type="n", xlim=c(-2, 2), ylim=c(-2, 2),
+     xaxt="n", yaxt="n", xlab="", ylab="")
> y = c(-1, 1, 0, 50000)
> for (j in 1:4)
+   abline(a=0, b=y[j], lty=j, lwd=4)
```

如果我们对"abline"添加额外参数"col=j"，那么我们就会得到4条线型和颜色都有明显区别的直线.

4.6 改变文本格式

我们对图形中放置的文本的字形和位置可以进行较好的控制. 特别地，我们可以通过"text"函数的参数来选择文本的字体、字形和字号. 我们通过一个简单的实例来介绍这些选项.

首先，设置一个空的图形窗口，其中横向范围是−1到6，纵向范围是−0.5到4. 我们将文本"font = 1 (Default)"放置在坐标为(2.5, 4)的点. 按照标签要求的，使用默认字体和字号来绘制文本. （参见图4.9的框中最上面一行文本. ）

```
> plot(0, 0, type="n", xlim=c(-1, 6), ylim=c(-0.5, 4),
+     xaxt="n", yaxt ="n", xlab="", ylab="",
+     main="Font Choices Using, font, family and srt Arguments")
> text(2.5, 4, "font = 1 (Default)")
```

我们可以使用"font"参数改变文本的字形. 参数值"font = 2""font = 3"和"font = 4"分别对应着粗体(Bold)、斜体(Italic)和粗斜体(Bold Italic). 还可以使用

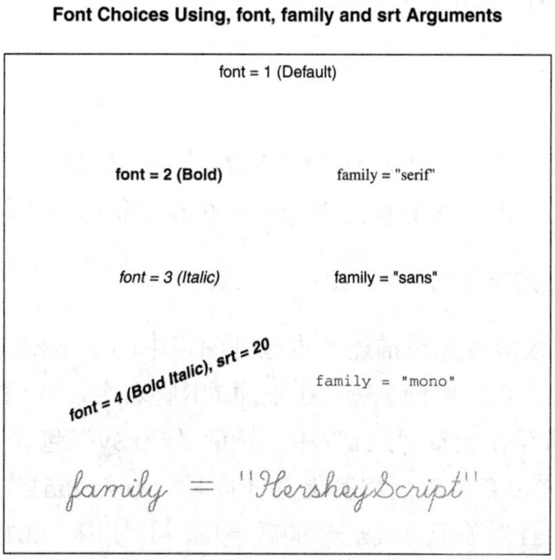

图 4.9 "text"函数中"font""family"和"srt"参数的用法展示.

"srt"参数将文本串沿逆时针方向旋转一定角度(单位为度数). 我们将最后一个文本串旋转20°. (参见图4.9的框中左边的三行文本.)

```
> text(1, 3, "font = 2 (Bold)", font=2, cex=1.0)
> text(1, 2, "font = 3 (Italic)", font=3, cex=1.0)
> text(1, 1, "font = 4 (Bold Italic), srt = 20", font=4,
+   cex=1.0, srt=20)
```

我们可以使用"cex"参数控制文本的字号. 在上面的R代码中我们使用的是"cex = 1.0",这也是默认的字号. "cex = 2"可以将字号加倍,"cex = 0.5"可以将字号减半.

我们可以使用"family"参数来选择文本的字体. 对"family"使用"serif""sans"和"mono"可以分别得到衬线字体、非衬线字体和等宽字体. 下面的R代码介绍了如何在"text"中使用这三种常见的字体,在图4.9的框中的右边显示了结果. 还可以使用Hershey字体. 在代码的最后一行我们使用"HersheyScript"字体,使用"cex = 2.5"将字号变为2.5倍,使用"col = "red""将颜色变为红色.

```
> text(4, 3, 'family="serif"', cex=1.0, family="serif")
> text(4, 2, 'family="sans"', cex=1.0, family="sans")
> text(4, 1, 'family="mono"', cex=1.0, family="mono")
> text(2.5, 0, 'family = "HersheyScript"', cex=2.5,
```

```
+    family="HersheyScript", col="red")
```

4.7   与图形互动

"identify" 函数是一个非常有用的函数，我们可以通过它与图形进行互动. 这里我们使用 "identify" 函数在散点图中标记一些有意思的点.

例4.2 (棒球史上的本垒打，续1).

我们通过局部加权散点光滑描述了本垒打图形中的基本模式. 接下来我们想要检验残差，即原始点和拟合点的纵向偏差. 在下面的R脚本中，我们首先将局部加权散点光滑拟合的计算结果储存在变量 "fit" 中. 分量 "fit\$y" 包含了拟合的点，计算残差（真实的本垒打值减去拟合值）后将其储存在向量 "Residual" 中. 我们用 "plot" 函数构造一个 "Residual" 关于 "Year" 的散点图，并使用 "abline" 函数在0处添加一条水平线.

```
> fit = lowess(Year, HR, f=1 / 12)
> Residual = HR - fit$y
> plot(Year, Residual)
> abline(h=0)
```

观察图4.10，我们注意到有两个非常大的残差，一正一负. 可以使用 "identify" 函数来了解这些异常的残差对应着哪个赛季. 这个函数有4个参数：绘图变量x和y（"Year" 和 "Residual"），需要识别的点的个数（"n = 2"）以及使用的制图标签向量（"Year"）. 运行这个函数之后，当我们在制图窗口移动鼠标时会出现一个十字光标. 在这两个点附近单击鼠标时就会识别出它们，这两个点所对应的赛季就会出现. 我们看到异常大的正残差和异常大的负残差分别对应着1987和1968赛季（1987赛季较为显著是因为在该赛季球员服用了类固醇来提高打击率，1968赛季是因为那一年投手的表现异常好）. "identify" 函数返回的结果是由值98和117组成的向量，它们是这两个识别点在数据框中对应的行数.

```
> identify(Year, Residual, n=2, labels=Year)
[1]   98 117
```

4.8   在一个窗口中显示多个图形

有时候我们需要将多个图形放置在同一个绘图窗口中. 在传统的绘图系统中这可以通过设置 "mfrow" 和 "mfcol" 参数来实现（记忆方法是mf是 "multiple figure" 的缩写）. 假设我们要把窗口分成六个制图区域，并排列成三行两列的网格形状. 这可以通过输入

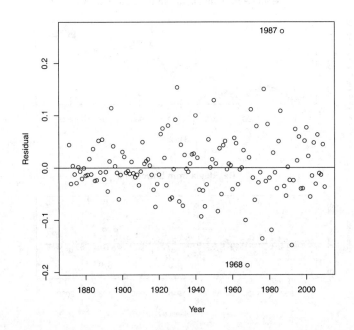

图 4.10 由局部加权散点光滑拟合得到的残差图, 其中标记了两个异常值.

```
> par(mfrow=c(3, 2))
```

来实现. 这样就可以将一连六个图形 (比如说通过 "plot" 函数) 显示在这六个制图区域中, 其中最上面的的区域最先使用. 如果我们希望恢复为单一的制图区域, 那么输入

```
> par(mfrow=c(1, 1))
```

在这个实例中, 假设我们希望有两个制图区域, 使得本垒打率和局部加权散点光滑拟合的图形显示在上面的区域中, 而残差图形显示在下面的区域中. 我们首先在 "par" 函数中使用参数 "mfrow=c(2,1)", 然后使用两个 "plot" 函数来显示图形 (见图4.11).

```
> par(mfrow=c(2, 1))
> plot(Year, HR, xlab="Season",
+   ylab="Avg HR Hit Per Team Per Game",
+   main="Home Run Hitting in the MLB Across Seasons")
> lines(fit, lwd=2)
> plot(Year, Residual, xlab="Season",
+   main="Residuals from Lowess Fit")
> abline(h=0)
```

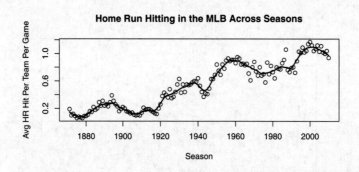

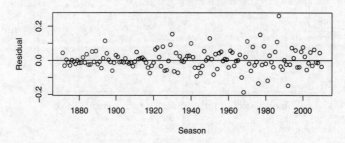

图 4.11 带拟合的本垒打图和残差图.

4.9 叠加曲线和添加数学表达式

例4.3 (二项概率的正态近似).

我们通过一个新的实例来介绍另外一些有用的R制图函数. 众所周知, 二项概率可以由正态分布近似. 我们希望通过图形来展示这一事实, 我们给出一组二项概率然后叠加近似正态曲线.

考虑一个样本大小为$n = 20$、成功概率为$p = 0.2$的试验, 将该试验的二项概率作为我们的实例. 我们对二项变量y设置一组可能的值, 使用R函数 "dbinom" 计算对应的概率, 然后将这些概率储存在向量 "py" 中.

```
> n = 20; p = 0.2
> y = 0:20
> py = dbinom(y, size=n, prob=p)
```

我们在 "plot" 函数中使用 "type = "h"" 参数选项来构造一个 "直方图" 或者竖直线型显示. 我们用 "lwd=3" 选项来画出较粗的线条, 使用 "xlim" 参数将水平制图区域限制在$(0, 15)$. 使用 "ylab" 对纵轴添加描述性标签. 结果显示在图4.12中.

```
> plot(y, py, type="h", lwd=3,
+   xlim=c(0, 15), ylab="Prob(y)")
```

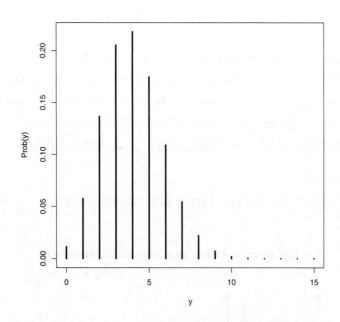

图 4.12 $n = 20, p = 0.2$时的二项概率分布显示.

接下来我们希望在这幅图上叠加一条与之匹配的正态曲线. 我们计算二项分布的均值和标准差, 然后使用 "curve" 函数来叠加正态曲线. 使用 "curve" 绘制的函数 (这里是 "dnorm", 即正态密度函数) 一般是写成x的函数. 这里x是一个形式参数, 并不指向工作空间中的特定对象. 我们通过 "add=TRUE" 参数把曲线添加到当前的图中去, 使用 "lwd" 和 "lty" 参数来改变曲线的粗细和线型.

```
> mu = n * p; sigma = sqrt(n * p * (1 - p))
> curve(dnorm(x, mu, sigma), add=TRUE, lwd=2, lty=2)
```

我们使用 "text" 在图中显示正态密度公式, 它是一个向当前图形添加文本的通用函数. 函数 "expression" 可以用来添加数学表达式. 在下面的R代码中, 我们把文本放在图中坐标为$(10, 0.15)$的点处, 并使用 "expression" 函数来输入正态密度公式. "expression" 中的语法类似Latex语法—— "frac" 表示一个分式, "sqrt" 表示二次方根, "sigma" 表示希腊字母σ. 使用 "paste" 函数将两个字符串连在一起.

```
> text(10, 0.15, expression(paste(frac(1, sigma*sqrt(2*pi)), " ",
+           e^{frac(-(y-mu)^2, 2*sigma^2)})), cex = 1.5)
```

使用 "title" 函数对图形添加一个描述性的标题.

```
> title("Binomial probs with n=2, p=0.2, and matching normal curve")
```

输入

```
?plotmath
```

可以在R手册中找到与"expression"的语法有关的更加详细的描述.

最后我们打算画一条线来连接曲线和正态密度公式. 通过"locator"函数可以很容易地做到这一点. 我们使用"locator(2)"时, 一个十字线将会出现在图形上, 通过单击鼠标来选取两个位置. 被选中的点的x和y坐标储存在列表"locs"中. "arrows"函数在当前显示的图形中绘制一条连接两点的箭头, 结果显示在图4.13中.

```
> locs = locator(2)
> arrows(locs$x[1], locs$y[1], locs$x[2], locs$y[2])
```

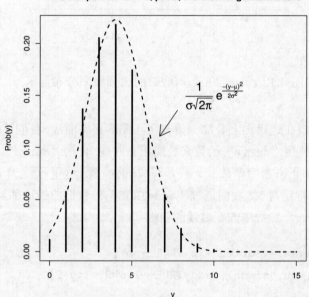

图 4.13　添加了文本和标题的$n = 20, p = 0.2$时的二项概率分布显示.

4.10　多个图形及改变制图参数

我们使用一个降雪数据的实例来介绍如何使用"layout"函数来绘制多个图形, 以及如何使用"par"函数来调整某些制图参数.

网站 http://goldensnowball.blogspot.com介绍了金雪球奖, 它被授予纽约州冬季降雪量最大的城市. 变量"snow.yr1"和"snow.yr2"分别给出了锡拉丘兹(Syracuse)、罗彻斯特(Rochester)、布法罗(Buffalo)、宾汉姆顿(Binghamton)和奥尔巴尼(Albany)这五座城市在2009—2010年冬季和2010—2011年冬季（截止到2011年2月24日）的降雪量（单位为英寸）.

```
> snow.yr1 = c(85.9, 71.4, 68.8, 58.8, 34.4)
> snow.yr2 = c(150.9, 102.0, 86.2, 80.1, 63.8)
```

我们打算在一个制图窗口中绘制一个散点图和一个差值图. 我们使用"windows"函数打开一个新的宽5英寸、高7英寸的制图窗口. "layout"将这个窗口分成两个区域；"matrix"又将窗口中的这两个区域排成一列，相对高度分别设置为6和4.

```
> windows(width=5, height=7)
> layout(matrix(c(1, 2), ncol=1), heights=c(6, 4))
```

在默认设置下，制图区域(figure region)是指制图窗口内的整个区域，图形区域(plot region)是指绘制图形的区域. 图形区域的默认位置可以通过"par"函数的"plt"参数来查看，四个值表示在制图区域中的比例. 图形区域在水平方向上从0.117到0.940，在竖直方向上从0.146 到0.883.

```
> par("plt")
[1] 0.1171429 0.9400000 0.1459315 0.8826825
```

我们打算在上面的区域中绘制一个散点图. 我们调整一下"par"函数的"plt"参数和"xaxt"参数. "plt"的值使得制图区域右边留有空余而下方没有，参数"xaxt="n""使得不绘制x轴. 我们使用"plot"函数来构造两年降雪量的散点图，使用"abline"函数添加一条等降雪量线，使用"text"函数标记锡拉丘兹(Syracuse)的降雪量. 结果显示在图4.14中.

```
> par(plt=c(0.20, 0.80, 0, 0.88), xaxt="n")
> plot(snow.yr1, snow.yr2, xlim=c(30, 100), ylim=c(30, 155),
+    ylab="2010-11 Snowfall (in)", pch=19,
+    main="Snowfall in Five New York Cities")
> abline(a=0, b=1)
> text(80, 145, "Syracuse")
```

降雪量的单位为英寸，我们还希望在右边的轴上显示厘米数，这样可以更好地将这幅图介绍给美国以外的读者. 我们首先将当前y轴刻度线位置（储存在"yaxp"参数中）储存在变量"tm"中. 然后使用"axis"函数在右边绘制一条纵轴，注意我们将英寸数乘以2.54并在十位数进行四舍五入得到厘米数，这样使得刻度线更容易理解. 最后我们使用"mtext"函数在这个新坐标轴上添加一个标签.

```
> tm = par("yaxp")
> ticmarks = seq(tm[1], tm[2], length=tm[3]+1)
```

```
> axis(4, at=ticmarks,
+      labels=as.character(round(2.54 * ticmarks, -1)))
> mtext("2010-11 Snowfall (cm)", side=4, line=3)
```

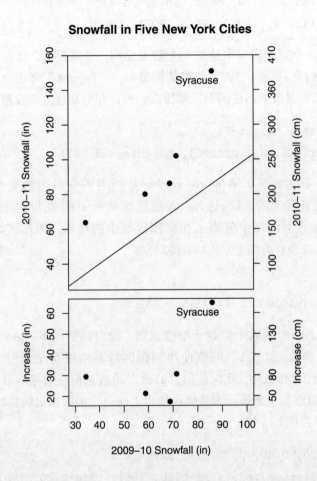

图 4.14   纽约州五个城市连续两个冬季降雪量的图形显示. 该显示使用"layout"函数将制图窗口分为两块不等的区域, 又使用"par"函数的"plt"参数调整图形区域, 使用"axis"函数对图形添加新的坐标轴.

接下来我们在下面的区域上构造一个降雪量增量（2009—2010年冬季到2010—2011年冬季）的散点图. 调整图形区域（使用"plt"参数）使得它和第一幅图水平对齐, 并在两个区域中留出一点空间. 使用参数"xaxt="s""来绘制x轴. 我们绘制相对于2009—2010年降雪量的增量, 并在此标记对应锡拉丘兹的点. 使用和上面区域相同的命令, 再次在右边构造一个单位为厘米的纵轴.

```
> par(plt=c(0.20, 0.80, 0.35, 0.95), xaxt="s")
> plot(snow.yr1, snow.yr2 - snow.yr1, xlim=c(30, 100),
+  xlab="2009-10 Snowfall (in)", pch=19,
```

```
+    ylab="Increase (in)")
> text(80, 60, "Syracuse")
> tm=par("yaxp")
> ticmarks=seq(tm[1], tm[2], length=tm[3] + 1)
> axis(4, at=ticmarks,
+      labels=as.character(round(2.54 * ticmarks, -1)))
> mtext("Increase (cm)", side=4, line=3)
```

从这个图中可以看出，这五个纽约州的城市在2010—2011年冬季的降雪都变多了. 底下的图形关注的是降雪量的变化；锡拉丘兹在2010—2011年降雪量增加了60多英寸，其他的城市大约增加了25英寸.

4.11 使用低级函数生成图形

R中的许多制图命令都是高级函数，它们可以控制制图过程的各个方面，比如画坐标轴、画刻度线和刻度标记、选择要显示的点和线，等等. 在某些情况下，我们希望绘制一个特殊用途的图，并在构造过程中对其能有较好的控制. 这里我们介绍一个从头开始作图的简单例子.

例4.4 (绘制一个带标记的圆).

在第13章对马尔可夫链的介绍中，我们会在图13.5中构造一个圆的图形，它上面有六个点，依次编号为1到6. 由于我们不想画出坐标轴，所以这是一个很好的介绍R中低级制图函数的机会.

首先，我们打开一个新的制图框——这可以通过"plot.new"函数实现.

```
> plot.new()
```

使用"plot.window"函数设置坐标系. 水平范围和竖直范围的最小值和最大值分别由参数"xlim"和"ylim"控制. "pty"参数给出制图区域的类型——选项"pty = "s""生成一个正方形制图区域.

```
> plot.window(xlim=c(-1.5, 1.5), ylim=c(-1.5, 1.5), pty="s")
```

现在已经设置了坐标系，使用极坐标来画圆会非常方便. 我们定义一个角度向量"theta"，它从0等步长地变化到2π，圆的坐标就是这些角度处的余弦值和正弦值. 带有参数"x"和"y"的函数"lines"在当前图形中添加曲线图（结果显示在图4.15中）.

```
> theta = seq(0, 2*pi, length=100)
> lines(cos(theta), sin(theta))
```

　　接下来，我们打算在圆的六等分点处添加较大的实心标记点. 定义六个角度值并储存在向量"theta"中. 函数"points"用来在当前图形中添加点. 参数"cex = 3"使得符号为正常大小的3倍，"pch = 19"选择实心点作为标记符号.

```
> theta=seq(0, 2*pi, length=7)[-7]
> points(cos(theta), sin(theta), cex=3, pch=19)
```

　　在圆的外面使用大号数字1到6对这些点进行编号. 为了对制图位置进行精确控制，使用"locator"函数直接从图形上选择位置. "text"函数将标签（"labels"）1到6分别放置在这些点处，通过指定"cex = 2.5"将这些数字画成正常大小的2.5倍. 使用"box"函数在显示结果周围画一个框就完成了整个图形.

```
> pos = locator(6)
> text(pos, labels=1:6, cex=2.5)
> box()
```

图4.15给出了完整的图. 使用这些低级制图函数时，用户可以更好地控制坐标轴显示以及绘图线条和绘图点的特征. 原则上来说，通过这些工具可以生成许多新的图形显示类型.

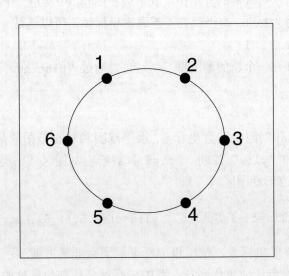

图 4.15　使用R中的低级制图函数构造的带有标记点的圆的图形显示.

4.12 将图输出到图形文件

用R生成一幅图后，我们经常希望将图储存成图形格式（比如pdf、gif或jpeg），这样就可以在文件或网页中使用. 我们将通过一个实例来展示输出图形的几种方法.

例4.5 (棒球史上的本垒打，续2).

假设我们希望输出图4.8中的R图形，该图形显示了本垒打率以及三种局部加权散点光滑拟合. 在Windows系统中，我们可以简单地通过菜单命令来储存图形. 生成图形之后，选择图形并选择 "File" 菜单下的 "Save as" 命令. 我们可以根据需要来选择图形格式（metafile、postscript、pdf、png、bmp或jpg）并对图形文件命名.

或者还可以使用函数来输出图形. 比如我们想要将当前工作目录下的图形储存成pdf格式. 在R代码中，我们首先使用函数 "pdf" 打开制图窗口. 参数是要储存的图形文件名称，但是我们也可以不指定名称；要储存文件的默认文件名是 "Rplots.pdf"，它会覆盖掉已经存在的同名文件. 接下来输入函数生成图形. 最后使用 "dev.off" 函数关闭图形设备并储存文件.

```
> pdf("homerun.pdf")
> plot(Year, HR, xlab="Season",
+   ylab="Avg. Home Runs Hit by a Team in a Game",
+   main="Home Run Hitting in the MLB Across Seasons")
> lines(lowess(Year, HR))
> lines(lowess(Year, HR, f=1 / 3), lty=2)
> lines(lowess(Year, HR, f=1 / 6), lty=3)
> legend("topleft", legend=c("f = 2/3", "f = 1/3", "f = 1/6"),
+   lty=c(1, 2, 3))
> dev.off()
```

$\mathbf{R_x}$ **4.2** 一个很常见的错误是在最后忘记输入 "dev.off()". 如果不使用这个函数将不会生成图形文件.

还有许多类似的函数（比如 "postscript" 和 "jpeg"）可以将图形储存成其他类型的格式. 更多的细节参见 "?Devices".

4.13 "lattice" 包

本书所展示的绝大多数图形都是在传统制图系统中得到的，这个系统就是由R中的 "graphics" 包提供的. 尽管在生成各类统计图形时这个包表现得非常灵活好用，但还是有一些其他的制图系统对传统系统做出了扩展与改进. 在本节中，我们对Sarkar开发的 "lattice" 包[43]中的图形做一个简单的介绍.

"graphics"包中含有很多构造统计图形时非常有用的函数,例如"plot""barplot""hist"和"boxplot"."lattice"包中有一批可以生成类似图形的函数,例如"xyplot""barchart""histogram"和"bwplot".通过输入

```
> help(package=lattice)
```

我们可以了解一下"lattice"包中的函数和对象.我们为什么要使用"lattice"包中的函数而不是使用传统的R制图函数?首先,"lattice"包中的一些制图函数不能在传统系统中使用.其次,一些"lattice"包中的图形的默认外观比传统图形的默认外观要好.最后,"lattice"包在基本R制图系统的基础上提供了一些非常有吸引力的扩展,本节将把注意力集中在这些扩展上.

例4.6 (汽车的耗油量).

我们通过数据集"mtcars"来介绍"lattice"包中的制图函数,这个数据集包含了32辆汽车的耗油量和其他参数的设计性能和实际表现.假设我们希望构造一个每加仑行驶英里数和汽车重量(单位:千磅)的散点图.在"lattice"包中,散点图函数的基本语句为

```
xyplot(yvar ~ xvar, data)
```

其中,"data"是包含两个变量的数据框.在R脚本中,(使用"library"函数)加载"lattice"包,构造"mpg"和"wt"的散点图.使用和传统制图系统中一样的参数来添加坐标轴标签和标题.结果显示在图4.16中.

```
> library(lattice)
> xyplot(mpg ~ wt, data=mtcars, xlab="Weight",
+    ylab="Mileage",
+    main="Scatterplot of Weight and Mileage for 32 Cars")
```

从散点图中我们可以得知一辆汽车每加仑行驶英里数和发动机的汽缸数有关.如果我们控制了汽缸数,那么每加仑行驶英里数和汽车重量还会有关系吗?"lattice"包为我们提供了一个很好的扩展——条件图,即以第三个变量的值为条件制图.在散点图中,这个条件图的基本语句为

```
xyplot(yvar ~ xvar | cvar, data)
```

其中,"cvar"是第三个变量并且只有有限个值.在这个实例中,变量"cyl"是发动机的汽缸数,使用"xyplot"函数对每个可能的汽缸数构造每加仑行驶英里数和汽车重量的散点图.在图4.17中为了更方便观察,将实心制图符号("pch = 19")画成了正常大小的1.5倍("cex = 1.5").

```
> xyplot(mpg ~ wt | cyl, data=mtcars, pch=19, cex=1.5,
+    xlab="Weight", ylab="Mileage")
```

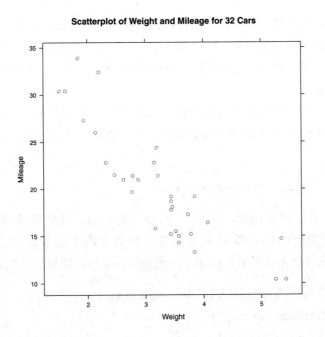

图 4.16 使用"lattice"包中的"xyplot"函数得到的一组汽车重量与每加仑英里数的散点图.

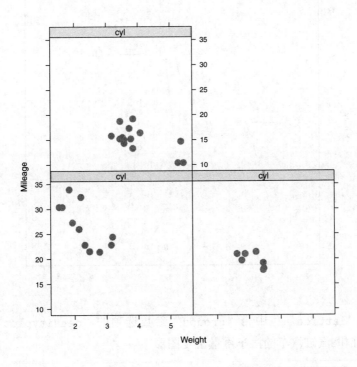

图 4.17 使用"lattice"包中的"xyplot"函数得到的以汽缸数为条件的汽车重量与每加仑英里数的散点图.

由于三个图的比例是一样的，我们可以很容易地进行比较. 左下、右下和左上的部分图形分别对应着4个、6个和8个汽缸. 对4汽缸车来说，看起来每加仑行驶英里数和汽车重量有着相对较强的联系. 与此相反，对8汽缸车来说，每加仑行驶英里数和汽车重量的联系是比较弱的.

"lattice"包还可以对不同数据组之间的比较进行图形显示. 假设我们希望比较4汽缸、6汽缸和8汽缸车的汽车重量. 密度图是一个变量光滑分布的估计. 我们可以使用语句

```
> densityplot(~ yvar, group=gvar, data)
```

来构造不同数据组的密度图形，其中，"yvar"是我们关注的连续变量，"gvar"是分组变量. 这种类型的图可以用来比较这三种类型汽车重量的分布（见图4.18）. "auto.key"选项将会在图形上方添加一个图例来显示每一组对应的线条颜色.

```
> densityplot(~ wt, groups=cyl, data=mtcars,
+     auto.key=list(space="top"))
```

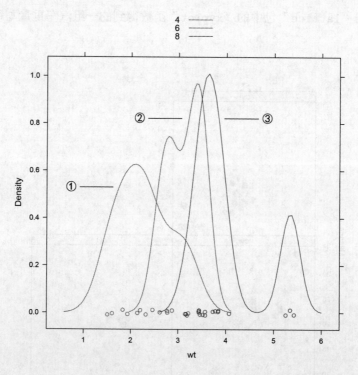

图 4.18 使用"lattice"包中带"groups"参数选项的"densityplot"函数得到的4汽缸、6汽缸和8汽缸汽车的汽车重量密度图形.

注：①原书中该曲线为蓝色，表示4汽缸车的曲线.
②原书中该曲线为红色，表示6汽缸车的曲线.
③原书中该曲线为绿色，表示8汽缸车的曲线.

　　注意这幅图，我们可以看出每一组车的汽车重量都是变化很大的. 4汽缸车的重量在1000~4000磅，6汽缸车的重量在2000~4000磅. 8汽缸车看起来聚成两组，一组重量在3000~4000磅，另一组重量在5000~6000磅.

　　例4.7 (样本均值).

　　在第2章中，我们考察过一组由RANDU算法生成的三维随机数. 尽管认为这个算法生成的是不相关的三维随机数，但是有充分证据表明模拟出来的数字是有关联模式的. 通过 "lattice" 包中的 "cloud" 函数构造一个三维散点 图可以很容易说明这一点.

```
> library(lattice)
> cloud(z ~ x + y, data = randu)
```

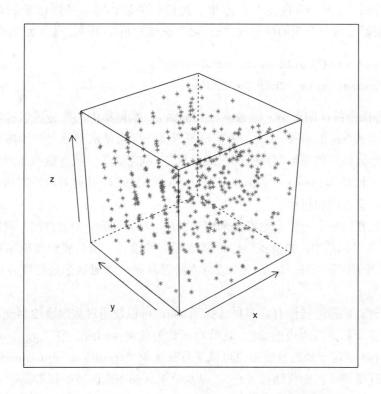

图 4.19　使用 "lattice" 包得到的RANDU三维随机数的云图.

仔细观察图4.19，我们发现有很多的点(x, y, z)满足下面的线性模式

$$z = ax + by$$

其中，a和b是常数. 早期的个人计算机使用RANDU算法来生成随机数，但是现在的计算机中都是使用另一种算法（没有这种相依问题）来模拟随机数.

4.14 "ggplot2"包

R中另一个有别于传统制图系统的是"ggplot2"包,Wickham[52]对它进行了介绍. 这个系统处理图的方式非常不同. 特别地,"ggplot2"包是Wilkinson[55]所说的"图形语法(grammar of graphics)"的R实现. 我们通过一个有趣的体育运动的实例来介绍这个系统.

例4.8 (一英里赛跑的世界纪录).

专业运动员在很多运动领域中不断刷新世界纪录,比如跑步、跳跃和游泳,探索这些纪录随时间变化的模式是一件非常有意思的事情. 数据集"world.record.mile.csv"包含了一英里赛跑中男子和女子的世界纪录. 很显然,世界纪录的时间随着年代的推移而逐渐缩短,但是我们想要了解缩短的模式,以及男子和女子的缩短模式是否相同.

使用"read.csv"函数读入数据集. 我们只关注1950年以后记录的时间,使用"subset"函数生成一个新的数据框"mile2"来储存近年来的这些世界纪录.

```
> mile = read.csv("world.record.mile.csv")
> mile2 = subset(mile, Year >= 1950)
```

Wilkinson[55]认为统计图形是一些独立分支的组合. 数据集中的变量可以被赋予特殊的角色或图形属性(aesthetics);一个变量的图形属性可能是水平轴上的绘图位置,另一个变量的图形属性可能是绘图点的颜色或形状. 一旦定义了一组变量的图形属性,我们就可以使用几何对象(geometric object, geom)来构造图形. 几何对象的实例有点图、线图、柱状图、直方图和箱线图.

我们通过在网格上一层层地堆叠来构造图形. 为了构造一个散点图,我们将一组点堆叠到笛卡儿坐标系中. 如果我们想总结这些点的模式,那么我们可能希望叠加一条光滑曲线到当前图形中去. 局部加权散点光滑器就是一个对数据进行统计(statistic)变换的实例.

变量如何对应图形属性有许多种选择. 比如,可以使用对数尺度绘制变量,或者将变量对应到某个特定范围内的颜色. 这些对应称为标度(scales),在"ggplot2"包中标度有多种选择. 在这个制图系统中也可以进行位置调整(position adjustments),对图形对象设置进行微调(例如抖动和堆叠),以及分面(在不同区域绘制数据的子集).

在我们的实例中,我们首先加载"ggplot2"包. 使用"ggplot"函数来初始化图形——第一个参数是数据框"mile2"的名称,第二个参数"ase()"定义了图形属性,它将数据框中的变量对应到图的各个方面. 在"aes"参数中我们指出"Year"沿水平(x)轴绘制,"seconds"沿竖直(y)轴绘制,变量"Gender"用作颜色和形状的图形属性. 我们将这幅图的初始化信息储存在变量"p"中.

```
> library(ggplot2)
> p = ggplot(mile2, aes(x = Year, y = seconds,
```

```
+   color = Gender, shape = Gender))
```

函数"ggplot"并不会显示任何图形——它只定义数据框和图形属性. 我们通过对这个初始定义添加几何对象和统计变换等图层来构造图形. 使用"geom_point"函数构造散点图;参数"size = 4"说明这些点将被画成正常大小的2倍. 然后我们使用"geom_smooth"函数添加一条局部加权散点光滑曲线.

```
> p + geom_point(size = 4) + geom_smooth()
```

结果在图4.20中给出. 由于变量"Gender"被分配给颜色和形状图形属性,男子和女子的纪录时间使用了不同的颜色和形状进行绘制,在图形区域外自动添加了图例. 注意由于"Gender"有颜色图形属性,所以对每个性别都绘制了光滑曲线. 在这一时间段内,对两个性别来说,纪录时间作为年份的函数看起来都是线性减少的,不过对于女性时间减少的速度更快一些.

尽管"ggplot2"系统的"语法"乍看起来非常古怪,但是我们可以使用有限的R代码得到非常吸引人且非常有用的图形. Hadley[52]对"ggplot2"包进行了全面的讲解,并在配套网站had.co.nz/ggplot2上给出了很多图形的实例.

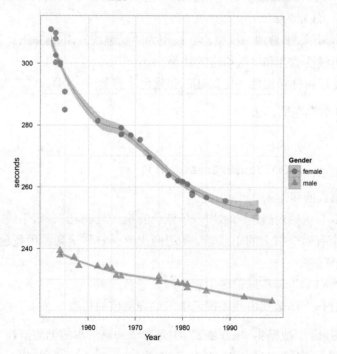

图 4.20 使用"ggplot2"包得到的男子和女子一英里跑世界纪录时间的散点图. 对两个性别添加了光滑曲线来显示时间缩短的大体模式.

练习

4.1（速度和制动距离）．"datasets"包中的"cars"数据框给出了50辆汽车的速度（单位是英里每小时）和制动距离（单位是英尺）．

a. 使用"plot"函数构造一个"speed"（水平）和"dist"（竖直）的散点图.

b. 对图形进行修正，给横轴添加标签"Speed (mpg)"，给纵轴添加标签"Stopping Distance (ft)"，并添加一个有意义的标题.

c. 对图形进行修正，将制图符号由默认的空心圆圈换成实心红三角形（"col="red""，"pch=17"）.

4.2（速度和制动距离，续1）．假设我们想比较（"speed"，"dist"）观测值的线性拟合和二次拟合. 我们可以在R中使用下面的代码来构造这两个拟合.

```
fit.linear = lm(dist ~ speed, data=cars)
fit.quadratic = lm(dist ~ speed + I(speed^2), data=cars)
```

a. 构造速度和制动距离的散点图.

b. 使用带参数"fit.linear"的"abline"函数来叠加最优线性拟合，线型为"点线"(dotted)，线宽为2.

c. 使用"lines"函数来叠加二次拟合，线型为"长虚线"(longdash)，线宽为2.

d. 使用图例给出线性拟合和二次拟合的线型.

e. 对两种拟合使用两种对比色（比如红色和蓝色）重复(a)~(d).

4.3（速度和制动距离，续2）．

a. 输入

```
plot(cars$speed, fit.linear$residual)
```

来构造线性拟合的残差图.

b. 使用"abline"函数对残差图添加一条蓝色的粗（"lwd=3"）水平线.

c. 在这个图形中有两个很大的正残差. 使用两次"text"函数，用蓝色的"POS"标签标记这两个残差.

d. 使用红色的"NEG"标签标记图中那个较大的负残差.

e. 使用"identify"函数找出残差接近于零的观测值的行数.

4.4（多个图形）．数据集"mtcars"中包含了32辆汽车的燃油消耗（变量"mpg"）和其他设计性能及实际表现. 对"par"函数使用"mfrow"参数，构造四个变量"disp"（排气量）、"wt"（汽车重量）、"hp"（马力）、"drat"（后轴比）和每加仑行驶英里数（"mpg"）的散点图，排列成2×2的形式. 比较这四个图形，排气量、汽车重量、马力和后轴比中哪一个和每加仑行驶英里数有最强的联系？

4.5（画房子）．下面的函数"house"画出了一个中心在点"(x, y)"的房子的轮廓：

```
house=function(x, y, ...){
  lines(c(x - 1, x + 1, x + 1, x - 1, x - 1),
     c(y - 1, y - 1, y + 1, y + 1, y - 1), ...)
  lines(c(x - 1, x, x + 1), c(y + 1, y + 2, y + 1), ...)
  lines(c(x - 0.3, x + 0.3, x + 0.3, x - 0.3, x - 0.3),
     c(y - 1, y - 1, y + 0.4, y + 0.4, y - 1), ...)
}
```

a. 将函数"house"读入到R中.

b. 使用"plot.new"函数打开一个新的制图窗口. 使用"plot.window"函数设置一个坐标系, 其中横坐标和纵坐标的范围都是从0到10.

c. 在当前制图窗口中三次使用函数"house"函数画三个房子, 其中心分别位于位置$(1,1)$、$(4,2)$和$(7,6)$处.

d. 通过"..."参数, 我们可以传递那些修改"line"函数属性的参数. 比如, 如果我们想使用粗线条在位置$(2,7)$处画一个红房子, 我们可以输入

```
house(2, 7, col="red", lwd=3)
```

使用"col"和"lty"参数, 在当前制图窗口中再画三个不同位置、不同颜色、不同线型的房子.

e. 使用"box"函数在当前制图窗口加上边框.

4.6（绘制贝塔密度曲线）. 假设我们想画出三条贝塔曲线, 其中具有形状参数a和b的贝塔密度[用Beta(a,b)表示]由下式给出:

$$f(y) = \frac{1}{B(a,b)} y^{a-1} (1-y)^{b-1}, \ 0 < y < 1.$$

我们可以使用"curve"函数画出一条形状参数$a = 5$、$b = 2$的贝塔密度:

```
curve(dbeta(x, 5, 2), from=0, to=1)
```

a. 使用三次"curve"函数在同一个图形中显示Beta$(2, 6)$、Beta$(4, 4)$和Beta$(6, 2)$密度（带有"add=TRUE"参数的"curve"函数会把曲线添加到当前图形中）.

b. 使用下面的R命令把贝塔密度公式作为图形的标题.

```
title(expression(f(y)==frac(1,B(a,b))*y^{a-1}*(1-y)^{b-1}))
```

c. 通过"text"函数, 用对应的形状参数a和b的值来标记每一条贝塔曲线.

d. 重新画图, 对三条贝塔密度曲线使用不同的颜色或线型.

e. 不再使用"text"函数, 而是通过添加图例来说明每条贝塔密度曲线对应的颜色或线型.

4.7（"lattice"图形）. 数据集"faithful"包含了老忠实泉的喷发时间（单位为分钟）"eruptions"和到下次喷发的等待时间"waiting"（单位为分钟）. 我们想要探索一下这两个变量间的关系.

a. 生成一个因子变量"length"，如果喷发时间小于3.2分钟则为"short"，否则为"long".

```
faithful$length = ifelse(faithful$eruptions < 3.2,
  "short", "long")
```

b. 使用"lattice"包中的"bwplot"函数构造短喷发("short")和长喷发("long")等待时间的平行箱线图.

c. 使用"densityplot"函数构造短喷发("short")和长喷发("long")等待时间叠加在一起的密度图形.

4.8（"ggplot2"图形）. 在练习4.7中我们比较了老忠实泉短喷发和长喷发的等待时间，"faithful"数据框中的变量"length"是喷发时间.

a. 数据框"dframe"包含了一个数值变量"num.var"和一个因子变量"factor.var". 加载"ggplot2"包后，R命令

```
ggplot(dframe, aes(x = num.var, color = factor.var))
  + geom_density()
```

将会对因子变量"factor.var"的每个值构造数值变量"num.var"的密度估计，这些密度估计是叠加在一起的. 使用这些命令来构造叠加在一起的泉水短喷发和长喷发等待时间的密度估计.

b. 对于含有一个数值变量"num.var"和一个因子变量"factor.var"的数据框"dframe"，"ggplot2"语句

```
ggplot(dframe, aes(y = num.var, x = factor.var))
  + geom_boxplot()
```

将会对因子变量"factor.var"的每个值构造数值变量"num.var"的并排箱线图. 使用这些命令构造泉水短喷发和长喷发等待时间的并排箱线图.

第5章 探索性数据分析

5.1 引言

探索性数据分析是一个处理数据的过程，其主要目的是了解大体模式或趋势，并找到偏离大体模式的特殊事件. 和侦探研究犯罪现场类似（收集证据并得出结论），一个统计学家在探索数据时是通过图形显示和合适的概括来得到数据主要信息的结论.

John Tukey和其他统计学家发明了很多有用的方法来探索数据. 尽管具体的数据分析技巧是非常有用的，但是探索性数据分析不止是一种方法——它代表了应该如何探索数据的一种态度或理念. Tukey 非常明确地指出了验证性数据分析和探索性数据分析的区别，在验证性数据分析中我们主要是想做出推断结论，而在探索性数据分析中我们只对数据的分布形状做很少的假设并简单地寻找有趣的模式. 关于探索性方法，Tukey[47]和Hoaglin等人[22]的书是比较好的参考资料.

探索性数据分析主要有四个主题，分别是启示(Revelation)、耐抗性(Resistance)、残差(Residuals)和重新表达(Reexpression)，统称为4R. 重点是启示(revelation)，即在探索数据中的模式时使用合适的图形显示. 在这个过程中我们需要使用耐抗的(resistant)方法——这些方法对偏离大体模式的极端观测值相对不敏感. 当我们拟合简单模型—— 比如直线时，一般来说主要信息不是拟合的直线，而是残差(residuals)，即数据与直线的偏差. 通过观测残差我们通常可以得到数据的某种模式，而这种模式很难由最初的数据显示直接看出. 最后，在许多情况下，由于数据的特殊测量尺度使我们很难发现其中的模式，经常需要重新表达(reexpress)或者说改变数据的尺度. 适当的重新表达（比如对数或二次方根）会使发现大体模式和找到合适的数据概括变得容易. 在接下来的实例中，我们会在探索性工作中介绍这四个"R主题".

5.2 接触数据

例**5.1** (大学排行).

对美国的高中生来说选择大学可能是比较困难的. 为了在选择大学的过程中提供一些帮助，《美国新闻与世界报道》(http://www.usnews.com)每年都会发布一份指南《美国最佳大学》. 2009版的指南对美国所有大学根据各种不同的评判标准进行了排行.

数据集"college.txt"包含了这份指南中的一组"全国性大学"的数据[i]. 这些美国大学提供了一系列的学位, 既有本科生的也有研究生的. 从每个大学搜集了下面这些变量:

a. School —— 学校名称

b. Tier —— 学校等级（总共4级）

c. Retention —— 第二年继续留在该校的大一新生百分比

d. Grad.rate —— 六年毕业的学生占大一新生的百分比

e. Pct.20 —— 人数在20人以下的班级所占的百分比

f. Pct.50 —— 人数在50人以上的班级所占的百分比

g. Full.time —— 全职教师所占百分比

h. Top.10 —— 高中毕业时达到班级前百分之十的学生占新生的百分比

i. Accept.rate —— 申请该校学生的录取率

j. Alumni.giving —— 为学校做出经济贡献的校友比例

我们使用函数"read.table"将数据集载入R, 并把它储存在数据框"dat"中. 注意"sep"参数表明在数据文件中列是由制表符进行分隔的.

```
> dat = read.table("college.txt", header=TRUE, sep="\t")
```

有些学校的数据并不完整. R中的函数"complete.cases"将会识别出那些所有变量都有值的学校, 用"subset"函数生成一个新的数据框"college", 该数据框只包含那些有"完整"数据的学校.

```
> college = subset(dat, complete.cases(dat))
```

5.3 比较分布

变量"Retention"——第二年继续留在该校的大一新生百分比, 是衡量学校质量的标准之一. 我们想要显示一下留校率的分布, 并对不同大学分组的留校率分布进行比较.

5.3.1 带状图

一个基本的显示留校率的图形是带状图, 或者称为一维散点图, 它是用"stripchart"函数生成的. 使用"method = "stack""选项会使图中的点堆 叠 起来, 选项"pch = 19"使用实心点作为绘图符号.

```
> stripchart(college$Retention, method="stack", pch=19,
+     xlab="Retention Percentage")
```

---

[i] 该指南中的"National Universities"是指"全国性大学", 而不是指"国立大学"——译者注.

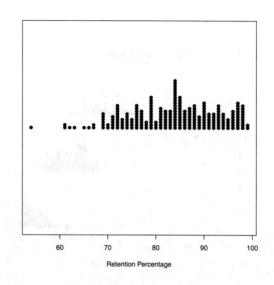

图 5.1　所有全国性大学留校率的带状图.

从图5.1中我们看到留校率从55%到将近100%，变化幅度很大，我们想知道哪一个变量可以用来解释这种变化. 等级（1、2、3或4）是学校质量的一个大体判断标准，接下来根据等级构造留校率的平行带状图. 对"stripchart"做个小小的改变就可以得到这个图形——参数"Retention ~ Tier"表明我们希望对四个等级分别显示留校率. 注意我们并不使用"college$Retention"语句，这是由于参数"data=college"已经表明使用了数据框"college".

```
> stripchart(Retention ~ Tier, method="stack", pch=19,
+     xlab="Retention Percentage",
+     ylab="Tier", xlim=c(50, 100), data=college)
```

从图5.2可以很明显地看出四个等级的大学的留校率是不同的. 对第1级学校，百分比基本在90%到100%之间；相对的是，绝大多数第4级学校的留校率在65%到80%之间.

5.3.2　识别极端值

平行带状图在查看每个等级的留校率大体分布时是非常有帮助的. 从图中我们还注意到少数学校的留校率和同一等级的其他学校分离开了. "identify"函数可以帮助我们识别出这些百分比异常的学校. 在这个函数中，我们给出图中的 x 和 y 两个变量，"n=2"选项说明我们希望找出两个点，"labels=college$School"选项说明我们希望用学校的名称来标记这两个点. 当运行这个函数时图上会出现一个十字光标，我们移动鼠标指针，在两个极端值处单击. 每次单击之后，学校的名称就会出现在绘图点附近. 在R控制台窗口中会显示这两个学校在数据框中所对应的行数.

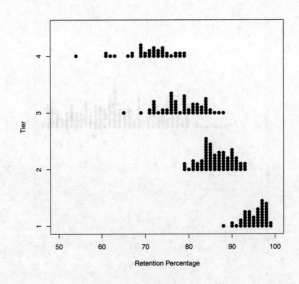

图 5.2   所有全国性大学按等级分组的留校率平行带状图.

```
> identify(college$Retention, college$Tier, n=2,
+   labels=college$School)
[1] 158 211
```

从图5.3中我们看到有异常的较小留校率（相对于同一等级的其他学校）的两个学校分别是第4级的布里奇波特大学(Bridgeport)和第3级的南卡罗来纳州立大学(South Carolina State).

5.3.3   五数概括和箱线图

平行带状图显示了四个等级的大学之间留校率的差异，下一步来概括这些差异. 对数据集来说，一个较好的概括是中位数、上下四分位数和最大最小值. 这组概括（很显然地）称为**五数概括**，箱线图是这五个数的图形. "boxplot"函数会对每一组计算五数概括并显示为平行箱线图（见图5.4）. 和"stripchart"函数中的情况一样，"Retention ~ Tier"说明我们希望按等级构造留校率的箱线图，"horizontal=TRUE"参数表明箱线图将会按照水平方式显示，"data=college"参数表明变量是数据框"college"的一部分. 结果显示在图5.4中. 四个等级的大学留校率的中位数所在位置通过盒子中的粗线条表示，四个图的展布由盒子的宽度表示. 由于对极端值使用了EDA准则，图片给出了四个学校（用单独的点表示），它们的留校率相对所在的等级来说异常小.

```
> b.output = boxplot(Retention ~ Tier, data=college, horizontal=TRUE,
+   ylab="Tier", xlab="Retention")
```

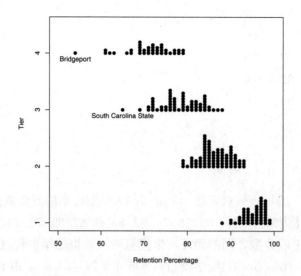

图 5.3　所有全国性大学按等级分组的留校率平行带状图. 用学校名称指出了两个极端值.

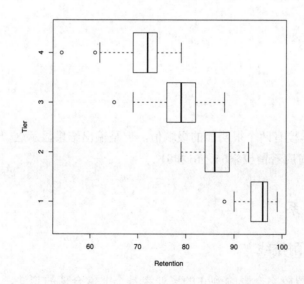

图 5.4　全国性大学按等级分组的留校率箱线图.

"boxplot" 的输出结果储存在变量 "b.output" 中, 它是由箱线图计算结果的各分量构成的列表. 我们可以用 "b.output" 的 "stats" 分量显示五数概括.

```
> b.output$stats
```

```
       [,1] [,2] [,3] [,4]
[1,]  90.0   79   69   62
[2,]  93.5   84   76   69
[3,]  96.0   86   79   72
[4,]  97.0   89   82   74
[5,]  99.0   93   88   79
attr(,"class")
         1
"integer"
```

"b.output$stats"的每一列对应着一个等级的大学留校率的五数概括. 我们可以看到等级3 和等级4的五数概括分别为(69, 76, 79, 82, 88)和(62, 69, 72, 74, 79). 我们可以通过四分展布,即两个四分数之间的距离,来度量两组数据的集中程度. 第3级学校留校率的四分展布是$82-76=6$,第4级学校的四分展布是$74-69=5$. 由于两组的展布非常接近,我们可以比较中位数——第3级学校留校率的中位数是79,第4级学校留校率的中位数是72. 我们看到第3级学校的留校率与第4级学校相比,趋向于高出$79-72=7$个百分点. 除了五数概括之外,极端值的信息也被储存了下来. "b.output"的"out"和"group"分量给出了极端值和它们所在的等级.

```
> b.output$out
[1] 88 65 61 61 54
```

```
> b.output$group
[1] 1 3 4 4 4
```

在图5.4中,第4级学校有两个很明显的极端值,但是输出结果显示这一等级中实际上有三个极端值,分别对应着留校率54、61和61.

5.4 变量间的关系

5.4.1 散点图和耐抗线

学校的第一年留校率会影响到它的毕业率是个非常合理的想法,我们接下来研究一下变量"Retention"和"Grad.rate"之间的关系. 我们使用"plot"函数构造一个散点图,并将结果显示在图5.5中. 和预期的一样,我们发现第一年留校率和毕业率之间有着很强的正相关关系.

```
> plot(college$Retention, college$Grad.rate,
+   xlab="Retention", ylab="Graduation Rate")
```

对于探索工作而言，拟合一条耐抗的或者说对边远值不敏感的直线是非常有用的．Tukey的"耐抗线"(resistant line)就是这种类型的拟合方法，它是通过"line"函数实现的．本质上说，耐抗线程序将散点图分为左、中、右三个区域，对每个区域计算耐抗概括点，从概括点出发找到一条直线．我们对数据拟合这条耐抗线，并将拟合计算结果储存在变量"fit"中．其中拟合直线的系数储存在"fit$coef"中：

```
> fit = line(college$Retention, college$Grad.rate)
> coef(fit)
[1] -83.631579    1.789474
```

拟合直线通过

$$毕业率 = -83.63 + 1.79 \times 留校率$$

给出．这条直线的斜率是1.79——留校率每增加百分之一，平均毕业率增加1.79%．在图5.5中通过"abline"函数对散点图添加了这条直线．

```
> abline(coef(fit))
```

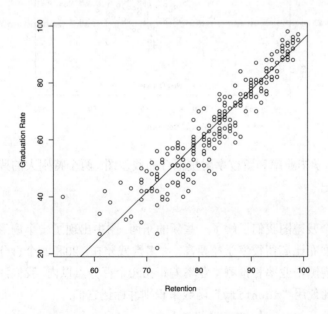

图 5.5　全国性大学毕业率和留校率的散点图．在图上叠加了耐抗的最优拟合线．

5.4.2　画出残差并识别极端值

在探索性工作中，我们不满足于毕业率和留校率之间显而易见的关系，而是希望通过研究学校偏离大体直线模式的程度来探索深层次的关系．我们通过残差来进一步深入研究，残差即为真实毕业率与拟合耐抗线的预测值之间的差. 残差储存在列表元素 "fit\$residuals"中，在图5.6中用"plot"函数构造了残差对留校率的散点图. 使用 "abline"函数在0处添加了一条水平线来帮助理解. 正残差对应着观测毕业率大于直线关系预测的值，负残差对应着毕业率小于预测值.

```
> plot(college$Retention, fit$residuals,
+  xlab="Retention", ylab="Residual")
> abline(h=0)
```

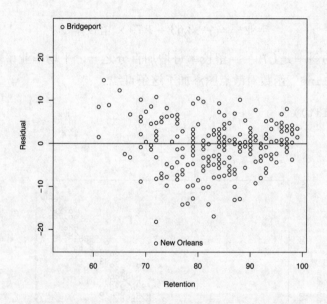

图 5.6   全国性大学毕业率和留校率耐抗拟合的残差图. 两个特别大的残差用对应学校的名称进行了标记.

通过检视这个残差图我们了解了一些新的东西. 图中出现了一个扇形，这表明低留校率学校残差的展布比高留校率学校要高. 大多数残差在−20和20个百分点之间，这说明大多数学校的观测毕业率和预测毕业率差距在20个百分点以内. 我们注意到有两个特别大的残差，因此使用"identify"函数来识别并标记它们.

```
> identify(college$Retention, fit$residuals, n=2,
+  labels=college$School)
```

在运行这个函数时，图上会出现一个十字光标. 我们在两个较大残差处单击鼠标，学校的名称会出现在绘图点旁边（见图5.6）. 这两个较大的残差对应着布里奇波特大学(Bridgeport)和新奥尔良大学(New Orleans). 尽管布里奇波特大学有着相对较低的留校率，但是它有一个很大的正残差，这说明相对它的留校率来说毕业率很高. 或许布里奇波特大学的真实留校率比这个数据集中记录的要高. 相反的是, 新奥尔良大学有一个很大的负残差. 这个学校的毕业率比我们用留校率预测的要低. 这说明或许有另一个变量 (所谓的潜在变量) 可以解释新奥尔良大学的低毕业率.

5.5 时间序列数据

5.5.1 散点图、最小二乘直线和残差

例5.2 (大学入学人数的增长).

博林格林州立大学(Bowling Green State University, BGSU)在2010年庆祝了它的百年校庆, 并在线公布了1914年到2008年间每年的入学人数. 从1955年到1970年入学人数有着显著的增长, 数据集 "bgsu.txt" 包含了这些年的入学人数. 我们读入数据集并用 "plot" 函数构造一个 "Enrollment" (入学人数) 关于 "Year" (年份) 的散点图 (见图5.7).

```
> bgsu = read.table("bgsu.txt", header=TRUE, sep="\t")
> plot(bgsu$Year, bgsu$Enrollment)
```

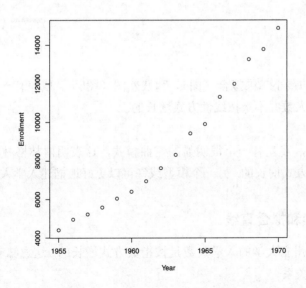

图 5.7 博林格林州立大学在1955年到1970年这一增长期内入学人数关于年份的散点图.

为了帮助我们理解入学人数的增长模式, 我们拟合一条直线. 使用 "lm" 函数来拟合一条最小二乘线, 计算结果储存在变量 "fit" 中. 把 "fit" 作为 "abline" 的参数, 这样可以将拟合直线叠加到散点图上. 残差向量储存在 "fit" 的 "residuals"

分量中，使用"plot"函数构造一个残差关于年份的散点图. 通过带参数"h=0"的"abline"函数在残差图的0处添加一条水平线. 图5.8中给出了这两幅图.

```
> fit = lm(Enrollment ~ Year, data=bgsu)
> abline(fit)
> plot(bgsu$Year, fit$residuals)
> abline(h=0)
```

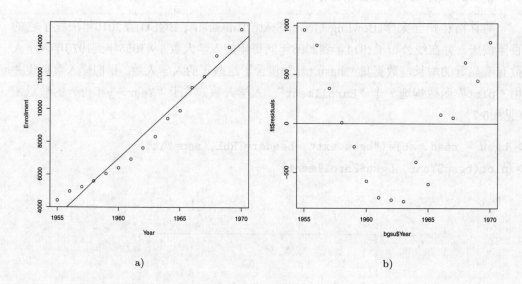

a)　　　　　　　　　　　　　　b)

图 5.8　入学数据的最小二乘拟合（图a）和残差图（图b）. 残差有一个很明显的弯曲模式，这表明入学人数并不是按线性方式增长的.

注意看残差图，残差有一个很明显的弯曲模式，这表明博林格林州立大学的入学人数并不是按线性方式增长的. 另一个模型或许可以更好地描述入学人数的增长.

5.5.2　对数变换和拟合直线

假设博林格林州立大学的入学人数是按指数方式增长的. 这意味着存在常数a和b，使得入学人数符合关系

$$入学人数 = a\exp(b年份).$$

如果我们在方程两边同时取自然对数[i]，我们就等价地到了入学人数(Enrollment) 和年份(Year) 的对数之间的线性关系

$$\log 入学人数 = \log a + b年份.$$

---
[i]这里用log来表示自然对数，不过在我国教材中一般用ln来表示，特此说明.——编辑注

我们可以对（年份，log入学人数）数据拟合一条直线，从而得到合适的常数a和b. 在下面的R代码中，我们定义了一个新的变量"log.Enrollment"，它里面是入学人数的对数值.

```
> bgsu$log.Enrollment = log(bgsu$Enrollment)
```

R$_X$ 5.1 赋值语句左边的"bgsu$log.Enrollment"在"bgsu"数据框中生成了一个新的变量"log.Enrollment". 然后入学人数的对数被赋给了这个新的变量.

我们构造重新表达的数据对年份的散点图，使用"lm"函数对这些数据拟合一条直线. 图5.9显示了入学人数对数数据的最小二乘拟合，并画出了对应的残差. 大体上来说，相较于入学人数，线型模式对入学人数的对数数据拟合得更好. 注意看残差图，我们从左往右看的话，残差中有一个"高、低、高、低"的模式，但是我们并没有发现很强烈的弯曲模式，这和我们在入学人数的线性拟合残差中看到的有所不同.

```
> plot(bgsu$Year, bgsu$log.Enrollment)
> fit2 = lm(log.Enrollment ~ Year, data=bgsu)
> fit2$coef
  (Intercept)          Year
-153.25703366    0.08268126
> abline(fit2)
> plot(bgsu$Year, fit2$residuals)
> abline(h=0)
```

从R输出的结果我们看到入学人数对数数据的最小二乘拟合是

$$\log 入学人数 = -153.257 + 0.0827年份.$$

这等价于指数拟合

$$入学人数 = \exp(-153.257 + 0.0827年份) \propto (1.086)^{年份},$$

其中，符号"$\propto$"的意思是"正比于". 我们看到博林格林州立大学的入学人数在1955年到1970年间大约每年增长8.6%.

5.6 探索分数数据

5.6.1 茎叶图

例5.3 (大学排行，续).

高中毕业时达到班级前百分之十的学生占大学新生的百分比是衡量大学质量的标准之一. 现在我们把注意力放在第1级大学的"前十"百分比. 我们首先使用"subset"将第1级大学提取出来，将它们放到一个新的数据框"college1"中：

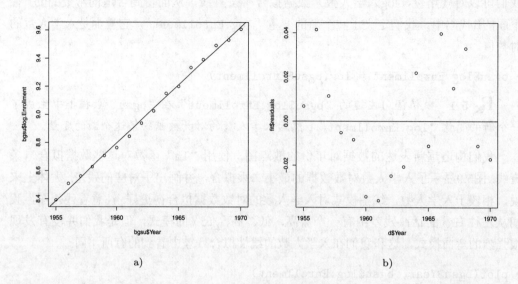

图 5.9　入学人数对数数据的最小二乘拟合（图a）和残差图（图b）. 由于残差中没有很强烈的弯曲模式, 所以相较于入学人数, 线型拟合更适合于入学人数的对数数据.

```
> college1 = subset(college, Tier==1)
```

使用 "stem" 函数可以生成百分比的茎叶图.

```
> stem(college1$Top.10)
   4 | 3
   5 | 589
   6 | 344468
   7 | 355599
   8 | 02445556777888
   9 | 00223334566677777889
  10 | 0
```

5.6.2　变换分数数据

由于百分比是左偏的, 并且有很大一组值都在90多, 因此对其进行概括并通过 "前十" 学生的高百分比去区分这些学校也是不容易的. 这使得我们可能想要通过适当的变换来改进显示. 对于处在0和1之间的百分比数据（或者等价地说分数数据）, Tukey建议采用几种变换来处理. 折叠分数(folded fraction)的定义为

$$ff = f - (1-f).$$

这个表达式将范围从区间$(0, 1)$扩展到区间$(-1, 1)$. 分数$f = 0.5$的折叠分数是$ff = 0$.

折叠根(folded root, froot)的定义为

$$froot = \sqrt{f} - \sqrt{1-f}$$

折叠对数(folded log, flog)的定义为

$$flog = \log(f) - \log(1-f).$$

图5.10显示了分数f的一些特殊值在这些变换下的值. 这个图使用下面的R代码生成:

```
f = c(0.05, 0.1, 0.3, 0.5, 0.7, 0.9, 0.95)
ff = f - (1 - f)
froot = sqrt(2 * f) - sqrt(2 * (1 - f))
flog = 1.15 * log10(f) - 1.15 * log10(1 - f)
D = data.frame(f, ff, froot, flog)
matplot(t(as.matrix(D)), 1:4, type="l", lty=1, lwd=1,
  xlab="FRACTION", ylab="TRANSFORMATION",
  xlim=c(-1.8, 2), ylim=c(0.5, 4.3))
matplot(t(as.matrix(D[c(1, 4, 7), ])),
  1:4, type="l", lwd=3, lty=1, add=TRUE)
lines(D[c(1, 7), 1], c(1, 1), lwd=2)
lines(D[c(1, 7) ,2], 2 * c(1, 1), lwd=2)
lines(D[c(1, 7), 3], 3 * c(1, 1), lwd=2)
lines(D[c(1, 7), 4], 4 * c(1, 1), lwd=2)
text(c(1.8, 1.5, 1.3, 1.3, 0, 0.5 ,1),
  c(4, 3, 2, 1, 0.8, 0.8, 0.8),
  c("flog", "froot", "ff", "f", "f=.05", "f=.5", "f=.95"))
```

图5.10列出了这几个变换的一些比较好的性质. 首先，它们是对称的，即f的折叠分数（或折叠根、折叠对数）是$1-f$的折叠分数（或折叠根、折叠对数）的相反数. 另外，折叠根和折叠对数变换还可以将靠近0或1的分数的对应范围变大.

我们计算"前十"百分比的这些重新表达. 为了避免在百分之0和百分之百处计算对数，在取折叠对数之前要在"前十"和"非前十"百分比上加上0.5.

```
> froot = sqrt(college1$Top.10) - sqrt(100 - college1$Top.10)
> flog = log(college1$Top.10 + 0.5) - log(100 - college1$Top.10 + 0.5)
```

下面给出折叠根和折叠对数"前十"百分比的茎叶图. 这两个变换都使得"前十"百分比更加对称，并使得学校不再过于集中在较高的值上.

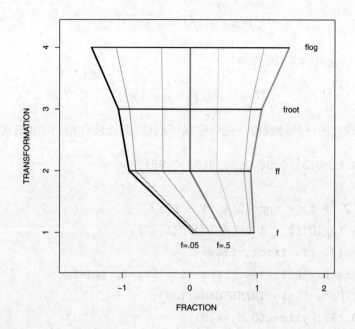

图 5.10　分数数据的三种不同重新表达的显示. 最下面一条线（用"f"标记）从左向右显示了分数0.05、0.10、0.30、0.50、0.70、0.90和0.95. 直线"ff""froot"和"flog"分别显示了折叠分数、折叠根和折叠对数尺度下的分数.

```
> stem(froot)

  The decimal point is at the |

  -0 | 0
   0 | 7139
   2 | 000363777
   4 | 3358223335777999
   6 | 338800025888
   8 | 11111559
  10 | 0

> stem(flog)

  The decimal point is at the |

  -0 | 3
   0 | 234566677
   1 | 01113345667778999
```

```
2 | 000224455579
3 | 1113333377
4 | 2
5 | 3
```

采用这些看上去很奇怪的重新表达有哪些好处呢？在折叠根尺度下（直线"froot"），百分比是近似对称的，并且对称数据有一个很明显的"平均值"．在折叠根尺度下，一个标准的"前十"百分比是5.7．这种变换还可以用来平衡不同组的展布并提供一个简单的比较．我们使用"subset"函数生成一个数据框"college34"来做个说明，这个数据框包含的是第3级和第4级大学的数据（符号"|"是逻辑"或"运算符，这里我们希望包含或者在第3级或者在第4级的大学）．我们计算"前十"百分比的折叠根并使用平行箱线图比较这两个等级．

```
> college34 = subset(college, Tier==3 | Tier==4)
> froot = sqrt(college34$Top.10) - sqrt(100 - college34$Top.10)
> boxplot(froot ~ Tier, data=college34, horizontal=TRUE,
+    xlab="Froot(Top 10 Pct)", ylab="Tier")
```

我们从图5.11中可以看出在折叠根尺度下，用四分展布衡量的话，"前十"百分比有相似的展布．我们可以计算得到"前十"折叠根百分比的中位数分别为-4.3和-5.2．因此，在折叠根尺度下，第3级学校的"前十"百分比比第4级学校倾向于高出$-4.3 - (-5.2) = 0.9$.

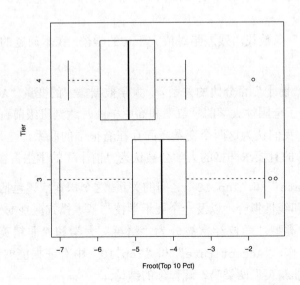

图 5.11 第3级和第4级全国性大学"前十"百分比的折叠根的平行箱线图.

练习

5.1（探索小型班级百分比）. 大学数据集中的变量"Pct.20"包含了全国性大学里小型班级（小于等于20名学生）的百分比.

a. 使用"stripchart"函数构造一个小型班级百分比的点图. 参数"method=stack"或"method=jitter"会有助于看清点的密度. 这个数据的形状是什么样的？

b. 有一个学校有异常大的小型班级百分比. 使用"identify"函数找到这个异常学校的名称.

c. 找出小型班级百分比的中位数，并在点图的中位数位置处画一条竖线（使用"abline"函数）.

5.2（小型班级和大型班级百分比之间的关系）. 大学数据集中的变量"Pct.20"和"Pct.50"分别包含了全国性大学里小型班级（小于等于20名学生）的百分比和大型班级（大于等于50个学生）的百分比.

a. 使用"plot"函数构造"Pct.20"（水平）关于"Pct.50"（竖直）的散点图.

b. 使用"line"函数找到这些数据的耐抗线，并将这条耐抗线添加到(a)中构造的散点图上.

c. 如果某一个学校60%的班级人数小于等于20，那么使用拟合线来预测人数大于等于50的班级的百分比.

d. 构造一个残差（竖直）关于"Pct.20"（水平）的图形并在0处添加一条水平线（使用"abline"函数）.

e. 残差有特殊的模式吗？（将较小的"Pct.20"的残差大小和较大的"Pct.50"的残差大小进行对比.）

f. 使用"identify"函数找出残差绝对值大于10的学校. 在本问题的背景下解读这些较大的残差.

5.3（录取率和"前十"百分比的关系）. 大学数据集中的变量"Accept.rate"和"Top.10"分别包含了全国性大学的录取率和高中毕业时达到班级前百分之十的学生占新生人数的百分比. 我们认为这两个变量之间存在着很强的联系，这是因为，比如说，那些有着较低录取率的且要求严格的大学会被认为"前十"的学生占很大的比例.

a. 探索"Accept.rate"和"Top.10"之间的关系. 这个探索应该包括一个描述关系中基本模式的图形和线性拟合，以及一个展示学校与基本模式区别的残差图.

b. 根据招收学生的类型，学校经常被分为"精英"大学和"非精英"大学. 基于你在(a)中所做的工作，"Accept.rate"和"Top.10"中有证据能够说明学校确实分成"精英"和"非精英"两类吗？解释你的结论.

5.4（探索美国大学入学人数的模式）. 美国国家教育统计中心在其网站http://nces.ed.gov上给出了1900到1985年间高等院校的总入学人数. 定义有序对(x, y)，其中

y是x年的总入学人数，单位为千人. 那么我们观察这些数据(1955, 2653)、(1956, 2918)、(1957, 3324)、(1959, 3640)、(1961, 4145)、(1963, 4780)、(1964, 5280)、(1965, 5921)、(1966, 6390)、(1967, 6912)、(1968, 7513)、(1969, 8005)、(1970, 8581).

a. 将这组数据输入到R中.

b. 使用"lm"函数对1955年到1970年间入学人数增长的模式拟合一条直线. 通过检查残差图判断该直线是否是入学人数变化的合理模型.

c. 对入学人数做对数变换，对（年份，log入学人数）数据拟合一条直线. 检查残差模式并解释为什么该直线是入学人数对数数据的一个较好拟合.

d. 通过解读入学人数对数数据的拟合解释这个时期大学入学人数是如何变化的. 这个增长与第5.5节中博林格林州立大学的入学人数增长比较起来如何呢？

　5.5（探索全职教师百分比）. 大学数据集中的变量"Full.time"（参见例5.3）包含了全国性大学中全职教师的百分比.

a. 使用"hist"函数构造全职教师百分比的直方图并点评分布的形状.

b. 对全职教师百分比进行折叠根和折叠对数重新表达. 构造折叠根集合和折叠对数集合的直方图. 这两个重新表达中哪一个能成功地使得全职教师百分比近似对称？

c. 对近似正态分布的数据，大约68%的数据距离均值在一个标准误差以内. 假设你在(b)中已经找到了一个变换使得全职教师百分比近似正态，找到一个在新的尺度下包含大约68%的数据的区间.

　5.6（探索校友捐赠率）. 变量"Alumni.giving"包含了为学校做出经济贡献的校友的百分比.

a. 使用"stripchart"函数构造一个"堆叠"的校友捐赠百分比的点图.

b. 指出有异常大捐赠百分比的三个学校的名称.

c. 由于分布是右偏的，所以很难概括这些捐赠百分比. 我们可以通过二次方根变换或者对数变换将数据集变得对称一些.

```
roots = sqrt(college$Alumni.giving)
logs = log(college$Alumni.giving)
```

使用二次方根变换和对数变换. 哪一个变换使得校友捐赠率近似对称？

　5.7（探索校友捐赠率，续）. 在这个练习中，我们将注意力集中在四个等级的大学之间校友捐赠百分比的比较上.

a. 使用堆叠选项的"stripchart"函数按等级构造校友捐赠的平行点图.

b. 从等级4到等级1，平均捐赠率是如何变化的？

c. 从等级4到等级1，捐赠率的展布是如何变化的？

d. 从(b)和(c)我们注意到较小的捐赠率倾向于较小的变化，较大的捐赠率倾向于较大的变化. 去除平均值和范围的相依性的一个方法是做幂变换，比如二次方根或对数. 构造捐赠率二次方根的平行带状图和捐赠率对数的平行箱线图.

e. 观察(d)中的两组平行图，是捐赠率的二次方根还是捐赠率的对数成功使得不同组的展布近似相同？

第6章　基本推断方法

6.1　引言

例6.1 (大学生的睡眠模式).

为了介绍一些基本的推断方法, 我们假设一个大学辅导员打算对选择了某一门数学课程的学生研究他们的睡眠模式. 他了解到对十几岁的青少年来说, 最佳的睡眠时间是每晚9个小时. 这样就产生了几个问题:

- 选择了这门课的学生的睡眠时间的中位数是9个小时吗?
- 如果第一个问题的答案是否定的, 那么某个晚上有多少比例的学生至少睡了9个小时?
- 对于上这门数学课的学生, 每晚平均睡眠时间的合理估计是多少?

辅导员决定从一个有代表性的班级收集数据来回答这些问题, 向每个学生询问每天几点睡觉, 第二天早上几点起床. 根据这些问题的答案, 辅导员计算了班级中24个学生每个人的睡眠时间. 睡眠时间储存在向量 "sleep" 中.

```
> sleep = c(7.75, 8.5, 8, 6, 8, 6.33, 8.17, 7.75,
+ 7, 6.5, 8.75, 8, 7.5, 3, 6.25, 8.5, 9, 6.5,
+ 9, 9.5, 9, 8, 8, 9.5)
```

在下一节中我们将会对这些数据进行分析来研究学生的睡眠模式.

6.2　了解比例

6.2.1　检验和估计问题

选择这门数学课的学生的总体睡眠时间的中位数用M表示. 我们想要检验一下$M = 9$小时这样一个假设H. 这个检验问题可以重新表述为一个总体比例的检验. 令p表示某个晚上至少睡了9个小时的学生比例. 如果总体中位数是$M = 9$小时, 那么比例$p = 0.5$. 所以我们打算检验这样一个假设

$$H : p = 0.5.$$

如果H被拒绝，那么我们通常会想要了解一下比例的位置，并且在给定置信水平下构造一个包含p的区间估计.

6.2.2 用"`ifelse`"函数生成组变量

这个假设检验的相关数据是样本容量和样本中至少睡了9个小时的学生人数. 我们使用"`ifelse`"函数生成一个新的变量"`nine.hours`"，用它记录每个观测值，如果学生至少睡了9个小时记为"yes"，否则记为"no". 我们使用"`table`"函数将这些"yes"和"no"列成表格.

```
> nine.hours = ifelse(sleep >= 9, "yes", "no")
> table(nine.hours)
nine.hours
 no yes
 19   5
```

24个学生中只有5个表示他们至少睡了9个小时. 如果H为真，那么"yes"的个数服从二项分布$b(n=24, p=0.5)$，其均值为np，方差为$np(1-p)$. 另外，如果n充分大的话这个变量是近似正态分布的.

6.2.3 大样本检验和估计方法

对比例的传统检验基于这样一个假设，当总体比例为$p = 0.5$时，容量为n的样本中"yes"的个数y是近似正态分布的，均值为$n/2$，方差为$\sqrt{n/4}$. Z统计量

$$Z = \frac{y - np}{\sqrt{np(1-p)}},$$

是近似标准正态的. 我们从样本中计算统计量z_{obs}，并通过计算低尾概率$P(Z \leqslant z_{obs})$决定接受还是拒绝H. 如果备择假设是$p < 0.5$，那么p值等于低尾概率；如果备择假设是双边的，即$p \neq 0.5$，那么p值应该是两倍的低尾概率.

可以使用"`prop.test`"函数来实现这个传统的Z检验. 我们首先定义"y"为"yes"的个数，"n"为样本容量. 在"`prop.test`"函数中，参数"p=0.5"表明我们检验的假设是比例等于0.5，参数"correct=FALSE"表明计算Z统计量时没有使用连续性校正. 打印变量"Test"来显示这个检验的概要.

```
> y = 5; n = 24
> Test = prop.test(y, n, p=0.5, alternative="two.sided",
+   correct=FALSE)
> Test

        1-sample proportions test without continuity correction
```

```
data:  y out of n, null probability 0.5
X-squared = 8.1667, df = 1, p-value = 0.004267
alternative hypothesis: true p is not equal to 0.5
95 percent confidence interval:
 0.09244825 0.40470453
sample estimates:
        p
0.2083333
```

变量"Test"包含了检验的全部计算结果,我们需要通过"Test"的分量来获取我们感兴趣的特定数字. 使用"names"函数可以得到分量名称构成的向量.

```
> names(Test)
[1] "statistic"   "parameter"   "p.value"    "estimate"    "null.value"
[6] "conf.int"    "alternative" "method"     "data.name"
```

比例p的估计是学生的样本比例y/n,它可以通过分量"estimate"得到.

```
> Test$estimate
        p
0.2083333
```

分量"statistic"给出了卡方统计量z_{obs}^2的值(观测Z统计量的平方),"p.value"给出了相关的p值. 由于我们说明了备择假设是双边的,所以它是一个双边p值.

```
> Test$statistic
X-squared
 8.166667
> Test$p.value
[1] 0.004266725
```

由于p值接近于0,我们可以强有力地说明睡眠时间大于等于9小时的学生比例不是0.5.

在假设$p = 0.5$被拒绝的情况下,下一步通过置信区间估计比例. 分量"conf.int"给出了一个95%的置信区间. 这个区间是Wilson得分置信区间,它是通过逆转比例的得分检验得到的.

```
> Test$conf.int
[1] 0.09244825 0.40470453
attr(,"conf.level")
[1] 0.95
```

我们有95%的把握相信区间$(0.092, 0.405)$包含了睡眠时间大于等于9小时的学生比例.

6.2.4　小样本方法

　　传统推断方法的一个问题是假设Z统计量是正态分布的，但对小样本来说这个正态近似的真实性是比较差的. 所以当样本容量n很小时，对比例来说有一些其他的推断方法，它们有比较好的抽样性质.

　　一个"小样本"方法是如果y是离散变量的话对Z做调整. 在我们的例子中，检验假设$H : p = 0.5$的"连续性调整"的Z统计量是以统计量

$$Z_{adj} = \frac{y + 0.5 - np}{\sqrt{np(1-p)}}.$$

为基础的. 这个检验可以在"prop.test"函数中使用参数"correct=TRUE"来实现.

```
> y = 5; n = 24
> Test.adj = prop.test(y, n, p=0.5, alternative="two.sided",
+   correct=TRUE)
> c(Test.adj$stat, p.value=Test.adj$p.value)
 X-squared     p.value
7.04166667 0.00796349
```

注意我们得到的卡方检验统计量Z^2和相关的p值稍有不同. 使用这个检验，24次试验中有5次成功的结果稍微没那么显著.

　　另一个可选择的检验方法基于潜在的精确二项分布. 在假设$H : p = 0.5$下，成功次数y服从参数$n = 24$和$p = 0.5$的二项分布，精确的（双边）p值由

$$2 \times P(y \leqslant 5 | p = 0.5)$$

给出. 这个程序可以通过函数"binom.test"来实现. 输入的内容是成功次数、样本容量和零假设下比例的值.

```
> Test.exact = binom.test(y, n, p=0.5)
> c(Test.exact$stat, p.value=Test.exact$p.value)
number of successes             p.value
       5.000000000         0.006610751
```

我们可以使用二项累积分布函数"pbinom"来检验p值的计算结果. y最多为5的概率由"pbinom(5, size=24, prob=0.5)"给出，所以确切的p值由

```
> 2 * pbinom(5, size=24, prob=0.5)
[1] 0.006610751
```

给出，这和"binom.test"的输出结果是一样的. 我们还可以通过显示分量"conf.int"得到"精确的"95%的Clopper-Pearson置信区间.

```
> Test.exact$conf.int
[1] 0.07131862 0.42151284
attr(,"conf.level")
[1] 0.95
```

这个特定的置信区间保证了95%的覆盖范围,但是它可能比其他方法计算得到的
"95%置信区间"要长一点.

还有一个常用的"小样本"置信区间是由Agresti和Coull[2]提出的. 95%区间是这
样得到的,向数据集中简单地添加两次成功和两次失败,然后使用简单的公式

$$\tilde{p} - 1.96se, \tilde{p} + 1.96se,$$

其中,$\tilde{p} = (y+2)/(n+4)$,se是基于修正数据的标准误差,$se = \sqrt{\tilde{p}(1-\tilde{p})/(n+4)}$.
基础包中没有R函数可以计算Agresti-Coull区间,但是直接写一个函数来计算这个区间
也是很简单的. 在下面的自定义函数"agresti.interval"中,输入的内容是成功次
数"y"、样本容量"n"和置信水平.

```
agresti.interval = function(y, n, conf=0.95){
  n1 = n + 4
  y1 = y + 2
  phat = y1 / n1
  me = qnorm(1 - (1 - conf) / 2) * sqrt(phat * (1 - phat) / n1)
  c(phat - me, phat + me)
}
```

将这个函数读入R后,我们可以输入

```
> agresti.interval(y, n)
[1] 0.0896128 0.4103872
```

来对我们的数据计算置信区间.("PropCIs"包中的"add4ci"函数也可以用来计算
Agresti-Coull区间.)

我们已经列举了三种方法来构造比例的95%区间估计. 在下面的代码中,我们将
在R中生成一个数据框,它会给出方法的名称、实现方法的函数,以及区间的下界和上界.

```
> cnames = c("Wilson Score Interval", "Clopper-Pearson",
+ "Agresti-Coull")
> cfunctions = c("prop.test", "binom.test", "agresti.interval")
> intervals = rbind(Test$conf.int, Test.exact$conf.int,
+   agresti.interval(y, n))
> data.frame(Name=cnames, Function=cfunctions,
```

```
+      LO=intervals[ , 1], HI=intervals[ , 2])
                    Name         Function       LO         HI
1 Wilson Score Interval       prop.test 0.09244825 0.4047045
2       Clopper-Pearson      binom.test 0.07131862 0.4215128
3         Agresti-Coull agresti.interval 0.08961280 0.4103872
```

按区间长度来说，最短的是Wilson得分区间，接下来是Agresti-Coull区间，最后是Clopper-Pearson区间. 尽管非常想找到最短的区间，但我们还是希望区间能达到宣称的95%的覆盖概率. 在第13章中，我们会探索这三种程序的覆盖概率.

6.3 了解均值

6.3.1 引言

在之前的一节中，我们把注意力放在了最少睡了9个小时的学生所占的比例上，并且知道这个比例是非常小的. 接下来一个很自然的想法是回到原来观测到的睡眠时间了解一下所有学生睡眠时间的总体均值μ.

6.3.2 单样本t统计量方法

R中的"t.test"函数可以对样本均值的传统推断程序进行计算. 如果观测值是一个正态总体的随机样本，并且有未知均值μ，那么统计量

$$T = \frac{\sqrt{n}(\bar{y} - \mu)}{s}$$

服从自由度为$n-1$的t分布，其中$\bar{y}$、s和n分别是样本均值、样本标准差和样本容量.

为了说明这个函数，假定我们希望检验睡眠时间均值是8小时这样一个假设，并对总体均值构造一个90%的区间估计. 在使用"t.test"之前我们应该先确认一下假设睡眠时间服从正态分布是否合理. 使用"hist"函数构造睡眠时间的直方图. "qqnorm"函数生成了睡眠时间的正态概率图，"qqline"函数在这个图形上叠加了一条通过第一四分位数和第三四分位数的直线. 结果显示在图6.1中.

```
> hist(sleep)
> qqnorm(sleep)
> qqline(sleep)
```

注意观察图6.1，很明显有一个异常小的睡眠时间（大约3小时），这和正态分布的假设并不一致. 我们有几种方法来处理这个问题. 如果在记录这个时间的时候出现了错误，那么可以移除这个极端值并对修正过的数据使用t方法. 或者我们可以使用另一种推断程序，这个程序依赖于一个更一般的总体分布假设. 这里我们对两种方法都予以介绍.

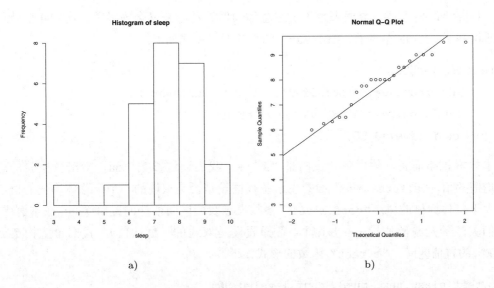

图 6.1 大学生睡眠时间的直方图（图a）和正态概率图（图b）.

我们使用"plot"函数构造睡眠时间的索引图，这样可以指出极端值的位置. 从图6.2中可以很明显地看出第14个观测值是极端值，在进一步的检查中我们发现这个观测值输入有误. 从原数据集中删掉第14个观测值就得到了新的数据向量"sleep.new".

```
> plot(sleep)
> sleep.new = sleep[-14]
```

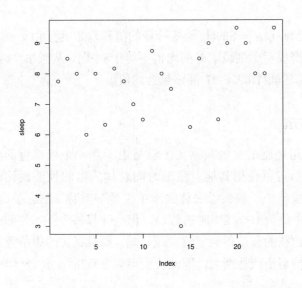

图 6.2 睡眠时间的索引图. 它帮助我们将第14个观测值识别为极端值.

移除极端值之后, 数据来源于正态总体的假设看起来就合理多了, 这样我们就可以应用基于t分布的程序了. "t.test" 函数的一般形式如下:

```
t.test(x, y=NULL,
       alternative=c("two.sided", "less", "greater"),
       mu=0, paired=FALSE, var.equal=FALSE,
       conf.level=0.95, ...)
```

对单样本推断而言, 数据包含在向量 "x" 中. 我们通过参数 "mu" 指出待检验的总体均值的值, "alternative" 参数表示备择假设是否是双边的、小于总体均值的值还是大于总体均值的值. "conf.level" 参数表示我们区间估计的置信区间. 在本例中, 我们关注的是检验假设$\mu = 8$小时, 备择假设是双边的 (默认值), 我们希望构造一个90%的置信区间. "t.test" 函数的形式如下.

```
> t.test(sleep.new, mu=8, conf.level=0.90)
        One Sample t-test


data:  sleep.new
t = -0.4986, df = 22, p-value = 0.623
alternative hypothesis: true mean is not equal to 8
90 percent confidence interval:
 7.516975 8.265633
sample estimates:
mean of x
 7.891304
```

输出结果给出了检验假设$\mu = 8$的t检验统计量的值和双边p值. 由于p值很大, 所以数据中并没有充分的证据说明学生睡眠时间均值不等于8小时. 从频率学派的观点来看, 我们有90%的把握相信区间$(7.52, 8.27)$能够包含均值μ.

6.3.3　非参数方法

我们原本想使用完整的睡眠数据集, 但是由于那一个极端值的缘故, 使用t程序就不再合适了. 我们可以使用其他对睡眠时间总体的限制性假设比较少的推断程序. 在Wilcoxon符号秩检验中一般假设总体关于中位数M对称. 在这个设定下, 如果我们希望检验睡眠时间中位数$M = 8$小时的假设, 那么计算每个样本值和8的差, 并按绝对值排序, 计算正差的秩的和就得到了检验统计量. 如果真实的中位数不是8, 那么正差对应的秩的和将会特别小或特别大, 因此我们可以在Wilcoxon 统计量零分布的尾部区域拒绝假设.

Wilcoxon符号秩方法由wilcox.test实现, 其一般语句如下.

```
wilcox.test(x, y=NULL,
            alternative=c("two.sided", "less", "greater"),
            mu=0, paired=FALSE, exact=NULL, correct=TRUE,
            conf.int=FALSE, conf.level=0.95, ...)
```

这些参数和"t.test"中的参数类似. 向量"x"是观测值样本, 常数"mu"是待检验的值, "alternative"参数表明备择假设的方向. 我们可以使用"conf.int = TRUE"对中位数计算Wilcoxon符号秩区间估计, "conf.level"表示想要的覆盖概率.

我们可以使用下面的命令对睡眠时间（原数据集）的中位数检验假设$M = 8$, 备择假设是双边的, 得到置信水平为90%的区间估计.

```
> W = wilcox.test(sleep, mu=8, conf.int=TRUE, conf.level=0.90)
Warning messages:
1: In wilcox.test.default(sleep, mu = 8, conf.int = TRUE,
  conf.level = 0.9) : cannot compute exact $p$-value with ties

> W

        Wilcoxon signed rank test with continuity correction

data: sleep
V = 73.5, p-value = 0.3969
alternative hypothesis: true location is not equal to 8
90 percent confidence interval:
 7.124979 8.374997
sample estimates:
(pseudo)median
      7.749961
```

我们看到在运行这个函数时会出现一条警告信息. 对于小样本（比如说本例）, "wilcox.test"会计算出精确的p值和区间估计, 但是当数据集中有相同值时就不能再使用这些精确的方法了. 有相同值时, 就像这个睡眠时间的例子一样, 函数会基于符号秩统计量的正态近似给出p值和区间估计.

我们使用"names"函数可以看到"wilcox.test"函数生成对象的各个分量的名称.

```
> names(W)
[1] "statistic"   "parameter"   "p.value"   "null.value"   "alternative"
[6] "method"      "data.name"   "conf.int"   "estimate"
```

"statistic"分量给出了Wilcoxon检验统计量的值, "p.value"分量给出了（这里是双边的）p值, "conf.int"分量中包含了区间估计.

```
> W$statistic
    V
73.5
> W$p.value
[1] 0.3968656
> W$conf.int
[1] 7.124979 8.374997
attr(,"conf.level")
[1] 0.9
```

将这一结果和"t.test"的结果进行比较，t方法和Wilcoxon方法都指出总体"平均"睡眠时间不是8小时的证据不充分. 总体中位数的置信水平为90%的Wilcoxon区间估计比总体均值的t估计要宽一些.

6.4 双样本推断

6.4.1 引言

例6.2 (双胞胎数据集，续).

一个基本的推断问题是比较两个连续值总体的位置. 为了说明不同的"双样本"方法，我们考虑Ashenfelter和Krueger的数据[3]，他们两人想把人们的收入和受教育程度联系起来. 想要了解受教育程度对收入的影响是很困难的，这是因为有许多变量和收入有关，比如一个人天生的能力、他的家庭背景和他天生的智力. 为了对这些可能的混杂变量加以控制，他们搜集了一组双胞胎的受教育程度、收入和背景信息. 由于双胞胎有相同的家庭背景，这就对问题中的混杂变量有了很好的控制（我们之前在第3章中使用过这个特殊的数据集来说明分类数据的统计学方法）.

数据文件"twins.txt"中包含了183对双胞胎的16个变量的信息. 我们使用函数"read.table"将数据读入到R中，并将数据框储存在变量"twins"中.

```
> twins = read.table("twins.txt", header=TRUE)
```

每一对双胞胎都被随机给予标签"twin 1"（1号双胞胎）和"twin 2"（2号双胞胎）. 变量"HRWAGEH"给出了2号双胞胎的工资（时薪）. 如果用图形表示工资，那么我们可以发现它们是强右偏的，并且可以通过对数变换去掉偏态；变量"log.wages"包含了工资的对数.

```
> log.wages = log(twins$HRWAGEH)
```

6.4.2 双样本 t 检验

变量"EDUCH"包含了2号双胞胎自我描述的受教育程度,单位是年. 假定我们打算比较"高中生"(受教育年数小于等于12)双胞胎的工资对数和"大学生"(受教育年数大于12)双胞胎的工资对数. 我们使用"ifelse"函数定义一个新的分类变量"college",它的值为"yes"或"no"取决于受教育年数.

```
> college = ifelse(twins$EDUCH > 12, "yes", "no")
```

比较两组工资对数的第一步是构造一个适当的图形,图6.3中使用"boxplot"函数显示了工资对数的平行箱线图. 两组工资对数看起来都是近似对称的,有相似的展布,大学生双胞胎的工资对数中位数比高中生双胞胎的工资对数中位数大致大了0.5.

```
> boxplot(log.wages ~ college, horizontal=TRUE,
+   names=c("High School", "Some College"), xlab="log Wage")
```

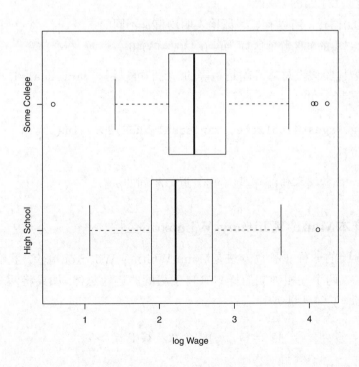

图 6.3 高中生双胞胎和大学生双胞胎工资对数的平行箱线图.

用 μ_H 和 μ_C 分别表示高中生双胞胎总体和大学生双胞胎总体工资对数的均值. 假设 $H : \mu_H = \mu_C$ 的标准 t 检验可以由函数"t.test"实现. 参数的形式为"log.wages ~ college",其中,"log.wages"是连续反应变量,"college"将反应变量分成两组.

```
> t.test(log.wages ~ college)
        Welch Two Sample t-test

data:  hs.log.wages and college.log.wages
t = -2.4545, df = 131.24, p-value = 0.01542
alternative hypothesis: true difference in means is not equal to 0
95 percent confidence interval:
 -0.42999633 -0.04620214
sample estimates:
 mean in group no mean in group yes
        2.282119           2.520218
```

从输出结果我们可以看出:

- t检验统计量的值是-2.4545.
- 对不相等的总体方差使用Welch检验程序,在总体均值相等的假设下,t统计量近似服从自由度为131.24的t分布.
- 双边p值为0.01542,所以有显著证据表明均值是不同的.
- 均值差$\mu_H - \mu_C$的95%置信区间为$(-0.430, -0.046)$.

均值差的传统t检验假设总体方差是相等的. 我们可以用"var.equal=TRUE"参数来实现这个传统检验.

```
> t.test(log.wages ~ college, var.equal=TRUE)$p.value
[1] 0.01907047
```

在本例中,Welch检验和传统t检验给出了近似相同的p值.

6.4.3 双样本Mann-Whitney-Wilcoxon检验

双样本检验的一种非参数方法是Mann-Whitney-Wilcoxon检验. 我们来检验一个一般的假设——两个互相独立的样本来自于相同的连续总体. 如果将两个样本分别记为x和y,那么检验统计量等于

$$W = (x_i, y_j)\text{的个数, 其中 } x_i > y_j.$$

这种方法可以使用"wilcox.test"函数来实现,它的参数形式(通过分组变量反映)和"t.test"函数是一样的.

```
> wilcox.test(log.wages ~ college, conf.int=TRUE)
        Wilcoxon rank sum test with continuity correction
```

```
data:  hs.log.wages and college.log.wages
W = 2264, p-value = 0.01093
alternative hypothesis: true location shift is not equal to 0
95 percent confidence interval:
 -0.44266384 -0.06455011
sample estimates:
difference in location
          -0.2575775
```

对于我们的数据集, W统计量的值是2264. 如果两个样本来自于相同的连续总体, 那么取得和2264一样的极端值的双边概率是0.01093. 这个p值非常接近使用双样本t检验得到的值.

通过指定参数选项"conf.int = TRUE", "wilcox.test"函数将会对两个总体位置参数的差给出95%置信区间. 比较"wilcox.test"函数和"t.test"函数的输出结果, 我们发现这个区间和总体均值差的区间是相似的.

6.4.4 置换检验

另外一种比较两个独立样本的检验程序是置换检验. 和前面一样, 我们定义一个变量"log.wages", 它包含了2号双胞胎的工资对数, 还定义了一个向量"college", 它用来表示2号双胞胎是否接受过大学教育.

```
> log.wages = log(twins$HRWAGEH)
> college = ifelse(twins$EDUCH > 12, "yes", "no")
```

通过"table"函数我们可以看到样本中有112个受过大学教育的2号双胞胎和71个未受过大学教育的2号双胞胎.

```
> table(college)
college
 no yes
 71 112
```

考虑大学教育对双胞胎工资没有影响这样一个假设. 在这个假设下, 将双胞胎分为受过大学教育和未受过大学教育两类的做法对于理解工资对数的变化并没有帮助. 这种情况下, 如果我们在受过大学教育和未受过大学教育两类中任意改变双胞胎的标签, 那么任何检验统计量 (比如t检验) 的分布都是不变的. 在零假设下, 我们可以通过下面的步骤得到检验统计量的经验分布.

- 在183个2号双胞胎中随意分配71个未受过大学教育和112个受过大学教育的标签.
- 对随机置换的数据计算检验统计量的值.

● 对这个过程进行多次重复.

当零假设为真时, 检验统计量的集合提供了统计量抽样分布的一个估计. (图6.4 是这个抽样分布的一个图形.) 然后比较检验统计量的观测值 (对我们的原始样本) 和置换重复试验的分布. 为了进行比较, 我们计算在随机化分布下检验统计量至少是观测统计量的概率. 如果这个p值充分小的话, 就可以说明"将双胞胎分为两组没有意义"的假设是不成立的.

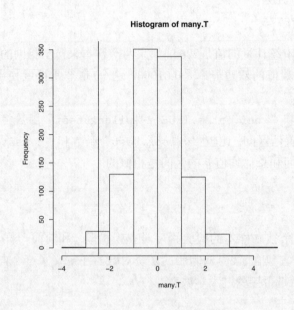

图 6.4　置换检验中在零假设下双样本t统计量的模拟随机分布. 竖线给出了观测t统计量的位置.

这个检验程序可以通过编写一个函数来直接编程. 函数"resample"可以随机置换大学教育标签 (使用"sample"函数) 并从"t.test"函数中返回t检验统计量的值.

```
> resample = function()
+   t.test(log.wages ~ sample(college))$statistic
```

我们可以使用"replicate"函数来重复"resample"操作. "replicate"函数有两个参数, 重复次数和要重复的函数名称. 将1000次重复试验得到的t统计量的值储存在向量"many.T"中.

```
> many.T = replicate(1000, resample())
```

在"t.test"函数中使用向量"college"中的标签可以得到观测数据t统计量的值.

```
> T.obs = t.test(log.wages ~ college)$statistic
> T.obs
```

```
          t
-2.454488
```

为了检查观测检验统计量的值−2.45是否是极端的，我们在图6.4中使用"hist"函数构造服从随机分布的t统计量的直方图. 我们使用"abline"函数在观测t统计量处添加一条竖线.

```
> hist(many.T)
> abline(v=T.obs)
```

（双边）p值是由一个小于T.obs的t统计量的概率的两倍得到.

```
> 2 * mean(many.T < T.obs)
[1] 0.024
```

这个通过置换检验计算得到的p值和使用t检验以及Wilcoxon检验程序计算得到的值是相近的.

6.5 使用t统计量的配对样本推断

在上面的分析中，我们比较了两组不同受教育水平的人的收入. 想要得到教育水平对收入影响的精确估计是很困难的，这是因为有许多其他的混杂变量，比如家庭背景、天生的能力、天生的智力，等等，这或许可以解释两组之间的差异. 这个研究选取双胞胎作为样本. 通过考虑那些在受教育水平上有差异但在其他重要变量（例如智商和家庭背景）上相似的双胞胎的收入，我们或许可以更精确地估计受教育程度对收入的影响. 下面我们介绍几种比较配对数据均值的方法.

在数据框"twins"中，变量"EDUCL"和"EDUCH"分别给出了1号双胞胎和2号双胞胎的受教育水平. 我们生成一个新的数据框，使得其中只包含那些受教育水平不同的双胞胎. 这个新的数据框"twins.diff"是用"subset"函数生成的.

```
> twins.diff = subset(twins, EDUCL != EDUCH)
```

（符号"!="表示"不相等".）由于有的双胞胎在受教育水平这一项上有缺失值（"NA"行），所以我们用"complete.cases"函数将那些包含"NA"的行从数据框中移除.

```
> twins.diff = twins.diff[complete.cases(twins.diff), ]
```

对这些有着不同受教育水平的双胞胎，我们用"log.wages.low"记录有着较低教育水平的双胞胎的对数工资，用"log.wages.high"记录有着较高受教育水平的双胞胎的对数工资. 我们使用"ifelse"函数计算这两个新的变量. 比如，如果条件"EDUCL < EDUCH"为真，那么"log.wages.low"等于"log(HRWAGEL)"；否则，"log.wages.low"等于"log(HRWAGEH)". 变量"log.wages.high"也使用类似的条件表达式计算.

```
> log.wages.low = with(twins.diff,
+   ifelse(EDUCL < EDUCH, log(HRWAGEL), log(HRWAGEH)))
> log.wages.high = with(twins.diff,
 +  ifelse(EDUCL < EDUCH, log(HRWAGEH), log(HRWAGEL)))
```

当我们处理完数据时，我们得到了75对双胞胎的对数工资数据. 我们使用"cbind"函数将双胞胎数据组合到一起，使用"head"函数显示前6对双胞胎的对数工资.

```
> head(cbind(log.wages.low, log.wages.high))
  log.wages.low log.wages.high
1     2.169054       2.890372
2     3.555348       2.032088
3     2.484907       2.708050
4     2.847812       2.796061
5     2.748872       3.218876
6     2.079442       2.708050
```

用μ_L和μ_H分别表示较低和较高受教育水平双胞胎的对数工资的均值. 由于配对设计，我们可以对配对差"log.wages.low - log.wages.high"组成的单一样本进行处理，从而对均值差$d = \mu_L - \mu_H$进行检验. 我们在图6.5中使用"hist"函数构造配对差的直方图. 由于对数工资的配对差看起来是近似正态的，所以可以用"t.test"函数对差进行t检验. 要想构造一个基于配对差的检验需要使用参数选项"paired = TRUE".

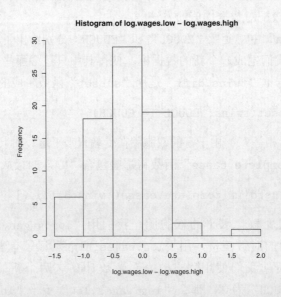

图 6.5 用来查看受教育水平对对数工资影响的配对差的直方图.

```
> t.test(log.wages.low, log.wages.high, paired=TRUE)
        Paired t-test

data:  log.wages.low and log.wages.high
t = -4.5516, df = 74, p-value = 2.047e-05
alternative hypothesis: true difference in means is not equal to 0
95 percent confidence interval:
 -0.3930587 -0.1537032
sample estimates:
mean of the differences
          -0.2733810
```

很明显，这里观测差值的均值是统计上显著的，差值的置信水平为95%的置信区间为 $(-0.393, -0.154)$. 在练习中我们会要求对这个数据集重新运行"t.test"函数，但不使用"paired = TRUE"选项，并对这个选项使用与否所导致的差值置信区间的区别进行讨论.

练习

6.1（马拉松运动员的性别）. 2000年，美国参加马拉松比赛的女运动员的比例是0.375. 我们想知道女性马拉松运动员的比例在2000年到2010年这10年间是否发生了变化. 我们搜集了2010年纽约马拉松赛中276名运动员的性别——在这个样本中有120名女性.

a. 如果用 p 表示2010年女性马拉松运动员的比例，使用"prop.test"函数检验 $p = 0.375$ 的假设. 将检验的计算结果储存在变量"Test"中.

b. 通过"Test"的分量构造 p 的置信水平为95%的区间估计.

c. 使用函数"binom.test"构造假设的精确检验. 将这个检验与(a)中使用的大样本检验进行比较.

6.2（马拉松运动员的年龄）. 数据文件"nyc.marathon.txt"中包含了2010年纽约马拉松赛中276名完赛运动员的性别、年龄和完赛时间（单位为分钟）. 据报道，2005年男性和女性马拉松运动员的平均年龄分别是40.5和36.1.

a. 生成一个新的数据框"women.marathon"，其中包含女性马拉松运动员的年龄和完赛时间.

b. 使用"t.test"函数构造一个检验，假设是"女性马拉松运动员的平均年龄等于36.1".

c. 作为另一种方法，使用"wilcox.test"函数检验假设"女性马拉松运动员的年龄中位数等于36.1". 将这个检验与(b)中使用的t检验进行比较.

d. 对女性马拉松运动员的平均年龄构造置信水平为90%的区间估计.

6.3（马拉松运动员的年龄，续）. 通过2005年的报告，我们相信男性马拉松运动员倾向于比女性马拉松运动员年长.

a. 使用"t.test"函数构造一个检验，假设是"男性马拉松运动员和女性马拉松运动员的平均年龄相等"，备择假设是"男性的平均年龄大".

b. 对男性和女性马拉松运动员平均年龄的差构造置信水平为90%的区间估计.

c. 使用Mann-Whitney-Wilcoxon检验（"wilcox.test"函数）来检验假设"男性马拉松运动员的年龄和女性马拉松运动员的年龄来自于有相同位置参数的总体"，备择假设是"男性马拉松运动员年龄总体的位置参数大". 将这个检验的结果和(a)中t检验给出的结果进行比较.

6.4（测量绳子长度）. 一个初等统计学班级中进行了一个试验来说明测量偏差的概念. 老师在教室前面拿着一条绳子，学生们猜测绳子的长度. 下面是24个学生的测量结果（单位为英寸）

```
22 18 27 23 24 15 26 22 24 25 24 18
18 26 20 24 27 16 30 22 17 18 22 26
```

a. 使用"scan"函数将这些结果输入到R中.

b. 绳子的真实长度是26英寸. 假设这个测量样本代表了学生测量总体的一个随机样本，使用"t.test"函数检验假设"测量均值μ不是26英寸".

c. 使用"t.test"函数找到总体均值μ的90%置信区间.

d. t检验程序假设样本来自于服从正态分布的总体. 构造测量结果的正态概率图并判断正态性假设是否合理.

6.5（比较布法罗和克利夫兰的降雪量）. "buffalo.cleveland.snowfall.txt"这个数据文件中包含了布法罗和克利夫兰从1968—1969年雪季到2008—2009年雪季间的降雪量（单位为英寸）.

a. 计算每个雪季布法罗的降雪量和克利夫兰的降雪量的差值.

b. 对差值数据使用"t.test"函数进行检验，假设是"布法罗和克利夫兰每个雪季平均来说有相同的降雪量".

c. 使用"t.test"函数构造每个雪季降雪量平均差值的95%置信区间.

6.6（比较伊特鲁里亚人和现代意大利人的头盖骨）. 研究人员对古老的伊特鲁里亚人是否起源于意大利很感兴趣. 数据集"Etruscan-Italian.txt"中包含了一组伊特鲁里亚人和现代意大利人的头盖骨测量结果. 数据集中有两个相关的变量："x"是头盖骨测量结果，"group"是头盖骨类型.

a. 假设数据代表了服从正态分布的互相独立的样本，使用"t.test"函数检验假设"伊特鲁里亚人头盖骨测量结果均值μ_E等于意大利人头盖骨测量结果均值μ_I"。

b. 使用"t.test"函数对均值差$\mu_E - \mu_I$构造置信水平为95%的区间估计.

c. 使用"wilcox.test"函数实现的双样本Wilcoxon检验程序对均值差$\mu_E - \mu_I$找到另一个置信水平为95%的区间估计.

6.7（总统的身高）. 例1.2中搜集了1948年到2008年美国总统大选中胜选者和败选者的身高. 假定你想检验假设"胜选者身高均值等于败选者身高均值". 假设这个数据代表了假想选举总体的配对样本，使用"t.test"函数检验这个假设. 对检验结果进行解读.

第7章 回 归

7.1 引言

回归是一种由数据拟合一条直线或其他模型的通用统计方法. 目的是找到一个模型, 在给出一个或多个自 (预测) 变量时预测因 (反应) 变量.

最简单的例子是 Y 关于 X 的简单线性回归模型, 定义为

$$Y = \beta_0 + \beta_1 X + \varepsilon, \tag{7.1}$$

其中, ε 是随机误差项. "简单" 一词的意思是模型中只有一个预测变量. 线性模型(7.1)描述了反应变量 Y 和预测变量 X 之间的直线关系.

在最小二乘回归中, 通过最小化反应变量观测值 Y 和模型预测值 $\hat{Y}$ 的离差的平方和来估计未知参数 β_0 和 β_1. 如果估计值是 b_0 (截距) 和 b_1 (斜率), 那么估计的回归线是

$$\hat{Y} = b_0 + b_1 X.$$

对一组数据 (x_i, y_i), $i = 1, \cdots, n$, 这个估计的误差是 $y_i - \hat{y}_i$, $i = 1, \cdots, n$. 最小二乘回归得到的估计截距 b_0 和斜率 b_1 使得误差的平方和 $\sum\limits_{i=1}^{n}(y_i - \hat{y}_i)^2$ 最小.

多元线性回归模型有着多个预测变量. 除了直线和平面外, 线性模型还可以描述多种关系. 参数之间满足线性关系的模型都被认为是线性模型. 因此, 一个二次关系 $y = \beta_0 + \beta_1 x + \beta_2 x^2$ 是包含两个预测变量 $X_1 = X$ 和 $X_2 = X^2$ 的线性模型. 指数关系 $y = \beta_0 e^{\beta_1 x}$ 不是线性的, 但是这个关系可以通过两边取自然对数来表示. 对应的线性方程是 $\ln y = \ln \beta_0 + \beta_1 x$.

7.2 简单线性回归

7.2.1 拟合模型

例7.1 (汽车).

考察一组汽车速度和制动距离构成的配对观测值. 汽车的制动距离和速度之间存在着线性关系吗?

数据集"cars"是安装R时自带的. 我们连接到("attach")数据集"cars",通过"cars"的帮助页面(使用"?cars"显示),我们得知有50组速度("speed",单位是英里每小时)和制动距离("dist",单位是英尺)的观测值,这组数据是1920年记录的. 分析的第一步是使用"plot"函数构造"dist"关于"speed"的散点图.

```
> attach(cars)      #attach the data
> ?cars             #display the help page for cars data
> plot(cars)        #construct scatterplot
```

从图7.1中显示的散点图可以看出,汽车的制动距离("dist")和速度("speed")之间是正相关的. 制动距离和速度之间的关系可以用一条直线或者一条抛物线来近似. 在这里我们从最简单的模型——直线模型开始. 本实例中的反应变量是制动距离"dist",预测变量是速度"speed". 为了拟合一个直线模型:

$$制动距离 = \beta_0 + \beta_1\,速度 + \varepsilon,$$

我们需要估计直线的截距β_0和斜率β_1.

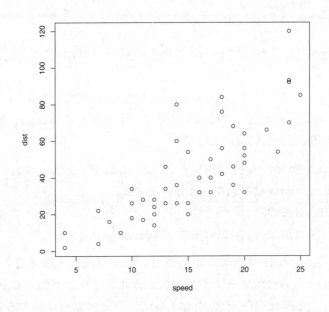

图 7.1　例7.1中制动距离关于速度的散点图.

"lm"函数和模型公式

线性模型函数是"lm"(linear model). 这个函数用最小二乘法估计线性模型的参数. R中通过模型公式("formula")来指定线性模型.

指定简单线性回归模型：制动距离 $= \beta_0 + \beta_1$速度 $+ \varepsilon$的R公式（"formula"）为

$$\text{dist} \sim \text{speed}$$

这个模型公式是"lm"函数的第一个参数. 在本实例中可以用

```
> lm(dist ~ speed)
```

得到估计的回归模型. 上面的"lm"函数还给出了下面的输出结果：

```
Call:
lm(formula = dist ~ speed)


Coefficients:
(Intercept)        speed
   -17.579        3.932
```

函数"lm"只显示了估计的系数，但是"lm"返回的对象中却包含了更多的信息，我们将在后面进行研究. 由于我们希望对这个模型的拟合情况进行分析，所以将结果储存起来是很有用的：

```
> L1 = lm(dist ~ speed)
> print(L1)
```

这样当我们输入符号"L1"或者"print(L1)"时就可以显示"L1"的值. 结果和上面给出的是一样的.

拟合回归线是：制动距离 $= -17.579 + 3.932$速度. 根据这个模型，速度每小时加快1英里，平均制动距离就会相应增加3.932英尺. 可以使用"abline"或"curve"函数在散点图上添加拟合直线（见图7.2a）.

```
> plot(cars, main="dist = -17.579 + 3.932 speed", xlim=c(0, 25))
> #line with intercept=-17.579, slope=3.932
> abline(-17.579, 3.932)
> curve(-17.579 + 3.932*x, add=TRUE)   #same thing
```

R$_\mathbf{x}$ 7.1 将简单的线性回归线添加到图形上的一种简便方法是将"lm"函数返回的结果作为"abline"函数的第一个参数. 在上面的例子中，我们可以在图7.2a中使用"abline(lm(dist ~ speed))"或者"abline(L1)"来对图形添加拟合线.

7.2.2 残差

残差是制动距离观测值"dist"与直线之间的纵向距离. 配对观测值为$(x_i, y_i) = (\text{speed}_i, \text{dist}_i)$, $i = 1, \cdots, 50$. 残差为

$$e_i = y_i - \hat{y}_i,$$

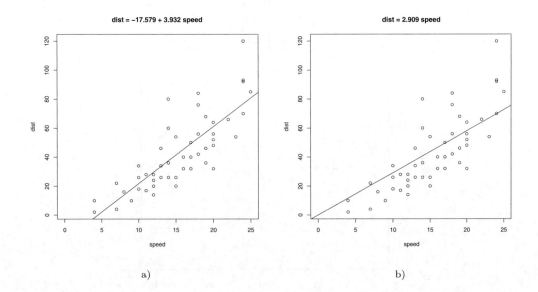

图 7.2 例7.1~例7.2中速度"speed"关于制动距离"dist"的回归线. 图a显示了例7.1中的数据和拟合线$\hat{y} = -17.579 + 3.932x$. 图b显示了例7.2中相同的数据和过原点的拟合线$\hat{y} = 2.909x$.

其中，$\hat{y}_i$表示速度x_i处模型所预测的制动距离的值. 在这个问题中，$\hat{y}_i = -17.579 + 3.932x_i$. 从图7.2a中可以看到模型在低速度处拟合的比高速度处要好. 使用残差图可以比较简单地分析误差的分布. 图7.3是残差关于拟合值的散点图. 一种生成残差图的办法是对"lm"函数的结果使用图形方法. "which=1"参数指定了图形的类型（残差-拟合值）. "add.smooth"参数控制是否对残差拟合某种类型的曲线.

```
> plot(L1, which=1, add.smooth=FALSE)
```

残差图（见图7.3）标记了三个异常大的残差，分别是观测值23、35和49. 我们还可以看到残差在低速度处接近于0；对所有速度来说残差的方差并不是一个常数，而是随速度增加的. 关于模型的推断（检验或置信区间）通常是基于"误差服从均值为零、方差为常数的正态分布"的假设.

7.2.3 过原点的回归

例7.2 (汽车，续).

"cars"数据中包含了像4英里每小时这样慢的速度，估计的截距应该对应着停下一辆不动的汽车所需要的期望距离；但是我们估计的截距是-17.579英尺. 0截距的模型

$$Y = \beta_1 X + \varepsilon$$

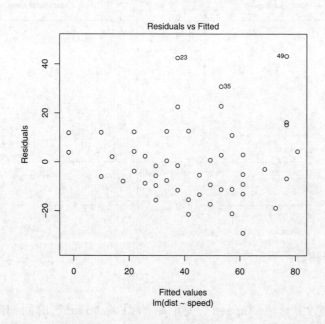

图 7.3　例7.1中"cars"数据残差关于拟合值的散点图.

可以通过在模型公式中明确包含0截距来估计. 那么由"lm(dist ~ 0 + speed)"令截距等于0, 并用最小二乘法来估计斜率.

```
> L2 = lm(dist ~ 0 + speed)
> L2
Call:
lm(formula = dist ~ 0 + speed)

Coefficients:
speed
2.909
```

这个模型估计的斜率是2.909. 速度每小时加快1英里, 估计的平均制动距离就会相应增加2.909英尺. 这个模型的拟合线图形展示在图7.2b中. 它是由下面代码生成的.

```
> plot(cars, main="dist = 2.909 speed", xlim=c(0,25))
> #line with intercept=0, slope=2.909
> abline(0, 2.909)
```

　　我们再次发现在低速度处拟合得比高速度处要好. 这个模型残差关于拟合值的图形可以用

```
> plot(L2, which=1, add.smooth=FALSE)
```

生成. 这个图形（未给出）和图7.3非常类似.

对这个数据可以考虑二次模型，见练习7.8.

不再需要使用"cars"数据时可以使用下面的代码来移除它.

```
> detach(cars)
```

7.3 两个预测变量数据的回归分析

下一个实例中有两个预测变量. 我们可以对每一个变量拟合一个简单线性回归模型，或者使用两个预测变量来拟合一个多元线性回归模型.

7.3.1 初步分析

例7.3 (黑樱桃树的体积).

数据文件"cherry.txt"可以从StatSci的网页(http://www.statsci.org/data/general/cherry.html)中找到，也可以在Hand等人的书[21]中找到. 该数据是从宾夕法尼亚州阿勒格尼国家森林中的31棵黑樱桃树上搜集的，为了估计树的体积（由此估计木材产量）而给出了树的高度和直径. 数据集中包含了31个观测值组成的样本.

变量　　描述
Diam　　直径，单位为英寸
Height　高度，单位为英尺
Volume　体积，单位为立方英尺

这个数据集在R中是"trees". 除了其中的直径变量被命名为"Girth"之外，它和"cherry.txt"是完全一样的. 我们使用R中的数据，并将直径重新命名为"Diam"，生成一个新的数据框"Trees"，然后连接（"attach"）这个数据框.

```
> Trees = trees
> names(Trees)[1] = "Diam"
> attach(Trees)
```

"pairs"函数对每一对变量生成了散点图. 这种类型的图（见图7.4）可以将变量之间的关系形象化.

对比图7.4中的变量"Diam"和"Volume"可知，它们看起来有着很强的线性关系，另外"Height"和"Volume"也是有关系的.

我们还可以打印一个相关系数矩阵.

```
> pairs(Trees)
> cor(Trees)
```

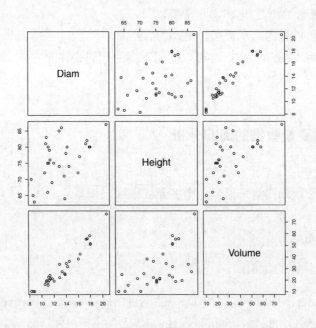

图 7.4　例7.3中黑樱桃树数据的对比图.

```
          Diam      Height     Volume
Diam    1.0000000 0.5192801 0.9671194
Height  0.5192801 1.0000000 0.5982497
Volume  0.9671194 0.5982497 1.0000000
```

直径和体积的相关系数是0.97，这说明"Diam"和"Volume"之间有着很强的正线性关系. 高度和体积的相关系数是0.60，这说明"Height"和"Volume"之间有着中度的正线性关系.

第一步，我们把直径作为预测变量来拟合一个简单线性回归模型：

$$Y = \beta_0 + \beta_1 X_1 + \varepsilon,$$

其中，Y是体积，X_1是直径，ε是随机误差；称上式为模型1，即"M1". 我们使用"lm"函数拟合模型，并将结果储存在"M1"中. 公式中默认含有截距项.

```
> M1 = lm(Volume ~ Diam)
> print(M1)


Call:
lm(formula = Volume ~ Diam, data = Trees)
```

```
Coefficients:
(Intercept)          Diam
   -36.943          5.066
```

估计的截距是−36.943，估计的斜率是5.066. 根据这个模型，直径每增加1英寸，平均体积就会增加5.066立方英尺.

拟合模型"M1"包含了估计的系数. 使用系数向量"M1\$coef"对数据的散点图添加直线. 带拟合线的散点图在图7.5中给出.

```
> plot(Diam, Volume)      #response vs predictor
> abline(M1$coef)         #add fitted line
```

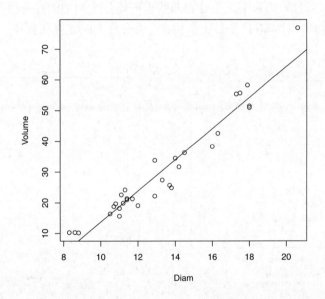

图 7.5　例7.3中黑樱桃树体积关于直径的带拟合回归线的散点图.

为了预测新树的体积，可以使用"predict"方法. 通过"lm"函数中原模型公式中的变量"Diam"将新树的直径值储存在一个数据框中. 比如，一棵直径为16英寸的新树的预测体积可以这样得到

```
> new = data.frame(Diam=16)
> predict(M1, new)
```

```
      1
44.11024
```

新树的预测体积是44.1立方英尺.

为了进行推断,我们对误差项的分布做一些假设. 假设随机误差ε是独立同分布的且服从$N(0,\sigma^2)$分布. 残差图可以帮助我们评估模型的拟合情况以及ε的假设.

我们可以对"lm"函数使用"plot"方法得到残差图;这里要求两个图形:一个是残差关于拟合值的图形(1),另一个是检验残差正态性的QQ图(2).

```
plot(M1, which=1:2)
```

每个图形都会通过控制台中的信息对用户给出提示:

```
Waiting to confirm page change...
```

残差图在图7.6a、b中给出. 在图7.6a中添加了一条曲线. 这是一条拟合的局部加权散点光滑(lowess,局部多项式回归)曲线,称为光滑器. 残差被假设是独立同分布的,但是明显有一个模式. 残差呈现一个U形或者碗形. 这个模式说明模型中缺失了一个变量. 在QQ图(见图7.6b)中正态分布的残差应该位于图中的参考线附近. 残差最大的观测值(观测值31)对应着体积最大的树. 它也有最大的高度和直径.

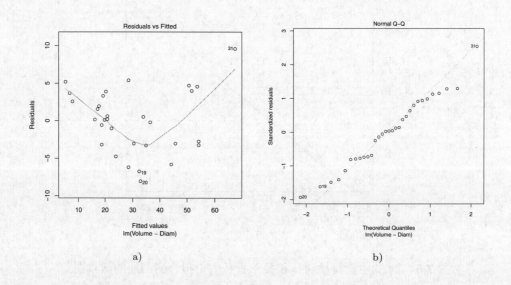

a)   b)

图 7.6   例7.3中模型1的残差关于拟合值的图形(见图a)和残差的正态QQ图(见图b).

7.3.2   多元回归模型

反应变量Y关于两个预测变量X_1和X_2的多元线性回归模型是

$$Y = \beta_0 + \beta_1 X_1 + \beta_2 X_2 + \varepsilon,$$

其中,ε是随机误差项. 为了进行推断,我们假设误差是独立同分布的,均值为0,方差为常数σ^2.

例7.4 (黑樱桃树的体积，续1).

接下来我们考虑用两个变量的模型来预测给定直径和高度的黑樱桃树的体积. 这是有两个预测变量的多元回归模型，X_1是树的直径，X_2是树的高度. 反应变量是体积Y. 称它为模型2，即"M2".

在"lm"函数中使用和简单线性回归类似的语句可以得到多元线性回归模型参数的最小二乘估计. 模型公式决定了拟合哪种类型的模型. 我们要求的模型公式为

$$\text{Volume ~ Diam + Height}$$

我们拟合模型并将其储存为"M2"，然后使用下面的命令将结果打印出来.

```
> M2 = lm(Volume ~ Diam + Height)
> print(M2)

Call:
lm(formula = Volume ~ Diam + Height)

Coefficients:
(Intercept)        Diam       Height
   -57.9877      4.7082       0.3393
```

拟合的回归模型为

$$\hat{Y} = -57.9877 + 4.7082X_1 + 0.3393X_2$$

或者为：体积 $= -57.9877 + 4.7082$ 直径 $+ 0.3393$ 高度 $+$ 误差. 根据这个模型，高度保持不变，直径每增加1英寸，树的平均体积就会相应增加4.7082立方英尺. 当直径保持不变，高度每增加1英尺树的平均体积就会相应增加0.3393立方英尺.

模型2的残差图可以这样得到

```
> plot(M2, which=1:2)
```

（见7.3.1节）. 模型2的残差图（未给出）和图7.6a中"M1"的残差图看起来是很类似的. 在残差关于拟合值的图形（和图7.6a类似）中，残差的U型模式说明模型中缺少了一个二次项.

例7.5 (黑樱桃树的体积，续2).

最后我们拟合一个模型，它把直径的平方看成了一个预测变量. 称之为模型3，即"M3". 该模型由公式

```
Volume ~ Diam + I(Diam^2) + Height
```

指定，其中"I(Diam^2)"的意思是把"Diam^2"理解成"本来的样子"（"Diam"的平方），而不是把指数符号理解成公式运算符. 拟合模型，将结果储存在"M3"中.

```
> M3 = lm(Volume ~ Diam + I(Diam^2) + Height)
> print(M3)

Call:
lm(formula = Volume ~ Diam + I(Diam^2) + Height)

Coefficients:
(Intercept)          Diam    I(Diam^2)          Height
    -9.9204       -2.8851       0.2686          0.3764
```

然后显示残差图，图形在图7.7a、b中给出.

```
plot(M3, which=1:2)
```

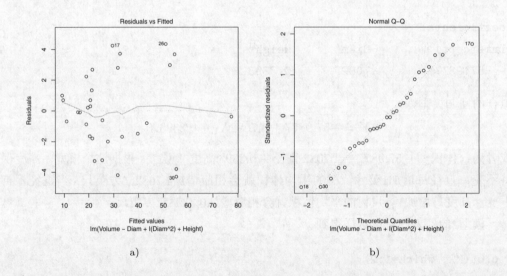

a)　　　　　　　　　　　　　　　　　　　b)

图 7.7　　例7.5中模型3的残差关于拟合值的图形（图a）和残差的正态QQ图（图b）.

对模型3而言，图7.7a中的残差关于拟合值的图形并没有像模型1和模型2中那样呈现明显的U形. 残差集中在0的附近并有常数方差. 在正态QQ图（见图7.7b）中，残差接近于图中的参考线. 这两个残差图和误差与$N(0, \sigma^2)$独立同分布的假设是一致的.

7.3.3　"lm"的"summary"和"anova"方法

拟合模型的概括（"summary"）包含了模型的附加信息. 在"summary"的结果中，

我们可以找到了一个包含标准误差的系数表、残差的五数概括、决定系数(R^2)和剩余标准误差.

例7.6 (黑樱桃树模型3).

我们储存在"M3"中的多元回归拟合的概括（"summary"）可以如下得到

```
> summary(M3)

Call:
lm(formula = Volume ~ Diam + I(Diam^2) + Height)

Residuals:
    Min      1Q  Median      3Q     Max
-4.2928 -1.6693 -0.1018  1.7851  4.3489

Coefficients:
             Estimate Std. Error t value Pr(>|t|)
(Intercept)  -9.92041   10.07911  -0.984 0.333729
Diam         -2.88508    1.30985  -2.203 0.036343 *
I(Diam^2)     0.26862    0.04590   5.852 3.13e-06 ***
Height        0.37639    0.08823   4.266 0.000218 ***
---
Signif. codes:  0 '***' 0.001 '**' 0.01 '*' 0.05 '.' 0.1 ' ' 1

Residual standard error: 2.625 on 27 degrees of freedom
Multiple R-squared: 0.9771,     Adjusted R-squared: 0.9745
F-statistic: 383.2 on 3 and 27 DF,  p-value: < 2.2e-16
```

调整的R^2值0.9745说明在体积关于均值的全变差中，超过97%是可以通过预测变量"Diam""Diam^2"和"Height"之间的线性关系解释的. 剩余标准误差是2.625. 这是σ（模型3中误差项ε的标准差）的估计.

系数表包含了检验$H_0 : \beta_j = 0$对$H_1 : \beta_j \neq 0$的标准误差和t统计量. 检验统计量的p值在"Pr(>|t|)"下面给出. 如果对应的p值小于显著性水平，那么我们拒绝零假设$H_0 : \beta_j = 0$. 在显著性水平0.05下，我们认为"Diam""Diam^2"和"Height"是显著的.

可以用"anova"函数得到这个模型的方差分析(analysis of variance, ANOVA)表.

```
> anova(M3)

Analysis of Variance Table
```

```
Response: Volume
          Df Sum Sq Mean Sq  F value    Pr(>F)
Diam       1 7581.8  7581.8 1100.511 < 2.2e-16 ***
I(Diam^2)  1  212.9   212.9   30.906 6.807e-06 ***
Height     1  125.4   125.4   18.198 0.0002183 ***
Residuals 27  186.0     6.9
```

从方差分析表中可以看出"Diam"解释了反应变量中绝大多数的全变差,但是"M3"中的其他预测变量也是显著的.

　　　一个比较这些模型(例7.3中的模型1、例7.4中的模型2和例7.5中的模型3)的方法是把所有的"lm"对象作为"anova"的参数.

```
> anova(M1, M2, M3)
```

这样得到了下面的表格:

```
Analysis of Variance Table

Model 1: Volume ~ Diam
Model 2: Volume ~ Diam + Height
Model 3: Volume ~ Diam + I(Diam^2) + Height
  Res.Df    RSS Df Sum of Sq      F     Pr(>F)
1     29 524.30
2     28 421.92  1    102.38 14.861 0.0006487 ***
3     27 186.01  1    235.91 34.243  3.13e-06 ***
---
Signif. codes:  0 '***' 0.001 '**' 0.01 '*' 0.05 '.' 0.1 ' ' 1
```

这个表显示当把"Height"添加到模型中时,残差平方和由524.30下降了102.38;当把直径的平方添加到模型中时,残差平方和又由421.92下降了235.91.

7.3.4　新观测值的区间估计

　　　回归模型是给出一个或多个预测变量来预测反应变量的模型. 在例7.3中已经看到了如何对"lm"函数使用"predict"方法得到反应变量的预测值(点估计). "lm"函数的"predict"方法还提供了反应变量两种类型的区间估计:

a. 对给出的预测变量的值,给出新观测值的预测区间.
b. 对给出的预测变量的值,给出反应变量期望值的置信区间.

　　　例7.7 (黑樱桃树模型3,续).

可以使用"predict"方法对给出直径和高度的新树预测体积. 使用和原模型公式中一样的名称将新树的直径和高度值储存在一个数据框中, 并通过"lm"函数调用它. 比如, 为了应用模型3拟合来得到一棵直径为16英寸、高度为70英尺的新树体积的点估计, 我们输入

```
> new = data.frame(Diam=16, Height=70)
> predict(M3, newdata=new)


       1
39.03278
```

新树的预测体积是39.0立方英尺. 这个估计比我们从模型1得到的预测值小了10%, 因为模型1只使用了直径作为预测变量.

为了得到新树体积的预测区间或者置信区间, 我们在"predict"方法中指定一个叫作"interval"的参数. 通过"level"参数指定置信水平, 默认设定的是0.95. 可以缩写参数值. 对预测区间可以使用"interval="pred"", 对置信区间可以使用"interval="conf"".

```
> predict(M3, newdata=new, interval="pred")


       fit      lwr      upr
1 39.03278 33.22013 44.84544
```

对于随机选择的直径为16英寸、高度为70英尺的新树, 体积的预测区间是(33.2, 44.8)立方英尺. 所有直径为16英寸、高度为70英尺的新树期望体积的置信区间都可以这样得到.

```
> predict(M3, newdata=new, interval="conf")


       fit      lwr      upr
1 39.03278 36.84581 41.21975
```

所以期望体积的置信区间估计是(36.8, 41.2)立方英尺. 预测区间比置信区间要宽, 这是因为对一棵新树的预测必须考虑均值的变差以及所有具有这个直径和高度的树的变差.

为了得到多棵新树的点估计和区间估计, 应该将新的值储存在和"new"一样的数据框中. 比如, 想要知道一组直径为16英寸、高度从65到70英尺的树的置信区间, 我们这样来做:

```
> diameter = 16
> height = seq(65, 70, 1)
> new = data.frame(Diam=diameter, Height=height)
> predict(M3, newdata=new, interval="conf")
```

这样得到下面的估计:

```
          fit       lwr       upr
1 37.15085  34.21855  40.08315
2 37.52724  34.75160  40.30287
3 37.90362  35.28150  40.52574
4 38.28001  35.80768  40.75234
5 38.65640  36.32942  40.98338
6 39.03278  36.84581  41.21975
```

7.4 拟合一条回归曲线

在这一节中讨论两个实例, 在这两个实例中我们估计一条回归曲线而不是一个反应变量Y和一个预测变量X之间的线性关系. 在例7.8中, 反应变量是和预测变量的倒数有线性关系的. 在例7.9中我们拟合一个指数模型.

例7.8 (马萨诸塞州的精神病人数据).

第1章中介绍了马萨诸塞州的精神病人数据[i]. 这些数据来源于马萨诸塞州精神疾病委员会进行的一项1854例的调查. 我们从网上的表格生成数据文件 "lunatics.txt". 将数据输入R 的详细介绍参见第1章例1.12. 我们将数据输入数据框 "lunatics" 并使用 "attach" 连接它.

```
> lunatics = read.table("lunatics.txt", header=TRUE)
> attach(lunatics)
```

数据框 "lunatics" 共有14行、6列, 各列分别对应着下面的变量:

变量	描述
COUNTY	郡名
NBR	每个郡的精神病人人数
DIST	到最近的精神卫生中心的距离
POP	1950年的郡人口数(单位为千人)
PDEN	每平方英里郡人口密度
PHOME	在家看护的精神病人百分比

在本例中我们研究在家看护的病人百分比与到最近的卫生中心的距离之间的关系.

首先, 画出 "PHOME" 关于 "DIST" 的图形来看一下线性关系是否是一个合理的模型, 并打印出样本相关系数.

---

[i]数据与故事图书馆, http://lib.stat.cmu.edu/DASL/Datafiles/lunaticsdat.html.

```
> plot(DIST, PHOME)
> cor(DIST, PHOME)
[1] 0.4124404
```

样本相关系数0.41衡量了两个变量间的线性关系. 图7.8a中的散点图显示"PHOME"和"DIST"之间的关系不是线性的,像是双曲线. 出于这种考虑,我们生成变量"RDIST"(距离的倒数),计算样本相关系数并画出"PHOME"关于"RDIST"的图形.

```
> RDIST = 1/DIST
> plot(RDIST, PHOME)
> cor(RDIST, PHOME)
[1] -0.7577307
```

这里|cor(RDIST,PHOME)| > |cor(DIST,PHOME)|,说明"RDIST"和"PHOME"之间的线性关系比原来的变量"DIST"和"PHOME"之间的线性关系要强. 在图7.8b中"PHOME"和"RDIST"之间的线性关系看起来是一个合理的模型(图中的线是在进行了下面拟合模型之后添加的).

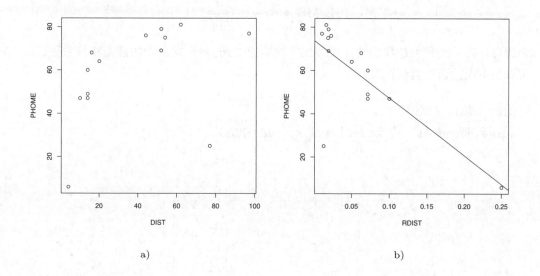

a)   b)

图 7.8 例7.8中在家看护的精神病人百分比"PHOME"对比距离"DIST"(图a)和距离的倒数"RDIST"(图b).

使用"lm"函数拟合简单线性回归模型

$$\text{PHOME}_i = \beta_0 + \beta_1 \text{RDIST}_i + \varepsilon_i, \qquad i = 1, \cdots, 14,$$

按照惯例把结果储存在一个对象中以待更深入的分析.

```
> M = lm(PHOME ~ RDIST)
> M


Call:
lm(formula = PHOME ~ RDIST)

Coefficients:
(Intercept)        RDIST
      73.93      -266.32
```

估计的回归线是PHOME = 73.93 − 266.32 RDIST，可以在图7.8b中使用"abline"函数将它添加上去：

```
> abline(M)
```

尽管在图7.8b的14个郡中有13个郡的数据点接近拟合直线，但是还是有一个观测值离这条线很远. 我们也想对原数据画出拟合线. 拟合线是曲线

$$\text{PHOME} = \hat{\beta}_0 + \hat{\beta}_1 \frac{1}{\text{DIST}}$$

上的点，其中$\hat{\beta}_0$和$\hat{\beta}_1$是我们储存在"lm"对象的"$coef"向量中的截距和斜率估计值. 可以由下面的命令得到图7.9.

```
> plot(DIST, PHOME)
> curve(M$coef[1] + M$coef[2] / x, add=TRUE)
```

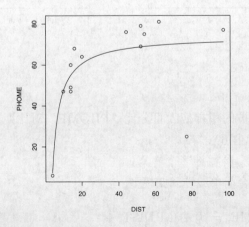

图 7.9　例7.8中在家看护的病人"PHOME"百分比的预测值.

我们再次看到有一个观测值远离拟合曲线. 还可以看到大多数观测数据在拟合线的上方；这说明拟合模型倾向于低估了反应变量.

命令

```
> plot(M$fitted, M$resid, xlab="fitted", ylab="residuals")
```

生成了残差关于拟合值的图形. 通过

```
> abline(h=0, lty=2)
```

在图形上添加了一条通过0的水平虚线. 结果在图7.10a中给出. 在残差图上我们发现在右下角有一个极端值.

"identify"函数可以帮助我们识别哪一个观测值是极端值. 这个函数等待用户在图上指出"n"个点，然后根据选择标记这些点. 令"n=1"来指出一个点，并指定用郡名（"COUNTY"）的缩写来标记它.

```
> lab = abbreviate(COUNTY)
> identify(M$fitted.values, M$residuals, n=1, labels=lab)
 [1] 13
```

"identify"函数返回图中指出的观测值的行数. 这里的行数13对应着楠塔基特郡(NANTUCKET)，它在图中被标记为"NANT"（见图7.10b）. 可以从数据集中去掉这个观测值.

```
> lunatics[13, ]
```

```
      COUNTY NBR DIST  POP PDEN PHOME
13 NANTUCKET  12   77 1.74  179    25
```

根据DASL网站上随数据集一起提供的说明文件显示，楠塔基特郡是一个近海的小岛，模型中需要考虑这一点.

最后当我们不再需要使用数据框时可以移除它.

```
> detach(lunatics)
```

例7.9 (摩尔定律).

在最近的一次采访中[i]，时任谷歌首席执行官的埃里克·施密特谈论了因特网的未来. 根据摩尔定律，施密特说："每过10年，你使用的计算机设备就会便宜100倍或者运行速度快100倍". 摩尔定律以英特尔联合创始人戈登·摩尔的名字命名[34]，它表明芯片上晶体管的数量（衡量计算能力的一种方式）每24个月就翻一番. 1965年，摩尔预言晶体管数量会每年翻一番，但是1975 年他把翻番时间调整为每两年.

---

[i]http://firstdraftofhistory.theatlantic.com/analysis/internet_is_good.php.

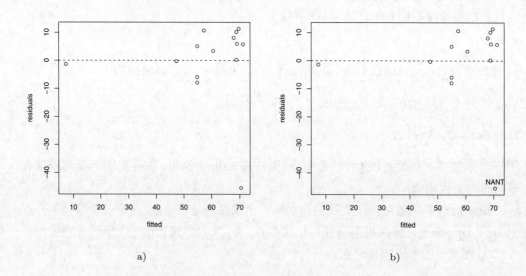

a) b)

图 7.10 例7.8中"`PHOME`"与"`RDIST`"的回归的残差关于拟合值的图形（图a）. 在图b中，使用"`identify`"函数后极端值被标记为"NANT"（楠塔基特郡）.

摩尔定律已经被应用到各种衡量计算能力的方式中去. 如果假设计算能力的增长速度是不变的，那么摩尔定律就是模型

$$y = b_0 2^{b_1 t}, \qquad t \geqslant 0.$$

其中，y是t时刻的量度；b_0是初始量度；$1/b_1$是翻番时间. 也就是说，两边取以2为底的对数，可以将模型写成

$$\log_2(y) = \log_2(b_0) + b_1 t, \qquad t \geqslant 0. \tag{7.2}$$

这是y的对数在时刻t的线性模型.

在本例中，我们对计算机的处理速度拟合一个指数模型. 数据文件"CPUspeed.txt"包含了1994到2004年间英特尔的中央处理器(Central Processing Unit, CPU)的最大速度和对应时间. 变量如下：

变量	描述
year	日历年度
month	月
day	日
time	用年表示的时间
speed	最大IA-32速度（单位：GHz）
log10speed	速度以10为底的对数

下面的代码从文件"CPUspeed.txt"中读取数据,

```
> CPUspeed = read.table("CPUspeed.txt", header=TRUE)
```

"head"用来显示前面几个观测值.

```
> head(CPUspeed)

  year month day     time speed log10speed
1 1994     3   7 1994.179 0.100 -1.0000000
2 1995     3  27 1995.233 0.120 -0.9208188
3 1995     6  12 1995.444 0.133 -0.8761484
4 1996     1   4 1996.008 0.166 -0.7798919
5 1996     6  10 1996.441 0.200 -0.6989700
6 1997     5   7 1997.347 0.300 -0.5228787
```

如果摩尔定律成立(即如果指数模型是正确的),那么我们应该期望速度的对数关于时间服从一个近似线性的趋势. 这里选择底为2的对数是比较自然的,因为提出的模型(7.2)就是以2 为底的,所以我们应用换底公式$\log_2(x) = \log_{10}(x)/\log_{10}(2)$. 由于最早的观测值是在1994年,所以我们从1994年开始计算时间"years",单位是年.

```
> years = CPUspeed$time - 1994
> speed = CPUspeed$speed
> log2speed = CPUspeed$log10speed / log10(2)
```

我们构造速度关于时间的散点图和速度的对数(以2为底)关于时间的散点图(时间是从1994年开始经过的时间).

```
> plot(years, speed)
> plot(years, log2speed)
```

结果分别显示在图7.11a、b中. 从图7.11b中可以看出"log2speed"和"years"之间可能存在着线性关系,所以我们使用"lm"函数拟合一个线性模型.

```
> L = lm(log2speed ~ years)
> print(L)

Call:
lm(formula = log2speed ~ years)
Coefficients:
(Intercept)        years
    -3.6581       0.5637
```

拟合模型为$\widehat{\ln y} = -3.6581 + 0.5637\,t$，或者

$$\hat{y} = 2^{-3.6581+0.5637t} = 0.0792\,(2^{0.5637t}).\tag{7.3}$$

在时间$t = 1/0.5637 = 1.774$年，预测速度是$\hat{y} = 0.0792(2)$；这样，期望的速度会在所估计的1.774年后翻番. 根据这个模型，预测10年之后CPU速度会按系数$2^{0.5637(10)} \approx 50$增长（大约快了50倍，而不是采访中所说的快了100倍）.

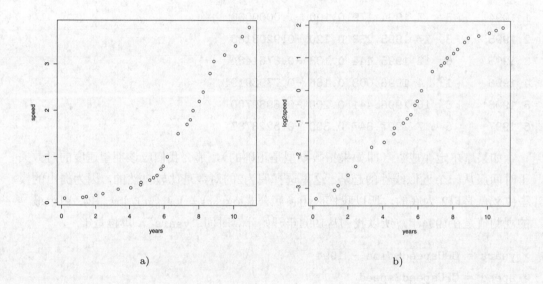

图 7.11   例7.9中CPU速度关于时间的图形（图a）和CPU速度以2为底的对数关于时间的图形（图b）.

使用"curve"函数和指数模型(7.3)对图7.11a中的图形添加拟合回归曲线.

```
> plot(years, speed)
> curve(2^(-3.6581 + 0.5637 * x), add=TRUE)
```

使用"abline"函数对图7.11b中的图形添加拟合回归线.

```
> plot(years, log2speed)
> abline(L)
```

这两个图形分别显示在图7.12a、b中.

摩尔定律：残差分析

目测图7.12b中的拟合线来看，模型的拟合情况好像很不错. 模型的适当性可以通过残差图做进一步的研究.

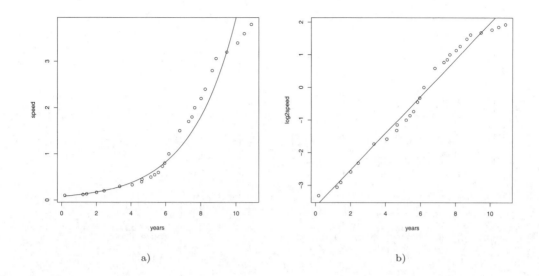

图 7.12 例7.9中添加了拟合回归曲线的CPU速度关于时间的图形（图a）和添加了拟合回归线的CPU速度以2为底的对数关于时间的图形（图b）.

残差是观测误差$e_i = y_i - \hat{y}_i$，其中y_i是观测到的反应变量，$\hat{y}_i$是观测值i的拟合值. "lm"函数返回一个对象，它包含了残差、拟合值和其他值. 如果我们储存模型而不是将它打印出来，那么我们可以获取"lm"返回的残差和其他数据. 此外，我们还可以使用其他的方法，比如"summary""anova"或者"plot".

　　"lm"对象的"plot"方法显示了多个残差图. 使用参数"which=1:2"选择前两个图形.

```
> plot(L, which=1:2)
```

两个残差图显示在图7.13中. 图7.13a是残差对拟合值的图形，并添加了一条曲线，该曲线是通过对数据使用局部回归"光滑器"（参见"lowess"）进行拟合得到的. 图7.13b是残差的正态QQ图.

　　回归中推断的一个假设是误差是独立同分布的且服从$N(0, \sigma^2)$分布，但是正态QQ图显示残差不是正态的. 在图7.13a中，残差好像也不是独立同分布的.

　　在残差关于拟合值的图中指出了三个较大的残差（观测值16、26和27），QQ图中也指出了相同的点. 它们是

```
> CPUspeed[c(16, 26, 27), ]
```

```
   year month day    time speed log10speed
16 2000    10  20 2000.802   1.5  0.1760913
```

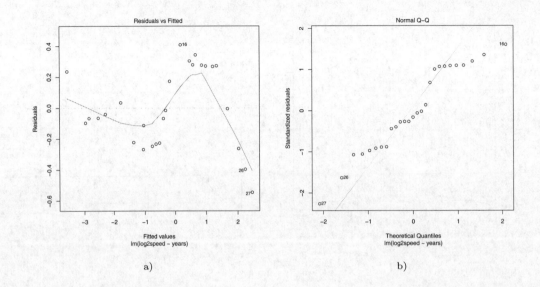

图 7.13　例7.9中CPU速度以2为底的对数关于时间的拟合回归模型的残差图.

```
26  2004      6   21  2004.471    3.6   0.5563025
27  2004     11   15  2004.873    3.8   0.5797836
```

观测值26和27是最近的两个值，说明了在不久的将来这个模型可能不是一个好的拟合.

概括方法生成了模型拟合的附加信息. 假定我们只需要决定系数R^2，而不是"summary"的完整输出结果. 对简单线性回归来说，从概括中提取"$r.squared"，对多元线性回归来说，提取"$adj.r.squared"（调整的R^2）.

```
> summary(L)$r.squared
[1] 0.9770912
```

决定系数是0.9770912；速度对数的全变差中超过97.7%可以用模型来解释.

2005年11月13日最大处理速度是3.8GHz. 那么拟合的线性回归模型对这个时间预测的期望最大速度是多少？"lm"对象的"predict"方法对数据或新观测值返回了预测值. 使用和模型公式中一样的预测变量名称将新观测值储存到一个数据框中. 在这种情况下数据框只有一个变量"years". 11月13日的分数年应该表示成小数. 如果我们取2005年过去的分数年是316.5/365，那么有

```
> new = data.frame(years = 2005 + 316.5 / 365 - 1994)
> lyhat = predict(L, newdata=new)
> lyhat
       1
3.031005
```

注意拟合模型中的反应变量是速度以2为底的对数, 所以模型预测的 2005年11月13日的速度是

```
> 2^lyhat
      1
8.173792
```

GHz, 误差是$8.2 - 3.8 = 4.4$GHz. 这说明了外推法的危险性; 注意我们对"CPUspeed"中的最新观测值是在大约一整年之前, 即2004年11月15日.

练习

7.1（哺乳动物数据）. "MASS" 包中的 "mammals" 数据集记录了62种不同哺乳动物的大脑尺寸和身体尺寸. 拟合一个回归模型来描述大脑尺寸和身体尺寸之间的关系. 对 "lm" 函数的结果使用 "plot" 方法来显示残差图. 在你的拟合模型中哪一个观测值（哪一种哺乳动物）有最大的残差?

7.2（哺乳动物, 续）. 参考 "MASS" 包中的 "mammals" 数据集. 显示 "log(brain)" 关于 "log(body)" 的散点图. 对转换后的数据拟合一个简单线性回归模型. 拟合模型的方程是什么? 显示拟合线图并对拟合做出评论. 将你的结果与练习7.1的结果进行比较.

7.3（哺乳动物残差）. 参考练习7.2. 显示残差关于拟合值的图形和残差的正态QQ图. 残差看起来是近似正态分布并具有常数方差吗?

7.4（哺乳动物概括统计量）. 参考练习7.2. 对 "lm" 的结果使用 "summary" 函数来显示模型的概括统计量. 误差方差的估计是多少? 找到决定系数(R^2)并把它和反应变量与预测变量相关系数的平方进行比较. 把R^2的值理解为拟合的一种衡量方式.

7.5（哈勃定律）. 1929年, 埃德温·哈勃研究了天体之间的距离和速度的关系. 这个关系的知识会对宇宙如何形成和未来如何发展提供线索. 哈勃定律是

$$退行速度 = H_0 \times 距离,$$

其中, H_0是哈勃常数. 哈勃用来估计常数H_0的数据可以在DASL的网页http://lib.stat.cmu.edu/DASL/Datafiles/Hubble.html上找到. 使用这些数据通过简单线性回归估计哈勃常数.

7.6（花生数据）. 数据文件 "peanuts.txt"（Hand等人[21]）记录了一批花生的毒素水平. 数据是120磅花生中黄曲霉毒素的平均水平X（单位是十亿分之一）和一批花生中未被污染的百分比Y. 使用简单线性回归模型从X预测Y. 显示拟合线图. 绘制残差, 评论模型的适合情况. 在黄曲霉毒素水平20、40、60和80处预测未被污染花生的百分比.

7.7（汽车数据）. 对于例7.1中的"cars"数据，对两种模型（模型中有截距和没有截距）比较决定系数R^2. 提示：将拟合模型储存为"L"并使用"summary(L)"显示R^2. 把R^2的值理解为拟合的一种衡量方式.

7.8（汽车数据，续）. 参考例7.1中的"cars"数据. 生成一个新的变量"speed2"，等于"speed"的平方. 然后使用"lm"拟合一个二次模型

$$距离 = \beta_0 + \beta_1 速度 + \beta_2 (速度)^2 + \varepsilon.$$

对应的模型公式为"dist ~ speed + speed2". 使用"curve"对数据的散点图添加估计的二次曲线并评论拟合情况. 模型的拟合情况与例7.1和练习7.7中的简单线性回归模型比较起来如何？

7.9（黑樱桃树数据，二次模型）. 参考例7.3中的黑樱桃树数据. 为了由给出的直径x预测体积y，拟合并分析二次回归模型$y = b_0 + b_1 x + b_2 x^2$. 检查残差图和概括结果.

7.10（精神病人数据）. 参考例7.8中的"lunatics"数据. 删掉两个近海岛郡[楠塔基特(NANTUCKET)郡和杜克斯(DUKES)郡]之后再次分析. 将估计的截距和斜率与例7.8中的值进行比较. 和例7.8中一样构造图形并分析残差.

7.11（双胞胎数据）. 使用"read.table"读入数据文件"twins.txt"（读入这个数据文件的命令在3.3节的双胞胎例子中给出过）. 变量"DLHRWAGE"是工资对数的差值（1号双胞胎减去2号双胞胎），单位是美元. 变量"HRWAGEL"是1号双胞胎的工资. 拟合并分析简单线性回归模型，在给出1号双胞胎的对数工资时预测差值"DLHRWAGE".

第8章 方差分析I

8.1 引言

方差分析(Analysis of Variance, ANOVA)是比较两个或多个总体均值的统计程序. 就像名称所说的, 方差分析是通过分析模型中的方差分量来研究均值差别的方法. 在之前的章节中我们考虑过双样本位置问题; 比如我们使用双样本t检验比较了两个组的均值. 现在我们考虑一个更一般的多样本位置问题, 我们希望比较两个或多个组的位置参数. 单因素方差分析可以通过检验相等的组均值解决一类特殊的问题,

我们通过下面的介绍性实例来回顾一下模型的术语及其表达.

例8.1 (眼睛颜色和闪烁频率).

数据集"flicker.txt"测量了19个不同眼睛颜色的实验对象的"临界闪烁频率"[i]. 从OzDASL[38]上对数据的说明可知,"一个人的临界闪烁频率是一个闪烁光源的闪烁能被发现的最高频率. 在临界频率以上, 即使光源是闪烁的, 看起来也是连续的."临界闪烁频率和眼睛颜色有关系吗?

这个数据集有19个观测值和2个变量, Colour(眼睛颜色)和Flicker[临界闪烁频率, 单位是周期每秒(赫兹)]. 表8.1中列出了这些数据.

这里我们有一个定量变量(Flicker)和一个分组变量(Colour). 为了制定一个模型和一个假设用于检验, 我们提出了一个更具体的问题: 平均临界闪烁频率随眼睛颜色的不同而不同吗? 因变量或者说**反应变量**是Flicker. 解释变量是分组变量, 称为**处理**或**因子**, 本例中它有三个**水平**(棕色、绿色、蓝色). 零假设是:

$$H_0:各个组的反应变量均值是相等的.$$

一个更一般的零假设是每个组的位置参数是相等的; 比如我们可以检验组与组的中位数是否不同. 更加一般的零假设是各个组的反应变量的分布是完全一样的. 这些更一般的假设要用不同于方差分析的方法来检验, 但是方差分析可以检验均值相等的假设.

8.1.1 单因素方差分析的数据输入

单因素方差分析的数据一般有两种格式. 当数据以电子数据表或者表格的形式给出

---

[i]相关说明和数据参见http://www.statsci.org/data/general/flicker.html, 来自于参考文献[44].

(a)				(b)	
Brown	Green	Blue		Colour	Flicker
26.8	26.4	25.7		Brown	26.8
27.9	24.2	27.2		Brown	27.9
23.7	28.0	29.9		Brown	23.7
25.0	26.9	28.5		Brown	25.0
26.3	29.1	29.4		Brown	26.3
24.8		28.3		Brown	24.8
25.7				Brown	25.7
24.5				Brown	24.5
				Green	26.4
				Green	24.2
				Green	28.0
				Green	26.9
				Green	29.1
				Blue	25.7
				Blue	27.2
				Blue	29.9
				Blue	28.5
				Blue	29.4
				Blue	28.3

表 8.1 "眼睛颜色和闪烁频率"数据的两种数据布局. 左边的表a是电子数据表类的布局（非堆栈）. 右边的表b是堆栈格式. 反应变量是Flicker（临界闪烁频率），因子是Colour（眼睛颜色）. 因子Colour有三个水平(Brown, Green, Blue).

时，各组的反应变量在不同的列，有时称它为"非堆栈"或者"宽"格式. 同样的数据也可以排成两列，反应变量在一列，分组变量（因子）在另一列；这种格式称为"堆栈"或者"长"格式. 两种格式的比较参见表8.1.

在绝大多数软件（包括R）中，为了进行数据分析应该以堆栈格式输入（见表8.1b）；也就是两列对应着两个变量（反应变量和分组变量）[i].

首先，我们介绍"闪烁"数据的基本数据输入步骤，然后做一些探索性数据分析.

例8.2.

"flicker"数据提供的信息中显示有两个变量，Colour（眼睛颜色）和Flicker（临界闪烁频率）. 在http://www.statsci.org/data/general/flicker.txt 中可以找到

[i]例8.9展示了如何从非堆栈格式转化为堆栈格式.

这个数据，它是堆栈格式的，因此可以直接使用"read.table"输入数据. 我们需要
设置"header=TRUE"来指定第一行包含的变量名.

```
> flicker = read.table(file=
+     "http://www.statsci.org/data/general/flicker.txt",
+     header=TRUE)
```

此外，如果数据已经被储存为本地文件"flicker.txt"，并且位于当前工作目录下，则

```
flicker = read.table("flicker.txt", header=TRUE)
```

也是一个简单的输入数据的方法.

　　如果不能使用"read.table"通过链接读取数据，或者所使用的格式不正确，那
么我们还可以准备一个与表8.1b格式一样的文本文件.

因子

　　在R里数据会被输入到数据框中，为了进行方差分析，分组变量应该是一个**因子**
（"factor"）. 因子是R中的一种特殊类型的对象，用来描述有有限值的数据；比如性
别、婚姻状况和眼睛颜色都是典型的因子类型的数据. 因子可取的不同值称为**水平**.

　　我们来验证一下眼睛颜色的分组变量是一个因子，并显示它的一些相关信息.

```
> is.factor(flicker$Colour)
[1] TRUE
> levels(flicker$Colour)
[1] "Blue"  "Brown" "Green"
```

表面上来看因子好像是字符向量，但其实这是一种误解. 我们可以使用"unclass"函
数来看一下这个因子中都储存了哪些信息：

```
> unclass(flicker$Colour)
 [1] 2 2 2 2 2 2 2 2 3 3 3 3 3 3 1 1 1 1 1 1
attr(,"levels")
[1] "Blue"  "Brown" "Green"
```

　　非常有趣，我们发现水平被储存为整数，而字符只是水平的标签.
　　注意上面我们并没有做任何特殊的事情来将"flicker$Colour"转换为因子——
生成数据框时"read.table"是怎样把"Colour"自动地生成为一个因子而不是一个
字符向量的呢？R中有一个选项（"stringsAsFactors"）可以控制数据框中的字符向
量是否能自动转换为因子. "出厂设置"默认的是"TRUE"，但是用户可以进行更改.

　　R_x **8.1**　数据框中由字符向量到因子的"自动"转换对于因子已经用数字编码的
数据文件不起作用. 在这种情况下，由用户决定是否将分组变量转换为因子. 这可以使
用"as.factor"或"factor"来完成；参见例8.8. 还可以参见第9章的实例.

8.1.2 初步的数据分析

现在让我们继续对"flicker"数据进行数据分析.

例8.3 (眼睛颜色和闪烁频率，续).

连接数据框会变得比较方便，这样我们可以直接引用变量:

```
> attach(flicker)
```

并排或者平行箱线图提供了位置和离差的图形概括. 我们对箱线图提供一个公式，反应变量在左边，分组变量在右边.

```
> boxplot(Flicker ~ Colour, ylab = "Flicker")
```

箱线图显示在图8.1a中.

[尝试一下命令"plot(Colour, Flicker)". 注意，这种情况下"plot"方法会显示并排箱线图. "plot"方法的默认行为为取决于待绘制的数据的类型.]

可以用"stripchart"函数显示数据的一维散点图或者点图.

```
> stripchart(Flicker ~ Colour, vertical=TRUE)
```

图形显示在图8.1b中. 从图8.1a和图8.1b中可以看出样本的方差是类似的，但是可能有不同的中心（不同的位置）. 蓝色和棕色的均值比蓝色和绿色或者棕色和绿色都要离得远，但是并不能轻易地通过图形说明这些差异是显著的. 让我们比较这三组的均值和标准差.

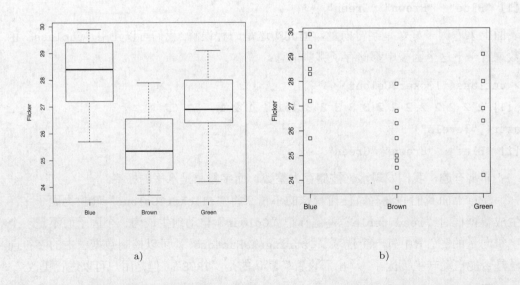

a)   b)

图 8.1　例8.1中临界闪烁频率（单位是周期每秒）按眼睛颜色分组的箱线图和点图.

可以使用"by"命令得到均值表

```
by(Flicker, Colour, FUN=mean)
```

但是我们想要自定义这个函数来得到均值和标准差. 为了做到这一点, 我们定义一个函数 "meansd", 它可以计算三组的均值和标准差, 然后把这个函数名提供给 "by" 命令中的 "FUN" 参数.

```
> meansd = function(x) c(mean=mean(x), sd=sd(x))
> by(Flicker, Colour, FUN=meansd)
Colour: Blue
     mean        sd
28.166667   1.527962
-----------------------------------------------------------
Colour: Brown
     mean        sd
25.587500   1.365323
-----------------------------------------------------------
Colour: Green
     mean        sd
26.920000   1.843095
```

三组的标准差是接近的, 这一点我们也从箱线图中观察到了. 但是三组的均值也是接近的, 均值之间有显著差异吗?

8.2　单因素方差分析

在单因素方差分析中存在着一个有a个水平的处理或者因子A, 零假设为

$$H_0: \mu_1 = \cdots = \mu_a,$$

其中, μ_j是因子的第j个水平的总体均值. 备择假设是至少有两个均值不同.

样本方差是对样本均值的离差的平方和的平均值. 样本方差的分子称为校正平方和(corrected sum of squares, SS), 或者均值的误差平方和. 方差分析将反应变量的总误差平方和(SS.total) 分成了两部分, 组间误差(SST)和组内误差(SSE). （更多细节参见本章8.6节）

如果组与组之间没有区别, 那么样本间和样本内均方误差估计的就是相同的参数. 另一方面, 如果各组均值不同, 那么期望的组间均方误差会比均值相同时大（它包含了组与组之间的变差）. 方差分析通过计算组间均方误差和组内均方误差的比例（F统计量）来检验等处理均值的零假设. 公式和计算的细节将在例8.10中进行介绍.

有多个R函数可以用来实现单因素方差分析计算. "oneway.test" 函数显示了等均值假设检验的概括, 当然只局限于单因素分析. "lm" 函数可以拟合包括单因素方差

分析模型在内的线性模型. "aov"函数设计用于拟合方差分析模型，它轮流调用"lm"函数. 得到假设检验和其他分析的方法对"lm"函数和"aov"函数都是有效的. 这些函数将在接下来的章节中进行介绍.

8.2.1 使用"oneway.test"的方差分析F检验

例8.4 (眼睛颜色和闪烁频率，续1).

在本例中，零假设是三种眼睛颜色（棕色、绿色和蓝色）的平均临界闪烁频率是相等的.

R函数"oneway.test"是得到单因素方差分析的一种简单方法. 在满足特定条件时它是有效的：误差服从$N(0,\sigma^2)$分布且相互独立［可记为NID$(0,\sigma^2)$，NID是"normally distributed and independent"（独立的正态分布）的缩写］. 符号σ^2是误差方差，并且也表明各个组随机误差的方差是相等的. 在"oneway.test"函数中，对不等的方差有一个调整（误差的自由度）. 可以使用残差的正态QQ图（见图8.2b）检验正态误差分布.

```
> oneway.test(Flicker ~ Colour)


	One-way analysis of means (not assuming equal variances)


data:  Flicker and Colour
F = 5.0505, num df = 2.000, denom df = 8.926,
	p-value = 0.03412
```

这里分母自由度不是整数，这是因为方差不相等而调整了误差自由度. 较大的F值支持备择假设. 检验统计量是$F = 5.0505$，检验的p值= 0.03412是$F(2, 8.926)$曲线下方点$F = 5.0505$右边的面积. 为了检验均值相等，可以令"var.equal=TRUE"来假设方差相等：

```
> oneway.test(Flicker ~ Colour, var.equal=TRUE)


	One-way analysis of means


data:  Flicker and Colour
F = 4.8023, num df = 2, denom df = 16, p-value = 0.02325
```

F统计量和分母自由度与上面的结果不一样了，但是在这个例子中我们在5%显著性水平下拒绝H_0的结论并没有变.

"oneway.test"的结果是方差分析F检验的一个简单报告. 这个函数不返回方差分析表、残差以及拟合值. 尽管我们知道了各组均值之间有着显著性差异, 但是我们没有（从"oneway.test"中）得到各组均值的估计, 也不知道哪些组的均值不同.

8.2.3节和8.3节中的实例介绍了如何使用"lm"函数和"aov"函数以及它们的方法得到一个更详细的分析.

8.2.2 单因素方差分析模型

为了理解和解读单因素方差分析更详细的结果, 比如参数估计, 我们需要理解在我们的软件中模型是如何实现的.

我们用Y表示反应变量, 这样y_{ij}就表示第j个样本中的第i个观测值. 临界闪烁频率按眼睛颜色分组的模型可以写成

$$y_{ij} = \mu_j + \varepsilon_{ij}, \qquad i = 1, \cdots, n_j, \quad j = 1, 2, 3,$$

称为均值模型. 假定随机误差变量ε_{ij}有均值0和常数方差σ^2, 所以$E[Y_{ij}] = \mu_j, j = 1, 2, 3$. μ_1, μ_2, μ_3的估计是由眼睛颜色确定的三组均值$(\bar{y}_1, \bar{y}_2, \bar{y}_3)$. 残差是误差$y_{ij} - \bar{y}_j$. σ^2的估计是残差均方误差. 一般来讲, 单因素方差分析有a个组的均值模型以及$a + 1$个参数: $\mu_1, \cdots, \mu_a, \sigma^2$.

单因素方差分析的效应模型为

$$y_{ij} = \mu + \tau_j + \varepsilon_{ij}, \qquad i = 1, \cdots, n_j, \quad j = 1, \cdots, a, \tag{8.1}$$

误差有同样的假设. 在效应模型中τ_j是由第j组决定的参数, 称为**处理效应**. 在这个模型中$E[Y_{ij}] = \mu + \tau_j$. 等处理均值的零假设可以表述为H_0: $\tau_j = 0$对所有的j成立（所有的组有相同的均值μ）.

在效应模型中有$a + 2$个参数, 所以对它们有一些必要的限制. $a + 2$个参数必须有一个是其他$a + 1$个参数的函数, 所以我们必须对效应模型的参数加以约束. 如果我们取$\mu = 0$, 那么我们就得到了$\mu_j = \tau_j$的均值模型. R中单因素方差分析的效应模型是指定的, 限制是令$\tau_1 = 0$. 在这个约束下, 三个组的模型(8.1)有$a + 1 = 4$个参数: $\mu, \tau_2, \tau_3, \sigma^2$, 并且三个组的均值模型也有相同的参数个数.

8.2.3 使用"lm"或"aov"的方差分析

在例8.1中, 我们对函数"boxplot"和"stripchart"使用了一个公式, 它的一般形式是

反应变量 ~ 分组变量

我们用同样的方式指定了一个单因素方差分析模型. 实现方差分析的R函数是"lm"（和我们在线性回归模型中使用的相同）和"aov" (analysis of variance). 如

果调用"lm"时公式的右侧是一个数值变量，则公式指定一个简单线性回归模型；如果公式的右侧是一个因子，则公式指定一个单因素方差分析模型.

"aov"函数通过调用"lm"拟合一个方差分析模型. 对单因素方差分析而言，"lm"和"aov"得到的拟合模型是相同的，但显示的结果格式却并不同. 使用"aov"的实例见8.3节.

8.2.4　拟合模型

例8.5 (眼睛颜色和闪烁频率，续2).

对本例使用"lm(Flicker ~ Colour)"估计方差分析模型，并储存在对象"L"中以待进一步分析.

```
> L = lm(Flicker ~ Colour)
> L


Call:
lm(formula = Flicker ~ Colour)


Coefficients:
(Intercept)   ColourBrown   ColourGreen
     28.167        -2.579        -1.247
```

系数是模型(8.1)中参数μ, τ_2, τ_3的最小二乘估计. 现在将这个由"lm"返回的系数表和在例8.3中通过"by"命令计算得到的均值表进行比较. 虽然截距与蓝色眼睛的样本均值(28.166667)相等，但是其他两个系数对应的却是样本均值的差(25.5875 − 28.166667)和(26.92 − 28.166667). 这里$\hat{\mu}_j = \hat{\mu} + \hat{\tau}_j$，系数分别是$\hat{\mu}, \hat{\tau}_2, \hat{\tau}_3$（注意约束是$\tau_1 = 0$）.

拟合值$\hat{y}$是各组均值$\bar{y}_j$. 拟合值储存在"L\$fitted.values"中，它可以简写为"L\$fit". 通过"lm"函数的"predict"方法也可以得到拟合值.

```
> predict(L)
        1         2         3         4         5         6         7
25.58750  25.58750  25.58750  25.58750  25.58750  25.58750  25.58750
        8         9        10        11        12        13        14
25.58750  26.92000  26.92000  26.92000  26.92000  26.92000  28.16667
       15        16        17        18        19
28.16667  28.16667  28.16667  28.16667  28.16667
```

这里我们看到拟合值确实是三种眼睛颜色的组样本均值. 和例8.3中的均值表进行比较，我们发现每个观测值的反应变量预测值都对应着所在的组样本均值.

8.2.5 均值表或估计效应表

“aov”函数也可以用来拟合单因素方差分析模型，并且“aov”有许多很好的用法，比如下面的“model.tables”，还有“TukeyHSD”，这些方法我们会在8.3.2节中用到. 均值表包含了总均值、组均值和每组重复个数.

```
> M = aov(Flicker ~ Colour)
> model.tables(M, type="means")


Tables of means
Grand mean


26.75263


 Colour
    Blue Brown Green
    28.17 25.59 26.92
rep  6.00  8.00  5.00
```

另一个有用的表是效应表，它和“model.tables”默认显示的表是相同类型的.

```
> model.tables(M)


Tables of effects


 Colour
     Blue  Brown  Green
    1.414 -1.165 0.1674
rep 6.000  8.000 5.0000
```

效应表包含了估计值 $\bar{y}_j - \bar{y}$（组均值和总均值的差）以及每个组的重复个数.

8.2.6 方差分析表

对“lm”对象应用“anova”方法或者对“aov”对象使用“summary”方法可以得到方差分析表. 我们不想打印出显著性星号，这可以通过“options”函数来设定.

```
> options(show.signif.stars=FALSE)
> anova(L)


Analysis of Variance Table
```

```
Response: Flicker
          Df Sum Sq Mean Sq F value  Pr(>F)
Colour     2 22.997 11.4986  4.8023 0.02325
Residuals 16 38.310  2.3944
```

在方差分析表中，自由度为16的残差均方误差(MSE)是2.3944. 它是误差方差的最小二乘估计$\hat{\sigma}^2$（注意F统计量、误差自由度和p值与8.2.1节中等方差假设的"oneway.test"的结果是一致的）. 为了得到有效的F检验，样本必须是相互独立的，误差ε_{ij}必须是均值为0和方差为常数σ^2的独立同分布的正态变量. 如果这些条件都满足了，那么F检验在5%水平下是显著的（p值小于0.05），说明各个眼睛颜色组的平均临界闪烁频率之间存在差异.

对于这样小的样本容量很难去评估正态性和常数方差假设，但是残差图可以帮助我们识别较为严重的偏离. 模型的拟合值是预测的反应变量$\hat{y}_{ij} = \hat{\mu} + \hat{\tau}_j = \bar{y}_{.j}$. 观测值$y_{ij}$的残差是$e_{ij} = y_{ij} - \hat{y}_{ij}$. 储存在"L"中的拟合模型在变量"L\$residuals"中包含了残差，在变量"L\$fitted.values"中包含了拟合值. 可以用下面的代码得到残差关于拟合值的图形和正态QQ图.

```
> #plot residuals vs fits
> plot(L$fit, L$res)
> abline(h=0)    #add horizontal line through 0
>
> #Normal-QQ plot of residuals with reference line
> qqnorm(L$res)
> qqline(L$res)
```

图形分别在图8.2a、b中给出. 残差应该近似关于0对称，并且有近似相等的方差（见图8.2a）. 在正态QQ图（见图8.2b）中残差应该近似沿着参考线分布. 我们在这个模型图中并没有看到严重偏离模型假设的地方.

8.3 处理均值的比较

假设和例8.4一样，等处理均值的零假设在单因素方差分析模型中被拒绝了. 那么我们推断处理均值之间存在着差别，但是并不能确定差别是什么. 在这种情况下，我们可能想进行事后分析来找到均值间的显著差异. 对于有a个处理均值的单因素方差分析总共有$\binom{a}{2} = a(a-1)/2$种不同的均值配对. 有许多方法可以进行这种分析，称为多重比较法. 两种常用的多重比较程序是Tukey检验和Fisher最小显著差异法(Fisher Least Significant Difference，LSD).

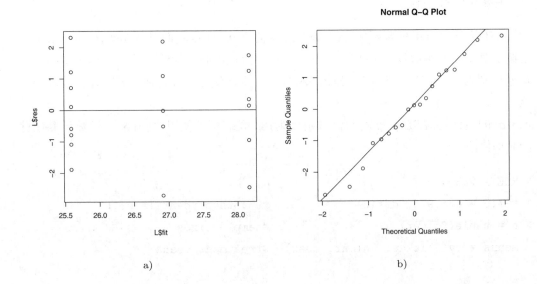

图 8.2 例8.4中单因素方差分析模型的残差图.

8.3.1 Fisher最小显著差异(LSD)

这个程序使用双样本 t检验对每一个假设$H_0 : \mu_i = \mu_j,\ H_1 : \mu_i \neq \mu_j, 1 \leqslant i < j \leqslant a$进行检验. 样本容量为$n_j, j = 1, \cdots, a$，总样本容量为$n_1 + \cdots + n_a = N$.

在我们的模型假设下，误差是独立同分布的并且服从方差为常数σ^2的正态分布. σ^2的最小二乘估计是残差均方误差MSE，自由度是$N - a$. 参数估计是样本均值$\overline{y}_j$和$Var(\overline{y}_j) = \sigma^2/n_j$. 这样检验$H_0 : \mu_i = \mu_j$的双样本 t统计量是

$$T = \frac{\overline{y}_i - \overline{y}_j}{\sqrt{MSE\left(\frac{1}{n_i} + \frac{1}{n_j}\right)}}.$$

对于双边 t检验，如果

$$|\overline{y}_i - \overline{y}_j| > t_{1-\alpha/2, N-a}\sqrt{MSE\left(\frac{1}{n_i} + \frac{1}{n_j}\right)},$$

那么均值对μ_i和μ_j有显著差异，其中$t_{1-\alpha/2, N-a}$是自由度为$N - a$的 t分布的$100(1 - \alpha/2)$百分位数. 最小显著差异为

$$LSD = t_{1-\alpha/2, N-a}\sqrt{MSE\left(\frac{1}{n_i} + \frac{1}{n_j}\right)}.$$

如果设计是平衡的（所有样本容量都等于n），那么

$$LSD = t_{1-\alpha/2, a(n-1)}\sqrt{\frac{2\,MSE}{n}}.$$

例8.6 (LSD方法).

LSD方法可以用来判断例8.4中哪一对均值不同. 注意我们已经在5%显著性水平下拒绝了等均值的零假设. 这里$N = 19$, $a = 3$. 蓝色眼睛、棕色眼睛和绿色眼睛的样本均值分别为28.16667、25.58750和26.92000. 有三个不同的均值对, 所以有三个假设检验.

σ^2的估计是$MSE = 2.3944$, 自由度为16. 我们可以使用"outer"函数计算任意一对均值的差.

```
> MSE = 2.3944
> t97.5 = qt(.975, df=16)        #97.5th percentile of t
> n = table(Colour)              #sample sizes
> means = by(Flicker, Colour, mean) #treatment means

> outer(means, means, "-")
        Colour
Colour        Blue     Brown     Green
  Blue     0.000000  2.579167  1.246667
  Brown   -2.579167  0.000000 -1.332500
  Green   -1.246667  1.332500  0.000000
```

在平衡设计下可以对所有的均值对使用相同的LSD. 在本例中, 样本容量不同, 但是我们还是可以使用"outer"函数计算所有的LSD值.

```
> t97.5 * sqrt(MSE * outer(1/n, 1/n, "+"))
        Colour
Colour      Blue     Brown     Green
  Blue    1.893888  1.771570  1.986326
  Brown   1.771570  1.640155  1.870064
  Green   1.986326  1.870064  2.074650
```

从上面的结果我们可以概括:

```
                 diff      LSD
  Blue-Brown    2.5792    1.7716
  Blue-Green    1.2467    1.9863
  Brown-Green  -1.3325    1.8701
```

并且可以断定蓝色眼睛的平均临界闪烁频率要显著地高于棕色眼睛的平均临界闪烁频率, 并且没有其他的均值在5%的显著性水平下有显著差异.

LSD方法的正确使用方式： 对于LSD方法中的多重t检验或t区间而言，存在着当零假设为真时拒绝它（第一类错误）的概率增加的问题. Fisher最小显著差异法通常用于显著的方差分析F检验之后的比较. 这个限制在实际中倾向避免了第一类错误率大幅增加的问题. 参见Carmer和Swanson[11].

函数"pairwise.t.test"提供了一个概括所有配对t检验的简单方法. 检验的p值被列在表中. 默认方法使用了合并标准误差的等均值双边t检验，并通过调整p值来控制第一类错误率.

```
> pairwise.t.test(Flicker, Colour)


        Pairwise comparisons using t tests with pooled SD

data:  Flicker and Colour

      Blue  Brown
Brown 0.021 -
Green 0.301 0.301


P value adjustment method: holm
```

根据"pairwise.t.test"给出的p值，只有（蓝色，棕色）这一对在$\alpha = 0.05$的显著性水平下有显著均值差异.

8.3.2 Tukey多重比较方法

Tukey的方法基于最大和最小处理均值的距离，称为极差. 学生化极差统计量是这个差除以估计标准误差：

$$q = \frac{\overline{y}_{\max} - \overline{y}_{\min}}{\sqrt{MSE/n}}.$$

q的分布依赖于处理均值的个数和误差的自由度. 为了应用Tukey检验计算临界差值：

$$w = q_\alpha(a, df)\sqrt{\frac{MSE}{n}},$$

其中，$q_\alpha(a, df)$是q的$100(1-\alpha)$百分位数；a是处理数；n是共同的样本容量；df是误差的自由度. 如果$|\overline{y}_i - \overline{y}_j| > w$，那么我们可以断定均值对$(\mu_i, \mu_j)$在$\alpha$水平下有显著差异（我们以前可能需要用$q$的临界值表计算临界差值. 在R中我们可以使用"qtukey"函数得到q的百分位数）.

对平衡设计（等样本容量），$(1-\alpha)$Tukey区间的置信水平就等于$1-\alpha$. 这意味着检验程序把第一类错误率控制在水平α内.

对不等的样本容量的调整是Tukey-Kramer方法. 临界差值是

$$w = q_\alpha(a, df)\sqrt{\frac{MSE}{2}\left(\frac{1}{n_i} + \frac{1}{n_j}\right)}, \qquad i \neq j.$$

Tukey多重比较程序有时称为Tukey诚实显著差异法(Tukey's Honest Significant Difference). 它通过R中的"TukeyHSD"函数实现.

例8.7 (Tukey多重比较程序).

在例8.4中我们有$a = 3$个处理均值, 误差自由度是$df = 16$. 这里我们有不等的样本容量, 所以使用Tukey-Kramer方法. 极差统计量是2.579167（蓝色眼睛和棕色眼睛的差值）. "qtukey"函数这样计算$q_{.05}(a = 3, df = 16)$

```
> qtukey(.95, nmeans=3, df=16)
[1] 3.649139
```

在$\alpha = 0.05$的水平下, 临界差值为

$$w = q_\alpha(a, df)\sqrt{\frac{MSE}{2}\left(\frac{1}{n_i} + \frac{1}{n_j}\right)} = 3.649139\sqrt{\frac{2.3944}{2}\left(\frac{1}{n_i} + \frac{1}{n_j}\right)},$$

给出$w = 2.156$（蓝色对棕色）, $w = 2.418$（蓝色对绿色）和$w = 2.276$（棕色对绿色）. 参考例8.6中的差值表. 只有第一对（蓝色对棕色）可以认为在$\alpha = 0.05$的水平下有显著差异. 这与我们在例8.6中用LSD方法得到的结果是一致的.

我们也可以基于学生化极差统计量来计算Tukey置信区间. 比如$\mu_2 - \mu_1$的95% 置信区间由

$$\overline{y}_{brown} - \overline{y}_{blue} \pm w = -2.579 \pm 2.156 = (-4.735, -0.423)$$

给出. 类似地, 我们可以计算每一个差值$\mu_i - \mu_j$的置信区间.

我们可以通过"TukeyHSD"函数更轻松地得到相同的结果. 这个函数需要一个拟合方差分析模型作为输入, 而模型应该使用"aov"函数拟合. 实际上"aov"调用了"lm". 首先, 让我们比较这两种单因素方差分析方法.

```
> L = lm(Flicker ~ Colour)
> anova(L)
Analysis of Variance Table

Response: Flicker
          Df Sum Sq Mean Sq F value  Pr(>F)
Colour     2 22.997 11.4986  4.8023 0.02325
Residuals 16 38.310  2.3944
```

```
> M = aov(Flicker ~ Colour)
> M
Call:
   aov(formula = Flicker ~ Colour)

Terms:
                Colour Residuals
Sum of Squares  22.99729  38.31008
Deg. of Freedom        2        16

Residual standard error: 1.547378
Estimated effects may be unbalanced
```

我们看到尽管"aov"没有打印出 F 统计量和 p 值,但是两个方差分析表是等价的.
"aov"对象的"summary"方法可以生成类似的方差分析表.

```
> summary(M)
           Df Sum Sq Mean Sq F value  Pr(>F)
Colour      2 22.997 11.4986  4.8023 0.02325
Residuals  16 38.310  2.3944
```

最后我们通过下列代码得到TukeyHSD置信区间:

```
> TukeyHSD(M)

  Tukey multiple comparisons of means
    95% family-wise confidence level

Fit: aov(formula = Flicker ~ Colour)


$Colour
                  diff        lwr        upr       p adj
Brown-Blue   -2.579167  -4.7354973  -0.422836  0.0183579
Green-Blue   -1.246667  -3.6643959   1.171063  0.3994319
Green-Brown   1.332500  -0.9437168   3.608717  0.3124225
```

我们可以根据最右边一列的 p 值判断均值差是否和0有显著差异. 只有第一对均值的 p 值
小于0.05. 或者,我们还可以查看上下置信界限并验证0是否包含在区间(lwr, upr)中.
如果0在区间中,那么均值对在 $\alpha = 0.05$ 水平下没有显著差异. 注意上面我们已经对"棕
色-蓝色"通过Tukey-Kramer公式计算得到了相同的置信区间.

"TukeyHSD"函数返回了一个对象，这个对象有一种图形方法来显示置信区间图．
我们直接输入

```
> plot(TukeyHSD(M))
```

置信区间图显示在图8.3中．从图中可以很容易看出只有第一对（最上面）有显著差异，
因为只有第一个区间不包含0．

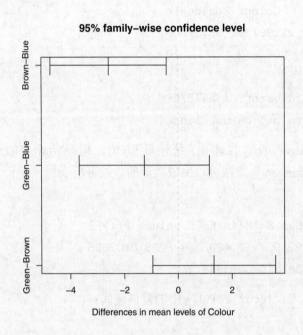

图 8.3   例8.7中的Tukey诚实显著差异法置信区间．

8.4   NIST中的一个统计参考数据集

例8.8 (NIST中的SiRstv).

数据集"SiRstv"是NIST统计参考数据库中一个用于方差分析的数据集．数据和
说明可以在网上[i]找到．

这个数据是NIST的5个探测仪器在5天中每天测得的硅片体电阻率"Resistance"．
因子或处理是仪器"Instrument"，每个仪器有$n = 5$次重复试验．统计学模型为

$$y_{ij} = \mu + \tau_j + \varepsilon_{ij}, \qquad i = 1, \cdots, 5, \quad j = 1, \cdots, 5,$$

其中，y_{ij}是第j个仪器的第i次重复．注意R模型拟合加入的约束条件是$\tau_1 = 0$.

---

[i]http://www.itl.nist.gov/div898/strd/anova/SiRstv.html.

这个数据是两列（堆栈）格式的，但是在数据上方有一些说明. 我们将数据部分进行复制并储存到文本文件"SiRstv.txt"中. 文件包含了分组变量"Instrument"（用数字1到5编码）和反应变量"Resistance". 假设数据文件位于当前工作目录下，数据可以如下输入.

```
> dat = read.table("SiRstv.txt", header=TRUE)
> head(dat)
  Instrument Resistance
1          1   196.3052
2          1   196.1240
3          1   196.1890
4          1   196.2569
5          1   196.3403
6          2   196.3042
```

这里因子水平是数字，所以当"read.table"生成数据框时变量"Instrument"还可能没有转换成因子. 为了分析数据，第一步是将"Instrument"转换成因子.

```
> #Instrument is not a factor
> is.factor(dat$Instrument)
[1] FALSE

> #convert Instrument to factor
> dat$Instrument = as.factor(dat$Instrument)

> attach(dat)
> str(dat)        #check our result
'data.frame':    25 obs. of  2 variables:
 $ Instrument: Factor w/ 5 levels "1","2","3","4",..
 $ Resistance: num   196 196 196 196 196 ...
```

我们显示数据的箱线图和点图，分别在图8.4a、b中给出，并计算均值和标准差表.

```
> boxplot(Resistance ~ Instrument)
> stripchart(Resistance ~ Instrument, vertical=TRUE)
> by(Resistance, Instrument, FUN=function(x) c(mean(x), sd(x)))
Instrument: 1
[1] 196.2430800    0.0874733
-----------------------------------------------
```

```
Instrument: 2
[1] 196.2443000    0.1379750
---------------------------------------------
Instrument: 3
[1] 196.16702000    0.09372413
---------------------------------------------
Instrument: 4
[1] 196.1481400    0.1042267
---------------------------------------------
Instrument: 5
[1] 196.14324000    0.08844797
```

Rx 8.2 在上面的 "by" 函数中, 函数是在内部定义的. 将这种用法和例8.3中 "by" 的用法做个比较, 在那里函数是在 "by" 函数外面定义的. 对一个数据集尝试使用这两种用法, 可以看到这两种用法得到的结果是一样的.

从箱线图 (见图8.4a) 来看均值和标准差是不一样的, 但是在均值和标准差表中均值的差并没有超过两个标准差.

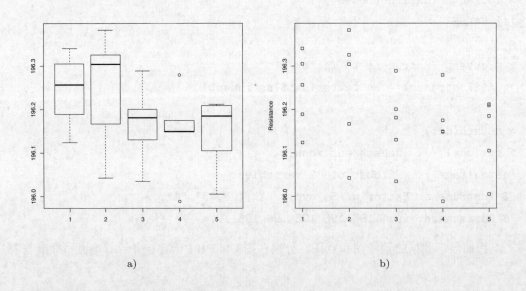

a)   b)

图 8.4   例8.8中电阻率(Resistance)按仪器分组的箱线图 (图a) 和点图 (图b).

接下来我们使用 "aov" 拟合模型并用 "summary" 方法显示方差分析表. 使用 "plot" 方法可以很容易地显示一组残差图.

```
> L = aov(Resistance ~ Instrument)
```

```
>
> summary(L)
           Df   Sum Sq  Mean Sq F value Pr(>F)
Instrument  4 0.051146 0.012787  1.1805 0.3494
Residuals  20 0.216637 0.010832

> par(mfrow=c(2, 2)) #4 plots on one screen
> plot(L)             #residual plots
```

NIST公布的方差分析表的认证结果也显示在数据网页中. 我们将上面的结果和认证结果进行比较发现它们是一致的, 只是认证结果对上面的结果进行了四舍五入. F 统计量不是显著的, 所以我们不能断定使用5个仪器测得的平均体电阻率之间存在差异. 残差图在图8.5中给出. 这些图没有显示出严重偏离模型假设的地方.

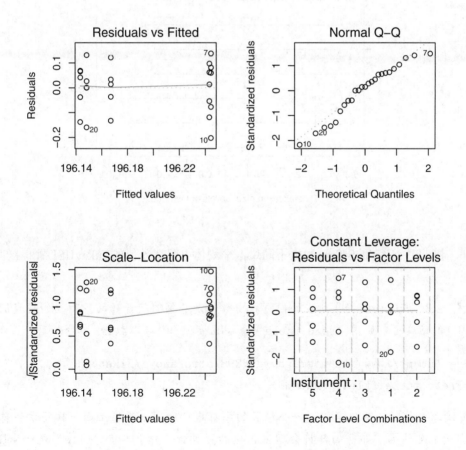

图 8.5 例8.8中NIST的SiRstv数据的残差图.

在使用TukeyHSD比较得到的置信区间图中，方差分析F检验的结论也是很明显的.

```
> par(mfrow=c(1, 1)) #restore display to plot full window
> plot(TukeyHSD(L))  #plot the Tukey CI's
```

总共有$\binom{5}{2} = 10$对均值，所以很难去解读表格，但是图8.6中的图形却给出了一个很好的直观视觉比较，它是很容易解读的；所有的置信区间都包含了0，所以没有一对在5%的显著性水平下有显著差异.

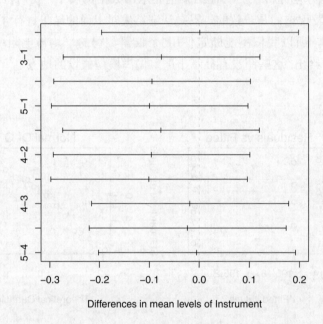

95% family-wise confidence level

Differences in mean levels of Instrument

图 8.6　例8.8中NIST的SiRstv数据不同仪器平均体电阻率差值的TukeyHSD置信区间.

R$_x$ 8.3　SiRstv数据集所在的网页指出数据是从第61行开始的，所以如果我们跳过前60行的话就可以使用"read.table"函数直接从网页读取数据. 命令如下：

```
file1 = "http://www.itl.nist.gov/div898/strd/anova/SiRstv.dat"
dat = read.table(file1, skip=60)
```

从网页读取文件时，网址通常是一个很长的字符串，所以如果像上面一样将该字符串赋值给一个文件名，那样的话将会增强代码的可读性. 由于名称"file"是一个R中的函数，不能作为文件名，所以我们将"file1"作为文件名，把网址字符串值赋给"file1".

8.5   堆叠数据

下面的实例将介绍以表格形式提供的、类似电子数据表布局的数据是如何进行数据输入的.

例8.9 (癌症患者生存时间).

数据集"PATIENT.DAT"包含了在胃、支气管、结肠、卵巢和乳房等器官患有晚期癌症的病人的生存时间,他们的治疗方式包含了补充抗坏血酸盐[i]. 不同癌症(器官)类型的生存时间有差异吗?

为了以单向布局分析数据,数据输入任务比前面要复杂一些,这是因为数据是非堆栈的. 可以用纯文本编辑器或者电子数据表打开数据集来了解数据文件的格式. 将数据文件和参考文献[21]第255页中的说明进行比较,我们发现数据文件是以不同长度的列的形式呈现的,各个列分别对应着胃、支气管、结肠、卵巢和乳房等器官的癌症病人的生存时间,但是没有包含标签的标题行. 数据文件显示在表8.2中.

表 8.2   在例8.9中,数据文件"PATIENT.DAT"中包含了癌症病人的生存时间,每一列的长度不同,分别对应着受影响的器官:胃、支气管、结肠、卵巢和乳房. 每一行的项在每第四个字符处通过制表符分隔. 在这个文件中没有包含列标签的标题行.

```
124  81   248  1234    1235
42   461  377  89    24
25   20   189  201  1581
45   450  1843     356  1166
412  246  180  2970    40
51   166  537  456  727
1112 63   519     3808
46   64   455     791
103  155  406     1804
876  859  365     3460
146  151  942     719
340  166  776
396  37   372
          223  163
          138  101
          72   20
          245  283
```

---

[i] 来源:Hand等人[21]以及Cameron和Pauling[6].

　　"read.table"要求每一行有相同的项数, 所以"read.table"会在第7行因为错误而终止. 比如, 如果"PATIENT.DAT"位于当前工作目录下, 则有

```
> read.table("PATIENT.DAT")
Error in scan(file, what, nmax, sep, dec, ...
  line 7 did not have 5 elements
```

为了避免这种错误, 我们需要对"read.table"提供数据格式的更多细节. 这个数据通过制表符分隔, 它可以通过"sep="\t""参数指定.

```
> times = read.table("PATIENT.DAT", sep="\t")
> names(times) = c("stomach","bronchus","colon","ovary","breast")
```

这里我们使用"names"对列名赋值. 还可以在"read.table"中通过"col.names"参数来指定列名. "times"中的数据显示在表8.3中.

表 8.3　例8.9中文件"PATIENT.DAT"读入到数据框"times"之后的癌症病人的生存时间.

```
> times
```

	stomach	bronchus	colon	ovary	breast
1	124	81	248	1234	1235
2	42	461	377	89	24
3	25	20	189	201	1581
4	45	450	1843	356	1166
5	412	246	180	2970	40
6	51	166	537	456	727
7	1112	63	519	NA	3808
8	46	64	455	NA	791
9	103	155	406	NA	1804
10	876	859	365	NA	3460
11	146	151	942	NA	719
12	340	166	776	NA	NA
13	396	37	372	NA	NA
14	NA	223	163	NA	NA
15	NA	138	101	NA	NA
16	NA	72	20	NA	NA
17	NA	245	283	NA	NA

　　我们可以使用"stack"函数来堆叠数据. "stack"的结果会保留空值("NA").

```
> times1 = stack(times)
> names(times1)
[1] "values" "ind"
```

"stack"的结果是一个"长"数据框，数字值的反应变量被命名为"values"，而因子或分组变量则被命名为"ind"．我们将反应变量和因子重新命名为"time"和"organ"．现在数据是堆栈形式了，不再需要"NA"值；"na.omit"将会移除有"NA"的行．

```
> names(times1) = c("time", "organ")
> times1 = na.omit(times1)
```

得到的数据框前三行和最后三行（"head"和"tail"）显示如下．

```
> head(times1, 3)
  time    organ
1  124 stomach
2   42 stomach
3   25 stomach
> tail(times1, 3)
    time  organ
77 1804 breast
78 3460 breast
79  719 breast
```

接下来我们验证分组变量"organ"是一个因子"factor"，并显示一个概括．

```
> is.factor(times1$organ)
[1] TRUE
> summary(times1)
      time             organ
 Min.   :  20.0   breast  :11
 1st Qu.: 102.5   bronchus:17
 Median : 265.5   colon   :17
 Mean   : 558.6   ovary   : 6
 3rd Qu.: 721.0   stomach :13
 Max.   :3808.0
```

Rx 8.4 另一种表格（类似电子数据表）格式数据的输入方法是使用电子数据表将文件转换为制表符分隔(.txt)格式或逗号分隔值(.csv)格式．对这种类型的数据使用电子数据表的一个好处是数据会按列对齐，通常这种数据比类似文件

"PATIENT.DAT"（表8.2）的数据文件中的数据更容易读取. 如果需要列名, 可以打开文件嵌入标题行. 将它储存为纯文本制表符分隔或逗号分隔格式, 可以很方便地使用"read.table"或"read.csv"输入数据.

```
> times = read.csv("PATIENT.csv")
> head(times)
  stomach bronchus colon ovary breast
1     124       81   248  1234   1235
2      42      461   377    89     24
3      25       20   189   201   1581
4      45      450  1843   356   1166
5     412      246   180  2970     40
6      51      166   537   456    727
```

这个数据的分析将在练习8.5中继续.

练习

8.1（比较汽车平均每加仑行驶英里数）. Larsen和Marx[30, 问题12.1.1]给出了四种新型日本高档汽车的每加仑行驶英里数表格, 我们已经在表1.4中给出. 输入这个数据的方法参见例1.11. 检验四种类型(A, B, C, D)是否在$\alpha = 0.05$的显著性水平下给出了相同的平均每加仑行驶英里数.

8.2（植物产量）. "PlantGrowth"数据是一个R数据集, 它里面含有一个植物生长实验的结果. 植物的产量通过植物的干重来衡量. 实验记录了一个控制组和两个不同处理组的植物产量. 在初步探索性数据分析之后, 使用单因素方差分析对三组的平均产量进行分析. 从探索性数据分析开始并检验模型假设. 从这个样本数据能得到什么结论（如果有的话）?

8.3（不同种鸢尾花的差异）. "iris"数据包含了三种鸢尾花（山鸢尾、变色鸢尾和维吉尼亚鸢尾）中每一种鸢尾花四种量度的50个观测值. 我们想了解一下这三种鸢尾花花萼长度的可能差异. 和例8.3一样进行一个初步的分析.

写出单因素方差分析的效应模型. 未知参数是什么? 接下来使用"lm"函数拟合一个花萼长度（"Sepal.Length"）按种类（"Species"）分组的单因素方差分析模型. 给出方差分析表. 参数估计是多少?

8.4（检验模型假设）. 参考你在练习8.3中得到的结果. 推断要求的假设是什么? 分析模型的残差来判断是否存在严重偏离这些假设的地方. 你如何验证误差变量的正态性?

8.5（癌症生存数据）. 例8.9中介绍了癌症生存数据"PATIENT.DAT". 以探索性数据分析作为开始并检验NID误差模型假设. 如果误差假设不满足，考虑将数据进行转换. 完成一个单因素方差分析来判断各个器官的平均生存时间是否有差异. 如果有显著性差异，继续使用合适的多重比较判断哪两组均值有差异并描述它们的差异.

8.6（比较不同制造工厂的浪费）. "Waste Run-up"数据[28, p86], [12]可以在DASL网站上找到. 数据是Levi-Strauss[i]的5家不同供应工厂每周的布料浪费百分比（相对计算机制版剪裁）. 这里的问题是5家供应工厂在浪费率方面是否存在差异. 数据储存在文本文件"wasterunup.txt"中. 5个列对应着5家不同的制造工厂. 每一列值的个数是不同的，空位置用"*"填充. 在"read.table"中使用"na.strings="*""将这些符号转化为"NA"，使用"stack"将数据改换格式成单向布局（也可参见例10.1）.

显示数据的并排（平行）箱线图. 数据中有极端值吗？使用"lm"或"aov"构造方差分析表. 画出残差关于拟合值的图形，使用"qqnorm"和"qqline"构造残差的正态QQ图. 看上去残差满足有效推断所要求的独立同分布$N(0, \sigma^2)$的假设吗？

8.7（验证方差分析计算结果）. 参考本章8.6节. 像例8.10一样，通过计算组间误差(SST)和组内误差(SSE)的公式直接计算方差分析表中的项，以此验证练习8.3中方差分析表的计算结果.

8.6　第8章附录：探索方差分析计算结果

在本节中我们讨论方差分析表中的计算结果. 注意方差分析将总（校正）误差平方和分成两部分，组间误差(SST)和组内误差(SSE). 注意a是样本组数（因子水平个数），$n_1, \cdots, n_a$是每个水平的样本容量. 总误差平方和是

$$SS.total = \sum_{j=1}^{a} \sum_{i=1}^{n_j} (y_{ij} - \overline{y})^2.$$

$SS.total$的自由度是$N - 1$，其中N是观测值总个数. 组内误差是

$$SSE = \sum_{j=1}^{a} (n_j - 1)s_j^2,$$

其中，s_j^2是第j个样本的样本方差. SSE的自由度是各组自由度的和，即$\sum_{j=1}^{a}(n_j - 1) = N - a$. 处理平方和是

$$SST = \sum_{j=1}^{a} \sum_{i=1}^{n_j} (\overline{y}_j - \overline{y})^2 = \sum_{j=1}^{a} n_j (\overline{y}_j - \overline{y})^2.$$

处理的自由度是$a - 1$，所以$df(SST) + df(SSE) = N - 1 = df(SS.total)$. 即

$$SS.total = SST + SSE.$$

---

[i] 美国的一家牛仔裤品牌.—— 编辑注

均方误差是误差平方和除以自由度：$MSE = SSE/(N - a)$；$MST = SST/(a - 1)$.

方差分析F统计量是比例：

$$F = \frac{MST}{MSE} = \frac{SST/(a-1)}{SSE/(N-a)}.$$

如果平均组间误差MST相对平均组内误差MSE很大的话，比例F就会很大. 期望值为

$$E[MST] = \sigma^2 + \frac{1}{a-1}\sum_{j=1}^{a} n_j \tau_j^2,$$

$$E[MSE] = \sigma^2,$$

其中，τ_j是模型(8.1)中的效应. 在等均值的零假设下，$E[MSE] = E[MST] = \sigma^2$，但是在备择假设下某个$\tau_j \neq 0$并且$E[MST] > \sigma^2$. 这样 $F = MST/MSE$ 的较大值就会支持备择假设，某个$\tau_j \neq 0$. 在零假设和NID误差下，比例 $F = MST/MSE$服从自由度为$(a - 1, N - a)$的 F分布，方差分析 F检验对 F统计量的较大值拒绝零假设. 检验的p值是$Pr(F(a - 1, N - a) > MST/MSE)$. 更多细节参见Montgomery[33, 第3章].

　　例8.10 (方差分析的计算过程).

　　我们在例8.4中通过对"lm"使用"anova"方法显示了"flicker"数据的方差分析表. 在本例中，我们介绍方差分析表中项目的基本计算过程. 输入数据的准备步骤（见例8.1）如下：

```
> flicker = read.table(file=
+    "http://www.statsci.org/data/general/flicker.txt",
+    header=TRUE)
> attach(flicker)
```

然后通过下面过程找到$SS.total$和SSE：

```
> n = table(Colour)       #sample sizes
> a = length(n)           #number of levels
> N = sum(n)              #total sample size
> SS.total = (N - 1) * var(Flicker)
> vars = by(Flicker, Colour, var)    #within-sample variances
> SSE = sum(vars * (n - 1))
```

这些计算结果和8.2.6节中的方差分析表是一致的.

```
> print(c(a - 1, N - a, N - 1))       #degrees of freedom
[1]  2 16 18
> print(c(SS.total - SSE, SSE, SS.total))  #SST, SSE, SS.total
[1] 22.99729 38.31008 61.30737
```

现在让我们通过样本均值计算SST，以此验证$ST = SS.total - SSE$.

```
> means = by(Flicker, Colour, mean) #treatment means
> grandmean = sum(Flicker) / N
> SST = sum(n * (means - grandmean)^2)
> print(SST)
[1] 22.99729
```

计算结果和方差分析表也是吻合的. 最后是方差分析表中均方误差、F统计量和p值的计算过程:

```
> MST = SST / (a - 1)
> MSE = SSE / (N - a)
> statistic = MST / MSE
> p.value = pf(statistic, df1=a-1, df2=N-a, lower.tail=FALSE)
```

我们使用带参数"lower.tail=FALSE"的F累积分布函数"pf"对F统计量的p值计算上尾概率. "list"可以方便地将这些结果加上标签显示:

```
> print(as.data.frame(
+    list(MST=MST, MSE=MSE, F=statistic, p=p.value)))
       MST      MSE         F          p
1 11.49864 2.39438 4.802346 0.02324895
```

这些计算结果和8.2.6节中的方差分析表也是一致的.

第9章 方差分析II

9.1 引言

方差分析(Analysis of Variance, ANOVA)是比较两个或多个总体均值的统计程序. 在第8章中我们考虑了单因素方差分析模型, 它可以帮助我们分析一个分组变量或因子的不同水平所对应的平均反应变量的差异. 在本章中我们考虑随机区组设计和双因素方差分析模型. 随机区组设计使用区组模拟了一个分组变量或因子在控制了其他变化来源时的效应. 双因素方差分析模型解释了两个分组变量（因子）的不同水平所对应的平均反应变量的差异以及它们之间可能存在的交互作用.

9.2 随机区组设计

在本节中我们把注意力放在随机区组设计上, 它模拟了一个处理或因子的效应, 其中样本不是相互独立的, 但是匹配了一个称为区组变量的变量.

在实验中一些差异的来源是已知且可控的. 在例9.1中, 实验单元是参加了一系列考试的学生. 目的是比较学生在不同类型考试中的表现. 当然, 学生之间存在着固有的差异, 但是这个差异在考试成绩的统计分析中的效应可以通过引进一个标记学生的变量（区组变量）加以控制. 其他差异来源可能是未知且不可控的. 随机化是一种防范这种类型差异的设计技巧.

例9.1 (考试成绩).

"bootstrap" 包[31]提供了一个数据 "scor". 它包含了88名学生在五门课程中的考试成绩. 这五门课程的考试是

名称	描述	类型
mec	力学	闭卷
vec	向量	闭卷
alg	代数	开卷
ana	分析	开卷
sta	统计	开卷

　　"scor"数据的布局显示在表9.1中. 在本例中单因素方差分析就不适合了. 单因素方差分析分析的是完全随机设计, 在这种设计中样本假设是相互独立的. 如果考试科目（力学、向量、代数、分析和统计）都被看成是处理, 那么由于是相同的88名学生参加了考试, 所以每个科目的考试成绩不是互相独立的样本.

表 9.1　例9.1中"scor"数据的布局. 共有88行, 对应着88名学生; 共有5列, 对应着每个学生5门不同课程的考试成绩.

mec	vec	alg	ana	sta
77	82	67	67	81
63	78	80	70	81
75	73	71	66	81
55	72	63	70	68
63	63	65	70	63
53	61	72	64	73
⋮				
0	40	21	9	14

　　使用这个数据集需要先安装"bootstrap"包（参见1.6节的实例）. "bootstrap"包安装完成之后使用"library"函数进行加载. 这样数据框"scor"就可以使用了, 我们可以使用"head"函数将这个数据框的前几行打印出来.

```
> library(bootstrap)
> head(scor)
  mec vec alg ana sta
1  77  82  67  67  81
2  63  78  80  70  81
3  75  73  71  66  81
4  55  72  63  70  68
5  63  63  65  70  63
6  53  61  72  64  73
```

每门考试的平均成绩可以通过"sapply"得到:

```
> sapply(scor, mean, data=scor)

     mec      vec      alg      ana      sta
38.95455 50.59091 50.60227 46.68182 42.30682
```

9.2.1 随机区组模型

假定我们想比较多门课程考试的平均成绩. 那么反应变量是考试成绩, 处理或因子是考试科目. 我们假定成绩是与学生匹配的, 所以数据框的每一行对应着一个学生的成绩. 在这个实例中, 每一行被称为一个区组, 区组变量就是学生.

用y_{ij}表示学生j在考试i中的成绩, $i = 1, \cdots, 5$, $j = 1, \cdots, 88$. 这个区组设计的模型可以写成

$$y_{ij} = \mu + \tau_i + \beta_j + \varepsilon_{ij}, \tag{9.1}$$

其中, τ_i是处理效应, β_j是区组效应, ε_{ij}是独立同分布的误差, 它们服从均值为0、方差为常数σ^2的正态分布.

R中这类模型的一般公式为

$$\text{反应变量} \sim \text{处理} + \text{分组变量}$$

例9.2 (考试成绩, 续).

为了用R进行方差分析, 我们需要对数据进行改造使得反应变量y_{ij}是一个变量 (数据框中的一列)、处理标签是一个因子 (另一列)、区组标签是一个因子 (也是一列).

R$_{\mathbf{x}}$ 9.1 另一种改造数据的方法是将它输入到一个电子数据表中, "手动"改造数据并生成因子. 将数据储存成纯文本格式 (逗号或制表符分隔) 然后使用 "read.table" 或者 "read.csv" 将它读入到一个R数据框中 (参见例9.3).

"stack" 函数将反应变量排成一列, 把列名作为一个因子变量 (处理). 然后我们对数据框添加学号因子 (区组变量).

```
> scor.long = stack(scor)
> block = factor(rep(1:88, times=5))
> scor.long = data.frame(scor.long, block)
```

验证结果是否正确是个好主意. 数据集现在有440行, 所以我们只需要显示前面6行和最后6行.

```
> head(scor.long)  #top
  values ind block
1     77 mec     1
2     63 mec     2
3     75 mec     3
4     55 mec     4
5     63 mec     5
6     53 mec     6
```

```
> tail(scor.long)  #bottom
    values ind block
435      18 sta    83
436      17 sta    84
437      18 sta    85
438      21 sta    86
439      20 sta    87
440      14 sta    88
```

接下来我们将"scor.long"中的变量重新命名

```
> names(scor.long) = c("score", "exam", "student")
```

并使用结构函数（"str"）来检验结果.

```
> str(scor.long)
'data.frame':   440 obs. of  3 variables:
$ score  : num   77 63 75 55 63 53 51 59 62 64 ...
$ exam   : Factor w/ 5 levels "alg","ana","mec",..: 3 3 3 3 3 3 3 3 ...
$ student: Factor w/ 88 levels "1","2","3","4",..: 1 2 3 4 5 6 7 8 ...
```

9.2.2 随机化区组模型的分析

现在已经可以对数据使用"lm"或"aov"来拟合模型(9.1)对其进行分析了，还可以使用"anova"或"summary"显示方差分析表. 在本章中我们使用"aov"函数拟合模型.

我们感兴趣的主要假设是多门课程考试的平均考试成绩不存在差异. 我们可能也要检验一下学生之间是否存在差异.

```
> L = aov(score ~ exam + student, data=scor.long)
> summary(L)
            Df Sum Sq Mean Sq F value    Pr(>F)
exam         4   9315 2328.72  21.201 1.163e-15 ***
student     87  58313  670.26   6.102 < 2.2e-16 ***
Residuals  348  38225  109.84
```

注意 F 统计量的较大值支持备择假设. 这里处理（考试）和区组（学生）的 F 统计量都是非常大的（p 值非常小），两个检验都是显著的. 我们可以断定平均考试成绩之间存在着显著差异，平均学生成绩之间也存在着显著差异.

"model.tables"是一个很有用的函数，它可以用来生成一个格式非常好的效应估计表.

```
> model.tables(L, cterms="exam")
Tables of effects

 exam
exam
   alg    ana    mec    sta    vec
 4.775  0.855 -6.873 -3.520  4.764
```

这里的效应估计是处理（考试）均值和总均值之间的差. 我们可以用"model.tables"显示均值表进行检验.

```
> model.tables(L, cterms="exam", type="mean")
Tables of means
Grand mean

45.82727

 exam
exam
  alg   ana   mec   sta   vec
50.60 46.68 38.95 42.31 50.59
```

第8章介绍了比较均值的Tukey诚实显著差异法. 在"TukeyHSD"函数中使用"aov"函数得到的拟合可以很容易地显示均值差的置信区间. 这里我们通过"which=1"指定只对第一个因子计算置信区间. "TukeyHSD"函数默认显示置信水平为95%的置信区间.

```
> CIs = TukeyHSD(L, which=1)
> CIs
  Tukey multiple comparisons of means
    95% family-wise confidence level

Fit: aov(formula = score ~ exam + student)

$exam
                diff         lwr         upr      p adj
ana-alg  -3.92045455  -8.2530400   0.41213094 0.0972395
mec-alg -11.64772727 -15.9803128  -7.31514179 0.0000000
sta-alg  -8.29545455 -12.6280400  -3.96286906 0.0000026
```

```
vec-alg   -0.01136364   -4.3439491   4.32122185  1.0000000
mec-ana   -7.72727273  -12.0598582  -3.39468725  0.0000152
sta-ana   -4.37500000   -8.7075855  -0.04241452  0.0464869
vec-ana    3.90909091   -0.4234946   8.24167639  0.0989287
sta-mec    3.35227273   -0.9803128   7.68485821  0.2131645
vec-mec   11.63636364    7.3037782  15.96894912  0.0000000
vec-sta    8.28409091    3.9515054  12.61667639  0.0000027
```

从"TukeyHSD"函数显示的表中我们可以看到多个平均考试成绩对之间存在着显著的差异，但是注意"vec-alg"和"sta-mec"是不显著的。"ana-alg"和"vec-ana"在5%水平下也是不显著的。两门闭卷考试（力学和向量）有显著差异，这和开卷考试中多对平均考试成绩有显著差异是一样的。

我们也可以选择使用"plot(CIs)"来图形化地显示结果，如果我们使用"las"参数指定横轴标签，那么纵轴标签会更容易理解。

```
> plot(CIs, las=1)
```

生成的图形显示在图9.1中。

从上到下的置信区间对应着"TukeyHSD"返回矩阵的行，矩阵在上面给出。如果置信区间包含0，那么均值的差在5%的显著性水平下没有显著差异。

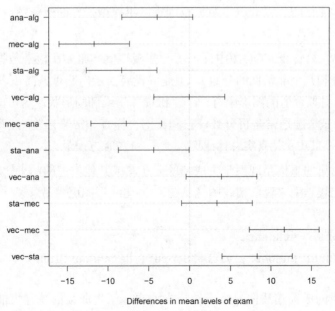

图 9.1 例9.2中平均考试成绩差值的TukeyHSD置信区间。

　　为了检验误差项分布的假设，画出残差图是很有帮助的. 有很多的图可以使用，下面我们显示其中两个，残差的散点图（见图9.2a）和正态QQ图（见图9.2b）.

```
> plot(L, which=1:2)
```

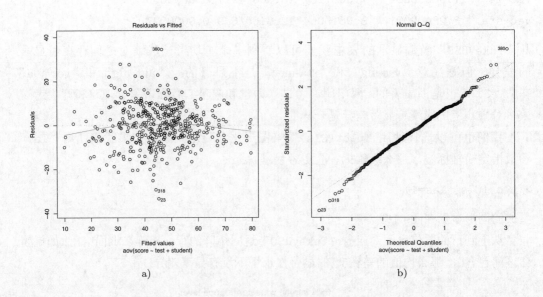

a)　　　　　　　　　　　　　　　b)

图 9.2　　"scor"数据双因素区组模型拟合的残差图.

　　在图9.2b中，尽管正态QQ图中标记了一些极端值（比如在检查数据时发现向量考试中有一个零分和几个非常低的分数），但是并没有显示出严重偏离正态性假设的地方. 图9.2a中的残差对拟合值的图形中有一个"橄榄球"或椭圆形状，这可能说明了非常数的误差方差. 考试成绩通常是百分数，它和比例一样有非常数方差. 注意样本比例的方差是$p(1-p)/n$，其中p是真实总体比例，当$p=1/2$时方差最大.

　　另一件有意思的事情是观察学生成绩的分布图或其他类型的图来比较这些学生. 这种情况下，对比较学生来说，箱线图（见图9.3）比线形图更容易解读.

```
> boxplot(score ~ student,
+   xlab="Student Number", ylab="Score", data=scor.long)
```

　　按学生分组的成绩箱线图显示了这样一件事，学生成绩的差异可能和学生的能力有关；有较高成绩的学生倾向有较小的成绩变化.

　　对于非常数方差有一些纠正方法，比如转换反应变量、使用不同类型的模型或者使用非参数分析方法. 基于随机化检验的非参数方法将在第10章中进行介绍.

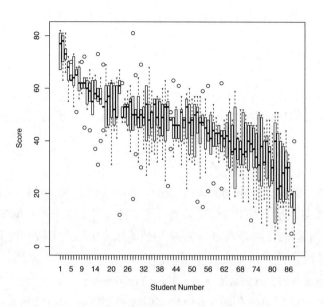

图 9.3 按学生分组的成绩箱线图.

9.3 双因素方差分析

在双因素析因设计中有两个因子，并且这两个因子之间可能存在着交互作用.

例9.3 (毒药).

表9.2给出了动物暴露在四种不同毒药下的生存时间，单位是10小时. 数据出现在Box、W. Hunter和J. Hunter的书中[5, p228]. 我们把数据输入电子数据表"poison.csv"，并将它转换为堆栈格式，这个电子数据表可以通过

```
> poison = read.csv("poison.csv")
```

读入到R中. "poison"数据框包含了三个变量，分别用Time（生存时间）、Poison（毒药）和Treatment（处理）来标记. 我们使用"str"命令得到这个数据框结构的快速概括.

```
> str(poison)
```

```
'data.frame':   48 obs. of  3 variables:
 $ Time     : num  0.31 0.45 0.46 0.43 0.36 0.29 0.4 0.23 0.22 0.21 ...
 $ Poison   : Factor w/ 3 levels "I","II","III": 1 1 1 1 2 2 2 2 3 3 ...
 $ Treatment: Factor w/ 4 levels "A","B","C","D": 1 1 1 1 1 1 1 1 1 1 1 1 ...
```

"str"命令显示共有48个观测值和3个变量：Time（数值变量）以及因子Poison和因子Treatment. 注意数据框中的字符被自动转换为因子类型的变量.

9.3.1 双因素方差分析模型

毒药数据的布局（见表9.2）对应着一个3×4的析因设计. 它重复了4次. 由于毒药类型和解毒剂类型之间可能存在着交互作用，所以模型中应该包括交互作用项. 模型可以指定为

$$y_{ijk} = \mu + \alpha_i + \beta_j + (\alpha\beta)_{ij} + \varepsilon_{ijk}, \tag{9.2}$$

其中，α_i是毒药类型效应，β_j解毒剂类型效应，$(\alpha\beta)_{ij}$是毒药i和解毒剂j的交互作用效应. 指标k对应着重复实验，所以y_{ijk}是接受了第i种毒药和第j种解毒剂的第k个动物的生存时间，误差ε_{ijk}是独立同分布的并服从均值为0、方差为常数σ^2的正态分布.在R模型公式中使用冒号运算符来指定交互作用项. 比如，

```
Time ~ Poison + Treatment + Poison:Treatment
```

是对应着模型(9.2)的模型语句. 这个模型也可以通过更简短的公式指定：

```
Time ~ Poison * Treatment
```

表 9.2 动物暴露在毒药I、II、III和解毒剂A、B、C、D下的生存时间，单位是10小时.

毒药	处理			
	A	B	C	D
I	0.31	0.82	0.43	0.45
	0.45	1.10	0.45	0.71
	0.46	0.88	0.63	0.66
	0.43	0.72	0.76	0.62
II	0.36	0.92	0.44	0.56
	0.20	0.61	0.35	1.02
	0.40	0.49	0.31	0.71
	0.23	1.24	0.40	0.38
III	0.22	0.30	0.23	0.30
	0.21	0.37	0.25	0.36
	0.18	0.38	0.24	0.31
	0.23	0.29	0.22	0.33

9.3.2 双因素方差分析模型的分析

这个数据分析过程共有如下四个部分.

1. 拟合一个有交互作用的双因素模型,显示方差分析表,检验交互作用. 如果交互作用不是显著的,则检验主效应的显著性.

2. 构造交互作用的图形,找出交互作用的可能来源.

3. 使用Tukey多重比较方法对组均值进行比较. 将结果和配对t检验的多重比较结果进行比较.

4. 通过分析模型的残差来研究模型假设是否有明显的偏离.(这个部分留作练习.)

例9.4 (双因素方差分析第1步:拟合模型并显示方差分析表).

```
> L = aov(Time ~ Poison * Treatment, data = poison)
> anova(L)
Analysis of Variance Table

Response: Time
                 Df  Sum Sq Mean Sq F value    Pr(>F)
Poison            2 1.03708 0.51854 23.3314 3.176e-07 ***
Treatment         3 0.92012 0.30671 13.8000 3.792e-06 ***
Poison:Treatment  6 0.25027 0.04171  1.8768    0.1118
Residuals        36 0.80010 0.02222
```

毒药和处理交互作用"Poison:Treatment"的F统计量在$\alpha = 0.05$的水平下不是显著的(p值= 0.1118). 毒药主效应"Poison"的F统计量是显著的(p 值< .001),处理(解毒剂)主效应"Treatment"的F统计量是显著的(p值< .001).

例9.5 (双因素方差分析第2步:交互作用).

下面生成了两种交互作用图,分别显示在图9.4a、b中. 由于"interaction.plot"函数不能使用"data"参数,所以我们使用"with"来指定变量来自于"poison"数据.

```
> with(data=poison, expr={
+   interaction.plot(Poison, Treatment, response=Time)
+   interaction.plot(Treatment, Poison, response=Time)
+ })
```

相互作用图是一个因子组均值对另一个因子组均值的线形图. 如果没有交互作用,线段的斜率应该是近似相等的,即线段应该是近似平行的. 在图9.4a中,对应着解毒剂B和D的线段斜率和对应着解毒剂A和C的线段斜率有些不同. 在图9.4b中,对应着毒药III的线段的斜率和对应着毒药I和II的线段斜率是不同的. 但是毒药和处理交互作用的方差分析F检验说明在$\alpha = 0.05$的水平下交互作用项不是显著的.

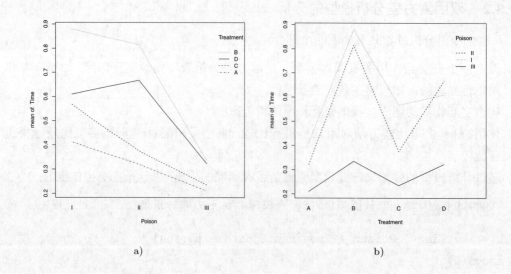

图 9.4　例9.5中毒药"Poison"和处理"Treatment"的交互作用图.

例9.6 (双因素方差分析第3步).

第3步：均值比较.

可以使用"model.tables"函数显示主效应和交互作用的均值表.

```
> model.tables(L, type="means")
Tables of means
Grand mean

0.4791667

 Poison
Poison
    I     II    III
0.6175 0.5444 0.2756

 Treatment
Treatment
    A     B      C      D
0.3142 0.6767 0.3925 0.5333

 Poison:Treatment
    Treatment
```

```
Poison A       B       C       D
  I    0.4125  0.8800  0.5675  0.6100
  II   0.3200  0.8150  0.3750  0.6675
  III  0.2100  0.3350  0.2350  0.3225
```

也可以使用"model.tables(L)"显示效应表（未给出）. 较大的均值对应着较长的生存时间. 较小的均值对应着较多的毒药或较少的有效解毒剂. 但是从均值表中我们并不能判断哪一种毒药或解毒剂显著地好或差. 多重比较程序是一个判断哪一种毒药或解毒剂显著地好或差的正式检验程序.

R中的"TukeyHSD"函数使用Tukey诚实显著差异法进行多重均值比较. 函数"TukeyHSD"默认对模型中所有的因子计算比较，包括交互作用. 这里的交互作用不是显著的，所以我们通过"which"参数指定只对主效应进行比较.

```
> TukeyHSD(L, which=c("Poison", "Treatment"))


  Tukey multiple comparisons of means
    95% family-wise confidence level


Fit: aov(formula = Time ~ Poison * Treatment)


$Poison
             diff         lwr         upr      p adj
II-I    -0.073125  -0.2019588   0.05570882  0.3580369
III-I   -0.341875  -0.4707088  -0.21304118  0.0000005
III-II  -0.268750  -0.3975838  -0.13991618  0.0000325


$Treatment
             diff         lwr         upr      p adj
B-A   0.36250000   0.19858517   0.52641483  0.0000046
C-A   0.07833333  -0.08558150   0.24224816  0.5769172
D-A   0.21916667   0.05525184   0.38308150  0.0050213
C-B  -0.28416667  -0.44808150  -0.12025184  0.0002320
D-B  -0.14333333  -0.30724816   0.02058150  0.1045211
D-C   0.14083333  -0.02308150   0.30474816  0.1136890
```

Tukey诚实显著差异程序的结果显示毒药(I, III)和(II, III)的平均生存时间之间存在显著差异，解毒剂(A, B)、(A, D)和(B, C)的平均生存时间之间存在着显著差异. 可以理解为毒药III是最具毒性的，解毒剂B比A和C要显著有效.

有一个图形方法可以得到这些结果的较好的图形概括.

```
> plot(TukeyHSD(L, which=c("Poison", "Treatment")))
```

它将显示出差值的置信区间（未给出）.

注9.1　当交互作用项显著时，我们应该在一个因子水平固定的情况下对另一个因子比较交互作用的均值. 比如，如果毒药和处理的交互作用是显著的，我们应该分别关于毒药I、毒药II和毒药III比较不同解毒剂的均值. 比较全体毒药均值或全体解毒剂均值毫无意义.

通过"pairwise.t.test"函数可以很容易地得到毒药和解毒剂的配对t检验（见表9.3）.

表 9.3 "poison"数据的配对t检验.

```
> pairwise.t.test(poison$Time, poison$Poison)


        Pairwise comparisons using t tests with pooled SD

data:  Time and Poison

     I        II
II   0.3282   -
III  9.6e-05  0.0014

P value adjustment method: holm

> pairwise.t.test(poison$Time, poison$Treatment)


        Pairwise comparisons using t tests with pooled SD

data:  Time and Treatment

   A       B       C
B  0.0011  -       -
C  0.3831  0.0129  -
D  0.0707  0.3424  0.3424


P value adjustment method: holm
```

配对t检验对p值进行了Holm调整，从中我们可以断定毒药类型(I, III)和(II, III)的平均生存时间之间存在着显著差异. 毒药I和II的平均生存时间最长. 在解毒剂之间，只有类型(A, B)和(B, C)的均值在$\alpha = 0.05$的水平下有显著差异. 解毒剂B的均值要显著高于A或C.

配对t检验的结论和Tukey方法的结论是基本一致的，不过配对t检验并没有发现解毒剂A和D的均值之间有显著差异，而在Tukey方法中它们是有显著差异的.

练习

9.1（弧线跑过一垒）. "rounding.txt"中的数据给出了22名棒球运动员使用三种方式弧线跑过一垒所需的时间：按圆跑、一个小角度、一个大角度[i]. 我们的目的是判断弧线跑过一垒的方式对弧线跑过一垒的时间是否有显著影响.

可以使用文本编辑器或电子数据表查看数据和数据格式. 把数据文件放在当前工作目录下，使用

```
rounding = read.table("rounding.txt", header=TRUE)
```

输入数据. 使用"str"函数验证数据是堆栈格式的，它有三个变量"time""method"和"player"，其中"time"是数值的，"method"和"player"是因子.

设定一个随机区组设计来分析数据，将弧线跑过一垒的时间作为反应变量，弧线跑一垒方式作为处理，运动员作为区组变量. 画出残差图，检验随机误差的分布假设看起来是否合理.

9.2（光的速度）. R中的"morley"数据包含了迈克耳孙 (Michaelson) 和莫雷 (Morley) 关于光速的经典数据，记录了5个实验，每个实验连续20次运行的结果. 反应变量是光速测量结果"Speed"，实验对应"Expt"，运行对应"Run". 实验和数据集的更多细节参见说明文件（"?morley"）或网页http://lib.stat.cmu.edu/DASL/Stories/SpeedofLight.html.

使用"str"函数验证反应变量"Speed""Expt"和"Run"共有100个观测值，它们都是整数变量. 使用

```
morley$Expt = factor(morley$Expt)
morley$Run = factor(morley$Run)
```

将"Expt"和"Run"转换为因子. 显示"Speed"按"Expt"分组的箱线图. 光速是一个常数，所以我们发现有一些问题，因为这5个实验测得的速度并不是不变的.

这个数据可以看成是一个随机化区组实验. 我们感兴趣的零假设是什么？分析数据和残差并概括你的结论.

---

[i]来源：Hollander和Wolfe[25, 表7.1, p274].

9.3（毒药生存时间的残差分析）. 完成例9.3中毒药生存时间双因素析因模型的分析（第4步）. 给出一个残差关于预测值的图形，以及其他任何有助于模型和模型假设有效性评价的图形.

9.4（毒药生存时间的倒数转换）. 参考练习9.3. 残差图建议对反应变量（毒药生存时间）进行倒数转换，$z_{ijk} = 1/y_{ijk}$. 进行转换并重复例9.3和练习9.3中的整个分析过程. 概括分析结果并讨论原模型和现在模型之间的差异. 交互作用图中有明显的差异吗？

第10章 随机化检验

10.1 引言

如果方差分析的模型假设并不成立，那么检验等均值假设的方差分析F检验就不一定是有效的. 不管怎样，我们都可以计算方差分析表和F统计量；有疑问的是F比例是否服从F分布.

随机化检验或者置换检验提供了一种基于F统计量的非参数方法，在这种方法中不要求检验统计量(F)服从F分布. 在第6章"基本推断方法"的6.4.4节检验双样本等均值假设时介绍了置换检验. 就像方差分析把双样本等均值t检验推广到了$k \geqslant 2$个样本，本章讨论的随机化检验推广了6.4.4节中讨论的双样本置换检验. 随机化（置换）检验的主要想法将在10.3节中进行解释.

10.2 对单因素分析探索数据

分析数据时，在应用正式的统计推断方法之前通过描述性概括和图形化概括来探索数据是非常必要的. 如果研究的问题是判断各组是否在位置上有差异，那么初步的分析可以帮助我们判断单因素模型是否是合理的，或者说模型中是否还应该包含一个或多个变量. 在探索性分析中我们可以非正式地验证某个参数模型假设是否成立，这可以帮助我们确定最适合手中数据的分析类型（参数或非参数）.

例10.1（"Waste Run-up"数据）.

"Waste Run-up"数据[28, p86], [12]可以在DASL网站上找到. 数据是Levi-Strauss的五家不同供应工厂每周的布料浪费百分比（相对于计算机制版剪裁）. 这里的问题是五家供应工厂的布料浪费率是否有差异.

数据储存在文本文件"wasterunup.txt"中. 五个列对应着五家不同的制造工厂. 在这个数据文件中，每一列中值的个数是不同的，空位用符号"*"来填充.

为了将这个数据转换为单向布局以进行分组比较，我们首先需要将这个数据读入R. 我们使用"read.table"函数将文本文件读入R. 在参数中设置"na.strings="*""可以将特殊字符"*"指定给"read.table"函数. 然后可以使用"stack"函数来合并数据，它可以把所有的观测值放在一列并生成一个有列名的指标向量. 除了"NA"值之外，结果就是我们所需要的，对结果使用"na.omit"可以移除"NA"值.

```
> waste = read.table(
+    file="wasterunup.txt",
+    header=TRUE, na.strings="*")
> head(waste)  #top of the data set

    PT1    PT2   PT3   PT4   PT5
1   1.2   16.4  12.1  11.5  24.0
2  10.1   -6.0   9.7  10.2  -3.7
3  -2.0  -11.6   7.4   3.8   8.2
4   1.5   -1.3  -2.1   8.3   9.2
5  -3.0    4.0  10.1   6.6  -9.3
6  -0.7   17.0   4.7  10.2   8.0

> waste = stack(waste) #stack the data, create group var.
> waste = na.omit(waste)
```

R$_x$ 10.1 参数"file="wasterunup.txt""假定数据文件位于当前工作目录下，工作目录可以使用"getwd()"进行显示，使用"setwd"进行更改. 或者我们还可以提供一个路径名；比如，如果数据文件是在当前工作目录的一个子目录"Rxdatafiles"下，那么文件名可以指定为"./Rxdatafiles/wasterunup.txt".

使用"stack"和"na.omit"函数后的数据集"waste"中含有两个变量，"values"（反应变量，数值的）和"ind"（工厂，分类变量），使用"summary"方法显示如下.

```
> summary(waste)

    values            ind
 Min.   :-11.600   PT1:22
 1st Qu.:  2.550   PT2:22
 Median :  5.200   PT3:19
 Mean   :  6.977   PT4:19
 3rd Qu.:  9.950   PT5:13
 Max.   : 70.200
```

对于分类变量"ind"（工厂），概括函数显示了一个对应五个工厂样本容量的频数表. 另一个显示样本容量的方法如下.

```
> table(waste$ind)
```

```
PT1 PT2 PT3 PT4 PT5
 22  22  19  19  13
```

我们可以使用"names"函数更改变量的名称. 下面将第二个变量的名称由"ind"改为"plant".

```
> names(waste)[2] = "plant"
> names(waste)
```

```
[1] "values" "plant"
```

各组的均值和五数概括可以使用"summary"函数来显示. 首先, 我们连接("attach")数据框"waste", 这样可以不使用"waste$values"和"waste$plant", 而是直接通过"values"和"plant"引用变量. 或者我们也可以使用"with"函数(参见第9章的实例).

```
> attach(waste)
>  by(values, plant, summary)
plant: PT1
   Min. 1st Qu.  Median    Mean 3rd Qu.    Max.
 -3.200  -0.450   1.950   4.523   3.150  42.700
-----------------------------------------------------------
plant: PT2
   Min. 1st Qu.  Median    Mean 3rd Qu.    Max.
-11.600   3.850   6.150   8.832   8.875  70.200
-----------------------------------------------------------
plant: PT3
   Min. 1st Qu.  Median    Mean 3rd Qu.    Max.
 -3.900   2.450   4.700   4.832   8.500  12.100
-----------------------------------------------------------
plant: PT4
   Min. 1st Qu.  Median    Mean 3rd Qu.    Max.
  0.700   5.150   7.100   7.489  10.200  14.500
-----------------------------------------------------------
plant: PT5
   Min. 1st Qu.  Median    Mean 3rd Qu.    Max.
  -9.30    8.00   11.30   10.38   16.80   24.00
```

并排箱线图和带状图都是图形化的显示，在图中能够得到五数概括的信息、离散程度的度量和四分差(inter-quartile range, IQR). 比较各组的极差和四分差是一种在拟合模型之前评估各组是否有近似相等方差的方法. 拟合的单因素模型的残差也可以在箱线图中比较. 生成反应变量的箱线图和点图的R函数为

```
> boxplot(values ~ plant)
> stripchart(values ~ plant, vertical=TRUE)
```

结果分别显示在图10.1a、b中.

我们还可以通过拟合的单因素模型分析残差. 使用"lm"拟合单因素模型，残差包含在"lm"的返回值中. 残差的正态QQ图对于检验正态性也是非常有用的. "plot(L)"可以得到残差关于拟合值的图形、残差的正态QQ图以及很多其他图形. 这里我们在"plot"命令中通过指定"which=1:2"来得到前两幅图. 注意图10.1c中的残差关于拟合值的图形与图10.1b中反应变量的点图类似，只是横轴发生了改变［为了得到残差的箱线图，我们可以使用"boxplot(L\$resid ~ plant)"］.

```
> L <- lm(values ~ plant)
> plot(L, which=1:2)  #the first two residual plots
```

图10.1a~d中的图形显示数据可能有极端值并且各组的方差可能是不相等的. 因此，方差分析F检验的有效推断所要求的误差分布的一般假设在这种情况下可能不成立. 所以方差分析F检验在这种情况下的推断是不可靠的. 在接下来的章节中我们将介绍两种非参数方法，它们不要求相等方差或误差的正态性等条件.

10.3 位置的随机化检验

方差分析的F统计量是比较组间和组内均方误差得到的比例. 不管F比例在零假设下是否服从F分布，我们都知道F统计量的较大值比较小的F值更能说明各组均值存在差异. 因此，即使F统计量不服从F分布，如果我们在零假设下有一个正确的参考分布仍然可以使用F统计量（不是F检验）.

单因素分析随机化检验的想法非常简单. 假定处理或者各组之间没有差异. 那么赋给反应变量的分组标签可以随机混合，因而不会改变检验统计量的抽样分布. 随机化检验生成了大量的（R个）样本，样本中的反应变量观测值被随机赋予了分组标签，然后对每个样本计算F^*统计量. 当H_0为真时，这些F^*统计量的集合就是我们对统计量F的分布的估计. 然后将我们原来的观察F统计量和重复结果F^*进行比较. 估计p值为$\hat{p} = Pr(F \geqslant F^*) = \#(F^* \leqslant F)/(R+1)$[i]. （除以$R+1$是因为把原来的F包含在内，我们一共有$R+1$个统计量. ）

例**10.2** (随机化检验).

---

[i] "$\#(F^* \leqslant F)$"表示"$F^* \leqslant F$"的个数. ——编辑注

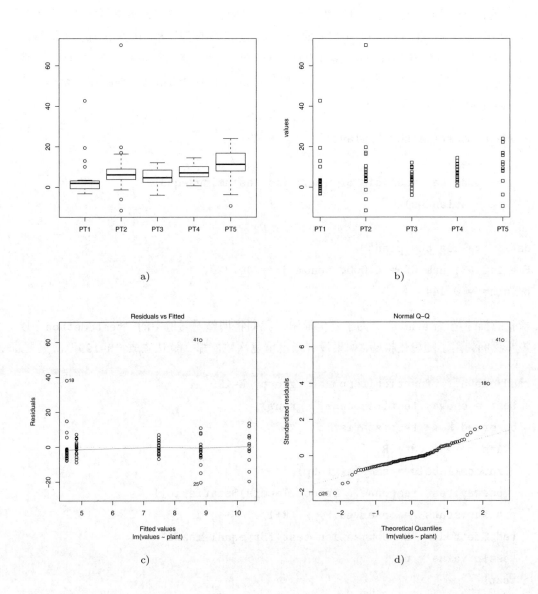

图 10.1   "Waste Run-up" 数据反应变量的箱线图和带状图，以及拟合的单因素方差分析模型的残差图.

首先，我们写出一个函数，它可以对任意的反应变量和分组变量运行随机化检验. F^*统计量通过 "replicate" 函数生成：

```
stats = replicate(R, {
    random.labels = sample(group)
    oneway.test(response ~ random.labels)$statistic})
```

分组标签通过置换 "sample(group)" 随机排列. 对每个样本使用 "oneway.test" 计

算 F^* 统计量. "stats" 得到的值是一个向量，里面包含了 "R" 次重复得到的 F^*. 然后我们构造一个 函数作为方便的用户界面，它包含了 F^* 的模拟过程和检验 p 值的计算过程.

尽管我们不想用 "oneway.test" 做推断，但还是让我们首先看一下它的显示. 我们将会在我们的函数中调整 p 值和名称，但是保持输出结果的格式以便打印出来的报告和 "oneway.test" 类似.

```
> oneway.test(values ~ plant)

        One-way analysis of means (not assuming equal
        variances)

data:  values and plant
F = 1.8143, num df = 4.000, denom df = 40.328,
p-value = 0.1449
```

检验的描述是 "method". 为了避免混淆，我们将调整返回值中的 "test$method" 以说明我们使用了随机化检验. 如果没有指定重复次数，那么默认生成 "R=199" 次重复.

```
rand.oneway = function(response, group, R=199) {
  test = oneway.test(response ~ group)
  observed.F <- test$statistic
  stats = replicate(R, {
    random.labels = sample(group)
    oneway.test(response ~ random.labels)$statistic})
  p = sum(stats >= observed.F) / (R+1)
  test$method = "Randomization test for equal means"
  test$p.value = p
  test
}
```

现在让我们对 "waste" 数据应用随机化检验.

```
> rand.oneway(response=values, group=plant, R=999)

        Randomization test for equal means

data:  response and group
F = 1.8143, num df = 4.000, denom df = 40.328,
p-value = 0.128
```

注意观察F统计量是不变的，但是p值发生了改变. 如果我们重复这个检验，那么报告的p值会略有不同，这是因为我们生成的是随机置换（在随机化检验中不使用分子和分母的自由度）.

R$_x$ 10.2　单因素位置问题和其他问题的随机化检验可以在"coin"（条件推断，conditional inference）包[27]中实现. 如果已经安装了"coin"包，可以使用接下来的方法得到一个基于不同统计量的随机化检验.

```
> library(coin)
> oneway_test(values ~ plant, distribution=approximate(B=999))


        Approximative K-Sample Permutation Test

data:  values by
          plant (PT1, PT2, PT3, PT4, PT5)
maxT = 1.3338, p-value = 0.6306


> detach(package:coin)
```

更多细节参见"coin"包中的说明文件.

10.4　相关系数的置换检验

随机化检验对多种推断问题都适用. 这里我们介绍置换检验的一种用途，它为相关系数的传统检验提供了一种非参数替代方法.

例10.3（网站点击量）.

本书的一位作者维护了一个网站，网站是关于某一本书的，并使用谷歌分析(Google Analytics)记录了一年中每一天的访问量. 在网站的这些点击量中存在着有趣的模式. 和我们可能预想的一样，工作日的网站点击量倾向比周末（周六和周日）的要多. 再由于这本书可能被用作统计学课程的教材，所以看起来在学校开学的时候会有更多的点击量.

为了探索这些网站访问量的每周模式，我们收集了2009年4月到11月之间35周的点击量. 我们读入数据文件"webhits.txt"，构造网站访问量（变量"Hits"）关于周数（变量"Week"）的散点图. 我们观察图10.2中的散点图时发现随着周数的增加，网站点击量有一个逐渐向上的趋势. 这个模式是因为点击量随着时间变化有了"真实的"改变，还是说只是偶然变异的副产品？

```
> web = read.table("webhits.txt", header=TRUE)
> plot(web$Week, web$Hits)
```

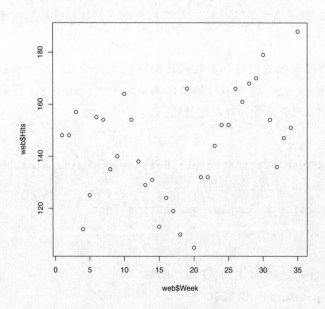

图 10.2 网站点击量关于周数的散点图.

我们使用一个统计学检验来重新表述这个问题. 假设网站点击的分布未知，而我们又对计数服从正态分布的假设感到不妥. 在这种情况下我们希望使用一个非参数关联性检验而不是Pearson相关性检验. 我们将网站访问量替换为它们的秩，秩1被赋给最小的访问量，秩2被赋给第二小的访问量，等等. 用R_i表示赋给第i个网站访问量的秩. 我们的零假设是网站点击量的秩序列$R_1, \cdots , R_{35}$与周数1到35没有关联.

我们通过秩和周数的相关系数

$$r_{obs} = 相关系数\{秩, 周数\}$$

衡量关联性. R函数"cor.test"可以实现Pearson相关性检验，也可以实现两个以秩为基础来衡量关联性的检验——Spearman的ρ检验和Kendall的τ检验. 这些检验每一个都会检验零假设——关联性度量为0. 我们也可以将秩检验实现为置换检验. 我们对两种方法都进行介绍以进行比较. 对Spearman秩检验我们使用参数为"method="spearman""的"cor.test"函数.

```
> cor.test(web$Week, web$Hits, method="spearman")


        Spearman's rank correlation rho


data:  web$Week and web$Hits
S = 4842.713, p-value = 0.05945
```

```
alternative hypothesis: true rho is not equal to 0
sample estimates:
      rho
0.3217489
```

```
Warning message:
In cor.test.default(web$Week, web$Hits, method = "spearman") :
  Cannot compute exact p-values with ties
```

点击量中有重复数字, 所以这个例子中不能计算精确的p值. 给出的是近似p值 (警告信息可以通过在 "cor.test" 中添加参数 "exact=FALSE" 来取消显示). 在5%的显著性水平下我们不能断定 "Week" 和 "Hits" 之间存在关联.

置换检验方法

如果零假设为真, 即点击量和周数之间没有关系, 那么当我们随机排列网站点击量 (或等价地排列秩) 时相关系数的分布就不会改变.

这个认知导致了没有关联性假设的随机化检验或置换检验. 我们在零假设下对点击量所有可能的置换考虑 ("Hits" 的秩, "Week") 的相关系数的分布, 得到了秩相关统计量r的抽样分布. 共有35! $= 1.03 \times 10^{40}$种置换. 我们可以想象对每个置换计算 "Week" 和置换后的 "Hits" 的秩之间的相关系数r, 得到r的零抽样分布.

为了检验观察相关系数值r_{obs}是否和这个零分布一致, 我们计算p值, 它是一个相关系数在零分布下超过r_{obs}的概率.

在这里计算精确的p值是不切实际的, 这是因为随机化分布中的置换数量太大了, 但是通过模拟来运行这个置换检验是可行的. 写出一个 "rand.correlation" 函数来实现这个程序. 它有三个参数; 配对数据 "x" 和 "y" 组成的向量, 模拟重复次数 "R". 在这个函数中, 我们首先取两个向量的秩, 并计算观察秩相关系数r_{obs}. 我们使用 "replicate" 函数反复地取y的秩的随机置换 (使用 "sample" 函数). 函数的输出结果是观察相关系数和p值, 它是模拟的、服从零分布的、相关系数超过r_{obs}的比例.

```
rand.correlation = function(x, y, R=199) {
    ranks.x = rank(x)
    ranks.y = rank(y)
    observed.r = cor(ranks.x, ranks.y)
    stats = replicate(R, {
      random.ranks = sample(ranks.y)
      cor(ranks.x, random.ranks)
    })
    p.value = sum(stats >= observed.r) / (R + 1)
```

```
    list(observed.r = observed.r, p.value = p.value)
}
```

对本例运行这个函数，进行1000次模拟重复.

```
> rand.correlation(web$Week, web$Hits, R=1000)
$observed.r
[1] 0.3217489

$p.value
[1] 0.02997003
```

这里我们观察到秩相关统计量r_{obs}是0.3217，它等于Spearman秩相关统计量. 计算得到的p值是0.030，这表示有一定证据说明网站点击量有随着时间增加而增加的趋势.

练习

10.1（"PlantGrowth"数据）. "PlantGrowth"数据是一个R数据集，它里面包含了一个植物生长实验的结果. 植物的产量通过它的干重来衡量. 实验记录了一个控制组和两个不同处理组的植物产量. 使用随机化检验来分析三个组平均产量的差异. 从探索性数据分析开始分析. 通过这个样本数据你能推断出什么结论?

10.2（"flicker"数据）. 参考例8.1中的"flicker"数据. 使用随机化检验比较不同眼睛颜色组的临界闪烁频率. 仔细地表述零假设和你的结论.

10.3（"Waste Run-up"数据）. 参考例10.1和练习8.6中的"Waste Run-up"数据. 我们要判断不同工厂的浪费率是否存在差异，使用"replicate"写出R代码来实现一个随机化检验（不要使用本章中的"rand.oneway"函数）. 将你的随机化检验结果与本章中的"rand.oneway"函数的结果进行比较. 观察F统计量应该是一致的. 解释p值为什么可能不同.

10.4（"airquality"数据）. 考虑R中"airquality"数据集的反应变量臭氧量. 假定我们想检验假设——每个月的臭氧量不同. 对于这个数据，方差分析F检验的假设看起来成立吗? 为了得到有效推断使用合适的方法进行单因素方差分析.

10.5（网站点击量）. 探索例10.3中网站点击量模式的另一种方法是寻找季节之间的差异. 第1周到第9周对应着春季，第10周到第22周对应着夏季，第23周到第35周对应着秋季. 实现一个随机化检验来查看各个季节的网站点击量是否不同.

10.6（网站点击量，续）. 在例10.3中修改"rand.correlation"函数使它可以显示"stats"中生成的秩统计量的概率直方图. 在图中用"abline(v = observed.r)"指出观察统计量r_{obs}.

10.7（计算秩相关系数）. 对例10.3中的网站点击量数据，我们可以使用Spearman秩相关统计量的结果（在"cor"中设定"method="spearman""）来处理秩相关统计量的计算. 修改例10.3中的"rand.correlation"函数使得它能使用"cor"计算秩相关系数. 比如，如果我们的配对数据在向量"x"和"y"中，那么我们可以通过

```
r = cor(x, y, method="spearman")
```

得到秩相关系数.

10.8（相关系数的置换检验）. 使用一种R概率生成程序生成两个互相独立的随机计数数据样本. 互相独立的变量是不相关的. 写出一个函数来实现应用到数据上的（而不是数据的秩）相关系数置换检验，并对50对由你随机生成的数据应用这个函数. 如果我们将观测的网站点击量和周数数据换成两个模拟的样本，那么这个练习和例10.3就是类似的.

第11章 模 拟 试 验

11.1 引言

模拟提供了一种逼近概率的直接方法. 我们对一个特定的随机试验进行多次模拟, 结果的概率可以由结果在重复试验中的相对频率来近似. 使用几率设备模拟随机试验的想法由来已久. 在第二次世界大战中, 洛斯阿拉莫斯科学实验室的物理学家们就使用模拟来研究中子通过几种不同材料时的特点. 由于这项工作是秘密进行的, 所以必须使用一个代号, 科学家们为了向著名的蒙特卡罗赌场致意而将代号选为"蒙特卡罗" (Monte Carlo). 从那个时候开始, 使用模拟试验来更好地理解概率模式的方法称为蒙特卡罗方法.

我们将注意力集中在两个特殊的R函数上, 它们简化了模拟试验的编程过程. "sample"函数可以从一个集合中有放回或不放回地抽取样本, "replicate"函数在重复某个模拟试验方面很有帮助. 我们通过模拟一些著名的概率问题来介绍这两个函数的使用.

11.2 模拟运气游戏

例11.1 (掷硬币游戏).

Peter和Paul玩了一个简单的游戏, 在游戏中反复投掷一枚质地均匀的硬币. 如果掷出来的结果是正面朝上, 那么Peter从Paul那里赢得1美元; 否则, 如果掷出了反面, 那么Peter就要给Paul 1美元 (Snell[45]的第一章介绍了这个例子). 如果Peter开始时手里有0美元, 我们关注的是游戏玩了50把之后他手里有多少钱.

11.2.1 "sample" 函数

我们可以使用R函数 "sample" 来模拟这个游戏. 对某次投掷, Peter等概率地赢得1美元或–1美元. 他在50次重复投掷中赢得的钱可以看成是一个从集合{1美元, –1美元}中有放回地选择出的容量为50的样本. 在R中这个过程可以使用 "sample" 函数模拟; 参数说明我们从向量$(-1, 1)$中抽样, 抽取一个容量 ("size") 为50的样本, "replace=TRUE" 说明是有放回地抽样.

```
> options(width=60)
> sample(c(-1, 1), size=50, replace=TRUE)
 [1] -1 -1 -1  1  1  1 -1  1 -1 -1 -1 -1 -1 -1  1  1  1  1
[19]  1  1 -1 -1 -1  1  1 -1 -1  1  1  1  1  1  1  1  1  1
[37] -1 -1  1  1 -1  1  1  1 -1 -1 -1  1 -1 -1
```

我们看到Peter输掉了前三次投掷, 赢得了接下来的三次投掷, 等等.

11.2.2　探索累积奖金

假定Peter玩游戏时关注的是他的累积奖金. 我们将他每一次掷硬币所赢得的钱储存在变量 "win" 中. 函数 "cumsum" 用来计算累积赢得的钱, 累积值储存在 "cum.win" 中.

```
> win = sample(c(-1, 1), size=50, replace=TRUE)
> cum.win = cumsum(win)
> cum.win
 [1] -1 -2 -3 -2 -1  0 -1  0 -1 -2 -3 -4 -5 -6 -5 -4 -3 -2
[19] -1  0 -1 -2 -3 -2 -1 -2 -3 -2 -1  0  1  2  3  4  5  6
[37]  5  4  5  6  5  6  7  8  7  6  5  6  5  4
```

在这个游戏中, 我们看到Peter在游戏的早期最多输到过−6美元, 在游戏后期最多赢到过8美元, 最后以4美元结束了游戏. 图11.1使用下面的R命令显示了4个模拟正反面游戏的累积奖金序列. "par(mfrow=c(2,2))" 命令将制图窗口分成两行、两列, 所以我们可以在一个窗口中显示四个图形. 图画好之后, "par(mfrow=c(1,1))" 命令将制图窗口恢复成初始状态.

```
> par(mfrow=c(2, 2))
> for(j in 1:4){
+   win = sample(c(-1, 1), size=50, replace=TRUE)
+   plot(cumsum(win), type="l" ,ylim=c(-15, 15))
+   abline(h=0)
+ }
> par(mfrow=c(1, 1))
```

图11.1中的图形显示, 玩游戏时Peter的钱变化非常大. 在某些游戏中他倾向不赢不输, 累积赢得的钱在通过0的水平线附近变化. 在其他一些游戏中, 他运气很好, 游戏最后累积赢得的钱是正的, 还有一些游戏他最后累积赢得的钱是负的. 我们观察了多个这种图形之后可以提出下面的问题:

- 投掷50次之后Peter不赢不输的概率是多少?

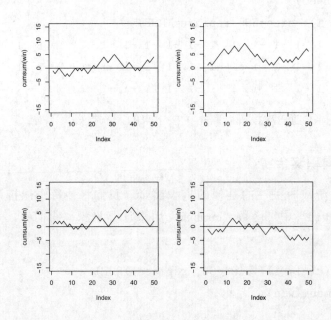

图 11.1   四个正反面游戏模拟中Peter累积赢得的钱的图形.

- Peter想要赢钱需要的投掷次数可能是多少？
- 游戏中Peter最多能赢多少钱？

这些问题中一部分（比如第一个）可以通过精确计算得到回答. 对于其他问题（比如第二个或第三个）分析地解答是很困难的，蒙特卡罗方法可以帮助我们找到近似答案.

11.2.3   实现蒙特卡罗试验的R函数

我们可以通过蒙特卡罗方法得到这些问题的近似答案. 在这类试验中，我们模拟随机过程并对感兴趣的统计量进行计算. 通过多次重复随机过程，我们可以得到一批统计量. 然后我们使用这些统计量来逼近问题中的概率或期望值.

首先，我们考虑Peter在游戏结束时的钱F. 我们写出一个函数"peter.paul"来模拟50次的输赢并计算F，F等于每次输赢的总和. 为了使得这个函数更有一般性，我们定义"n"为投掷的次数，令"n"的默认值为50.

```
peter.paul=function(n=50){
  win = sample(c(-1, 1), size=n, replace=TRUE)
  sum(win)
}
```

我们通过输入以下命令来模拟一次游戏.

```
> peter.paul()
[1] -6
```

在这次游戏中，Peter最后输掉了6美元．我们使用"replicate"函数将这个游戏重复1000次，一个参数是游戏次数"1000"，另一个参数是要重复的函数名称"peter.paul()"．"replicate"函数的输出结果是1000次游戏中Peter最终的钱数构成的向量，我们将它赋值给变量"F"．

```
> F = replicate(1000, peter.paul())
```

11.2.4　概括蒙特卡罗结果

由于Peter的钱数是整数值的，所以"table"函数是一个简便的概括F值的方法．

```
> table(F)
F
-22 -20 -18 -16 -14 -12 -10  -8  -6  -4  -2   0   2   4   6
  2   2  10   7  33  37  48  76  94 126 110 109 100  74
  8  10  12  14  16  18  20  22  24
 63  40  27  18  12   3   2   1   1
```

我们可以对"table"的结果使用"plot"函数来显示F的频数（见图11.2）．

```
> plot(table(F))
```

我们看到Peter的钱数是关于0对称分布的．注意没有一次游戏的结果是奇数，这说明Peter不可能以奇数的钱数结束游戏．

Peter在游戏中不赢不输的概率是多少？我们从"table"函数的结果中可以看到，Peter在1000次模拟中有110次以值$F = 0$结束游戏，所以不赢不输的概率近似为

$$P(F = 0) \approx \frac{110}{1000} = 0.110.$$

这里可以得到这个概率的精确答案．如果在50次成功概率为0.5的二项试验中恰好有25次正面，那么Peter就不赢不输．使用R中的二项概率函数"rbinom"，我们得到

```
> dbinom(25, size=50, prob=0.5)
[1] 0.1122752
```

这个精确概率和我们模拟得到的值在两位有效数字的情况下是一致的．

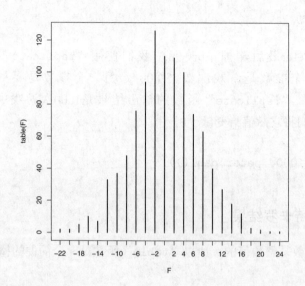

图 11.2　1000个模拟的正反面游戏中Peter的总钱数的线图.

11.2.5　调整试验来研究新统计量

我们可以对函数"peter.paul"添加一行代码来计算试验中我们感兴趣的一些统计量. 为了回答前面提出的问题, 我们主要关注最终钱数F、Peter累积赢钱的次数L和累积赢得的钱的最大值M. 在函数中, 我们定义累积赢得的钱数构成的向量"cum.win". 这里函数的输出结果是一个向量, 它包含了F、L和M的值. 将这些分量命名［比如使用"F=sum(win)"］可以得到更漂亮的输出结果.

```
peter.paul=function(n=50){
  win=sample(c(-1, 1), size=n, replace=TRUE)
  cum.win = cumsum(win)
  c(F=sum(win), L=sum(cum.win > 0), M=max(cum.win))
}
```

我们再次模拟游戏.

```
> peter.paul()
  F  L  M
-10  3  1
```

在这个游戏中, Peter最终的钱数是−10美元, 他共有3次是累积赢钱的, 整个游戏中他的最大总赢钱数是1美元. 我们再次使用"replicate"函数将这个游戏重复1000次, 并将结果储存在向量"S"中. 由于"peter.paul"的结果是一个向量, 所以"S"是一个3行、1000列的矩阵，行对应着F、L和M的模拟结果. 我们可以使用"dim"函数验证矩阵"S"的维数.

```
> S = replicate(1000, peter.paul())
> dim(S)
[1]    3 1000
```

注意我们感兴趣的是找到Peter累积赢钱次数的可能值. 模拟的L值可以通过访问"S"的"L"行或第2行得到：

```
> times.in.lead = S["L", ]
```

我们使用"table"函数将模拟值列成表格，"prop.table"函数将会给出对应的相对频率. 我们将结果绘图（"plot"）得到一个线图（见图11.3）.

```
> plot(prop.table(table(times.in.lead)))
```

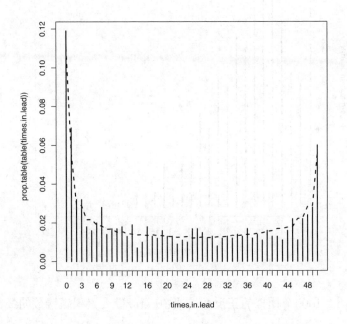

图 11.3 1000个模拟的正反面游戏中Peter累积赢钱次数的线图. 叠加的曲线对应着对概率更加精确的估计，它是使用更多次模拟给出的.

这个关于L的图形的模式可能和大多数人预期的不同. 由于这是一个公平游戏，我们可能认为50次投掷中Peter最有可能在其中的25次是累积赢钱的. 与之相反，最可能的值是端点值$L = 0, 1, 50$，其他的L值看起来是等可能的. 所以实际上Peter在游戏中出现一直是输钱或一直是赢钱的情况都是相对正常的.

　　在任何模拟中计算得到的概率都会有固有误差. 为了查看线条高度的变化是真实差异导致的还是抽样变异性导致的，我们将模拟试验重复100 000次. 图11.3中的虚线对应着第二次模拟的估计概率，它和真实概率是比较接近的. 我们看到从第一次模拟得到的大体印象是正确的，L的端点值是最有可能的.

　　最后，让我们考虑在掷50次硬币过程中Peter的最大累积赢钱数M的分布. 我们将M的1000个模拟值储存在变量"maximum.lead"中，使用"table"函数将这些值制成表格，使用"plot"函数画出这些值的图形.

```
> maximum.lead = S["M", ]
> plot(table(maximum.lead))
```

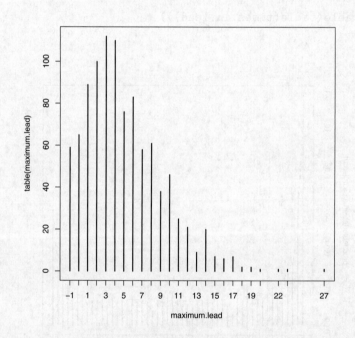

图 11.4　　1000个模拟的正反面游戏中Peter最大累积赢钱数的线图.

从图11.4中我们看出，Peter的最大累积赢钱数最有可能是3或4，但是−1到8之间的值都是相对可能的. 为了计算Peter的最大累积赢钱数大于等于10的近似概率，我们找到"maximum.lead"中大于等于10的值的个数，将它除以模拟次数1000.

```
> sum(maximum.lead >= 10) / 1000
[1] 0.149
```

由于这个概率大约只是15%，所以Peter的最大累积赢钱数大于等于10还是相对少见的.

11.3 随机置换

例11.2 (帽子问题).

接下来我们考虑一个著名的概率问题. 过去人们会戴大礼帽去餐馆, 并将帽子存放在门口的服务生那里. 假设有n个人存放了他们的帽子, 当他们离开餐馆时服务生会以随机的方式将帽子还给他们. 有多少人拿到了他们自己的帽子?

11.3.1 使用 "sample" 函数来模拟试验

我们用整数$1, \cdots, n$来表示n个人各自的帽子. 我们首先假设有$n = 10$个帽子, 将这些整数储存在向量 "hats" 中.

```
> n = 10
> hats = 1:n
```

随机混合这些帽子对应着这些整数的随机置换, 我们通过简单的函数 "sample" 来完成这件事——这些打乱的整数构成的向量被储存在变量 "mixed.hats" 中. (注意: 当 "sample" 函数中只有一个向量参数时, 结果是向量中元素的随机置换.)

```
> mixed.hats = sample(hats)
```

我们将两个向量都显示在下边, 注意在这个特定的模拟中第4个和第9个帽子都被还给了正确的主人.

```
> hats
 [1]  1  2  3  4  5  6  7  8  9 10
> mixed.hats
 [1]  7  1  6  4  3  5  8 10  9  2
```

11.3.2 比较样本的两个置换

我们感兴趣的是计算正确归还的帽子个数. 如果我们使用逻辑表达式

```
> hats == mixed.hats
[1] FALSE FALSE FALSE  TRUE FALSE FALSE FALSE FALSE  TRUE FALSE
```

就会得到一个逻辑值向量, 其中 "TRUE" 对应着匹配, "FALSE" 对应着不匹配. 我们将这些逻辑值加起来 (使用函数 "sum"), "TRUE" 替换成1, "FALSE" 替换成0, 结果就是正确匹配的个数, 将它储存在变量 "correct" 中. 显示这个变量, 它会正确地告诉我们有两个人拿到了他们自己的帽子.

```
> correct = sum(hats == mixed.hats)
> correct
[1] 2
```

R_x 11.1　如果我们在这一行中误将两个并列的等号（逻辑算符）输成一个单一的等号，会发生什么事情？

```
> correct = sum(hats = mixed.hats)
> correct
[1] 55
```

奇怪的是系统并没有报告错误，并且显示了"答案"55. 发生了什么事情？原来，参数"hats=mixed.hat"只是标记了向量中的每个值，"sum"函数从1 加到10就得到了 55. 这很显然不是我们想要的！

11.3.3　写出一个函数来运行模拟

使用上面的R命令我们可以写出一个函数来运行这个打乱了的帽子的模拟. 我们称这个函数为"scramble.hats"，它只有一个参数n——帽子的个数. 函数返回正确匹配的个数.

```
scramble.hats = function(n){
  hats = 1:n
  mixed.hats = sample(n)
  sum(hats == mixed.hats)
}
```

我们使用$n = 30$个帽子对这个函数做一次检验；在这次特定的模拟中，没有正确返回的帽子.

```
> scramble.hats(30)
[1] 0
```

11.3.4　重复模拟过程

令X_n表示一个随机变量，定义为给定帽子数n时正确匹配的个数. 为了得到X_n的概率分布，我们多次模拟这个试验（在函数"scramble.hats"中编码）并将X_n的模拟值列表. 在R中使用函数"replicate"很容易做到重复随机试验，这个函数有两个参数：模拟次数和要重复的表达式或函数. 如果我们希望将有$n = 10$个帽子的试验重复1000次，那么我们输入

```
> matches = replicate(1000, scramble.hats(10))
```

1000次试验中的匹配个数构成的向量储存在变量"matches"中.

为了了解X_n的概率分布,我们对向量"matches"中X_n的模拟值进行概括. 通过将这些值列表(使用"table"函数),我们得到了匹配个数的频数表.

```
> table(matches)
matches
  0   1   2   3   4   5   6
393 339 179  66  19   3   1
```

将频数表除以1000,我们得到了对应的频率.

```
> table(matches) / 1000
matches
    0     1     2     3     4     5     6
0.393 0.339 0.179 0.066 0.019 0.003 0.001
```

我们看到最有可能发生(估计概率为0.393)没有匹配的情况,得到3个及以上匹配的情况是相对罕见的. 为了得到X_n的(近似)均值或期望值,我们可以简单地给出模拟试验的样本均值:

```
> mean(matches)
[1] 0.992
```

平均来讲,我们期望10个人中有0.992个人会拿到他自己的帽子. 可以证明理论均值确实是$E(X_n) = 1$ (对所有的n都成立),所以这个模拟准确地估计了正确匹配的平均个数.

假设我们想了解一下没有正确匹配的概率$P(X_n = 0)$作为人数n的函数是如何变化的. 我们写出一个新的函数"prop.no.matches",它只有一个参数n;函数将这个试验(n个人)模拟1000次,给出没有人拿到正确帽子的试验所占的比例.

```
prop.no.matches = function(n){
  matches = replicate(10000, scramble.hats(n))
 sum(matches == 0) / 10000
}
```

我们对$n = 20$个帽子检验这个函数:

```
> prop.no.matches(20)
[1] 0.3712
```

在这个试验中,没有人拿到他们自己的帽子的概率是0.3712. 通过函数"sapply"可以很方便地将这个函数应用到由n个值构成的向量上去. 为了对从2 到20的n值计算这个概率,我们使用"sapply"函数,参数是n值向量和我们感兴趣的函数名. 在图11.5中我们显示了n对应的估计概率,并在值0.37处添加了一条水平线.

```
> many.probs = sapply(2:20, prop.no.matches)
> plot(2:20, many.probs,
+  xlab="Number of Men", ylab="Prob(no matches)")
> abline(h=0.37)
```

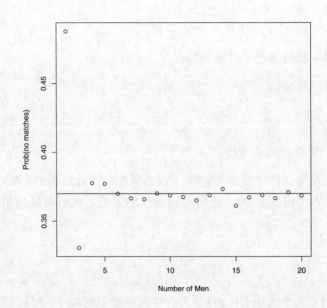

图 11.5　没有匹配帽子的概率的蒙特卡罗估计值，这个概率是帽子数n的函数.

在图11.5中，没有匹配的概率看起来对$n = 2$比较大，对$n = 3$比较小，对较大的n，概率看起来稳定在值0.37左右.

11.4　收藏家问题

例11.3 (收藏棒球卡).

本书的一位作者在年轻的时候喜欢收集棒球卡. 棒球卡公司Topps会生产一批卡片，里面包含了每个职业选手的卡片和一些特殊的卡片. 人们可能买小包装的卡片，里面包含10张卡片和一条口香糖. 人们的目的是收集一整套卡片. 遗憾的是，得到重复的卡片是很常见的，看起来人们必须买大量的卡片才能收齐一整套.

11.4.1　使用"sample"函数来模拟试验

我们可以通过模拟来说明这个卡片收集活动. 假设我们用变量"cards"代表整套卡片，它是由10个伟大的棒球击球手的名字组成的字符向量.

```
> cards = c("Mantle", "Aaron", "Gehrig", "Ruth", "Schmidt",
+       "Mays", "Cobb", "DiMaggio", "Williams", "Foxx")
```

假设购买到"cards"中每个值的可能性是相等的. 假设独立地抽取, 买20张卡片可以看成从这个向量中有放回地抽取随机样本. 这可以通过"sample"函数完成; 参数分别是"总体"向量"cards"、样本容量(20)和"replace=TRUE", 最后一个参数表明样本是有放回地抽取. 我们显示购买的20张卡片.

```
> samp.cards = sample(cards, size=20, replace=TRUE)
> samp.cards
 [1] "Foxx"      "DiMaggio" "Aaron"    "Schmidt"  "DiMaggio"
 [6] "Mays"      "Mays"     "Cobb"     "Mantle"   "Foxx"
[11] "Schmidt"   "Mays"     "DiMaggio" "Foxx"     "Gehrig"
[16] "Schmidt"   "Mantle"   "DiMaggio" "Mays"     "Foxx"
```

我们注意到这里得到了一些重复的卡片——比如我们得到了四张DiMaggio 的卡片和四张Foxx的卡片. 我们买齐了一整套吗? 一种检验方法是应用"unique"函数来提取样本中的"唯一卡片", 即对向量中的重复值只取一个, 然后使用"length"函数计算这个向量的长度.

```
> unique(samp.cards)
[1] "Foxx"      "DiMaggio" "Aaron"    "Schmidt"  "Mays"
[6] "Cobb"      "Mantle"   "Gehrig"
> length(unique(samp.cards))
[1] 8
```

这里我们没有买到一整套卡片, 只有10张卡片中的8张.

11.4.2 写出一个函数来运行模拟

一般来说, 假设一整套里包含了 n 张卡片, 购买了 m 张卡片, 我们关注的是得到一整套的概率. 我们的作者非常积极地购买1964年的棒球卡来收集一整套Topps卡片（一共有586 张). 如果他购买了3000张卡片, 他得到一整套的概率有多大? 我们写出一个函数"collector"来模拟这个过程. 用整数1到 n 构成的向量表示一整套卡片. 我们使用"sample"函数抽取 m 张卡片组成的样本. 使用"ifelse"函数来检验我们是否买齐了一整套. 如果我们样本中"唯一卡片"（对重复的卡片只取一张）的张数等于 n, 函数返回"yes", 否则函数返回"no".

```
collector=function(n,m){
  samp.cards = sample(1:n, size=m, replace=TRUE)
  ifelse(length(unique(samp.cards)) == n, "yes", "no")
```

```
}
```

令参数$n = 586$, $m = 3000$, 应用这个函数模拟这个试验,

```
> collector(586, 3000)
[1] "no"
```

在这次试验中, 结果是 "no" ——作者没有收集到一整套卡片.

为了看一下是不是作者不走运, 我们使用 "replicate" 函数将这个试验重复100次. 我们使用 "table" 函数对结果进行概括.

```
> table(replicate(100, collector(586, 3000)))

 no yes
 97   3
```

在这100次试验中, 有3次收集到了一整套, 也就是说买齐一整套的估计概率只有$3/100 = 0.03$.

11.4.3　购买最佳数量的卡片

让我们将这个问题变得更有趣一点. 假设我们的卡片收藏家不愿意一直不停地买卡片来保证得到一整套. 假设口香糖包中的卡片每张需要花费5美分, 但是他有机会从商人那以每张25 美分的价格单买一张. 假设我们的收藏家打算购买固定数量的卡片, 并从商人那里购买 "缺少的" 卡片来收齐一整套. 平均来讲, 这个计划的花费是多少? 存在一个使得期望花费最小的最佳购买数量吗?

我们写出一个函数 "collect2" 来模拟这个卡片购买过程. 这个函数只有一个参数 "n.purchased", 表示购买卡片的数量. 假定一张随机卡片的花费是 "cost.rcard" = 0.05, 从商人那里购买一张卡片的花费是 "cost.ncard" = 0.25. 和在先前的模拟中一样, 我们从整数1到586所代表的一整套卡片中有放回地抽取 "n.purchased" 张卡片. 我们计算收集的(随机)唯一卡片的数量 "n.cards" 和没有收集的卡片的数量 "n.missed". 假设我们从商人那里购买剩下的卡片, 那么随机总花费是

$$花费 = \text{cost.rcard} \times \text{n.purchased} + \text{cost.ncard} \times \text{n.missed}.$$

```
collect2 = function(n.purchased){
  cost.rcard = 0.05
  cost.ncard = 0.25
  samp.cards = sample(1:586, size=n.purchased, replace=TRUE)
  n.cards = length(unique(samp.cards))
  n.missed = 586 - n.cards
  n.purchased * cost.rcard + n.missed * cost.ncard
}
```

我们来介绍一下函数"collect2"的几种使用方式. 假设我们决定买800张卡片. 期望花费是多少? 我们可以使用"replicate"函数重复购买卡片的随机过程——下面将这个过程重复500次, 总花费的向量储存在变量"costs"中. 随机花费的分布通过"summary"函数概括.

```
> costs = replicate(500, collect2(800))
> summary(costs)
   Min. 1st Qu.  Median    Mean 3rd Qu.    Max.
   69.5    76.0    77.2    77.3    78.8    83.8
```

我们看到购买800张卡片的花费有50%的概率在76.00美元和78.80美元之间. 购买800张卡片的期望花费由样本均值77.30美元来估计.

由于我们最初关注的是期望花费, 我们写出一个新的函数"expected.cost", 它抽取100张卡片样本, 每个样本的容量是"n.purchased", 计算平均总花费. 注意使用函数"replicate"进行重复模拟, "mean"函数给出总花费向量的均值.

```
expected.cost = function(n.purchased)
  mean(replicate(100, collect2(n.purchased)))
```

由于我们感兴趣的是总花费作为购买数量的函数是如何变化的, 所以我们定义了一个向量"N", 它里面包含了合理的卡片购买数量, 从500到1500. 通过"sapply"函数我们将函数"expected.cost"应用到"N"的每一个值上去, 得到的平均花费放在向量"ECOST"中. 图11.6中构造了期望花费关于卡片购买数量的图形("grid"函数在图上叠加了一个网格来帮助定位函数最小值).

```
> N=500:1500
> ECOST = sapply(N, expected.cost)
> plot(N, ECOST, xlab="Cards Purchased",
+    ylab="Expected Cost in Dollars")
> grid(col="black")
```

从图11.6可以看出, 期望花费大约在950张卡片时达到最小值. 所以最佳卡片购买数量大约是950张, 使用这种策略的期望花费是大约76.50美元. 如果我们决定购买1200张卡片, 期望花费是大约79美元.

11.5 序列中的相依模式

例11.4 (棒球中的连续安打).

运动爱好者们对那些有着极端表现的运动员非常着迷. 运动员会经历各种阶段, 有时他们表现得非常好, 有时候又表现得非常差, 记录员会把这些极端表现记录下来. 在

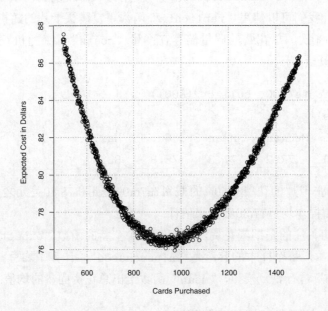

图 11.6　收集一整套棒球卡的期望总花费, 它是"随机"卡片购买数量的函数, 期望花费是由蒙特卡罗试验计算得到的.

棒球运动中, 击球手希望每局比赛都能打出安打, 记录员会记录一个球员连续打出安打的场数——这称为连续安打场次. 在2006棒球赛季中, 费城人队的Chase Utley有一次35场的连续安打, 这是棒球史上最多的连续安打场次之一.

　　但是Utley的35场连续安打有多么"重要"呢? 这个赛季Chase Utley是一个非常好的击球手, 所以人们会期望他有比较长的连续安打场次. 此外, 在重复掷公平硬币的过程中会出现连续的正面和连续的反面. 所以或许Utley的35场连续安打并不像看起来那么有意义. 我们将使用蒙特卡罗模拟来更好地理解棒球中连续安打的模式.

11.5.1　写出一个函数来计算连续安打

　　我们把棒球运动员在一系列场次中的安打成功和失败用0和1组成的序列表示, 其中1代表在那场比赛中有安打. 考虑一个假想的击球员, 他打了15场比赛, 观察到了下面的有安打场次和无安打场次构成的序列, 我们将其储存在向量"y"中.

```
> y = c(1, 1, 1, 1, 1, 1, 1, 0, 0, 1, 0, 1, 1, 1, 1)
```

我们想要记录这个序列中所有连续安打场次的长度. 首先, 我们在序列的最前面和最后面添上0以便处理. "where"是一个逻辑向量, 观测到0的时候它是"TRUE", 观测到1的时候它是"FALSE". 向量"loc.zeros"记录了序列中0所在的位置.

```
> where = (c(0, y, 0) == 0)
> n = length(y)
> loc.zeros = (0:(n+1))[where]
> loc.zeros
[1]  0  8  9 11 16
```

我们看到这个击球手在第0、8、9、11和16场比赛中没有打出安打. 要想得到连续安打场次长度，可以计算这个序列中相邻项的差值，减去1，再移除等于0的值.

```
> streak.lengths = diff(loc.zeros) - 1
> streak.lengths = streak.lengths[streak.lengths > 0]
> streak.lengths
[1] 7 1 4
```

这个球员的连续安打场次长度分别为7、1和4. 我们可以对这个向量取最大值（"max"）得到最长连续安打场次：

```
> max(streak.length)
[1] 7
```

我们生成一个函数"longest.streak"，它使用上面的命令计算二元向量"y"中1的最长连续长度.

```
longest.streak=function(y){
  where = c(0, y, 0) == 0
  n = length(y)
  loc.zeros = (0:(n+1))[where]
  streak.lengths = diff(loc.zeros) - 1
  streak.lengths = streak.lengths[streak.lengths > 0]
  max(streak.lengths)
}
```

为了检验这个函数，我们读入文件"utley2006.txt"，它里面包含了Utley在2006棒球赛季的每一场比赛中的击打数据；这个数据储存在数据框"dat"中. 变量"H"给出了每场比赛安打的次数. 我们首先找到一个说明"H"是否大于0的逻辑向量，然后使用"as.numeric"函数将"TRUE"和"FALSE"转换为1和0，这样就生成了一个二元向量. 我们对向量"utley"应用函数"longest.streak"，确认Utley在这个赛季有一次35场的连续安打.

```
> dat = read.table("utley2006.txt", header=TRUE, sep="\t")
> utley = as.numeric(dat$H > 0)
> longest.streak(utley)
[1] 35
```

11.5.2 写出一个函数来模拟安打数据

现在我们准备使用蒙特卡罗模拟来理解Utley的连续安打场次的"意义". 在这个赛季，Utley参加了160场比赛，并在116场比赛中打出了安打. 假设这116场"安打比赛"随机分布在160场比赛的序列中. 这个随机序列中最长连续安打的长度是多少? 这很容易通过我们编码在函数"random.streak"中的模拟来回答. 函数的参数是二元序列"y"，首先使用"sample"函数对二元序列进行随机置换，随机序列储存在向量"mixed.up.y"中. 然后使用函数"longest.streak"计算随机序列中1的最长连续长度.

```
random.streak=function(y){
  mixed.up.y = sample(y)
  longest.streak(mixed.up.y)
}
```

我们使用"replicate"函数将"random.streak"中的模拟重复100000次，使用Utley的安打序列. 我们将这100000次模拟中的最长连续安打场次储存在向量"L"中. 我们将"L"中的值列表，使用"plot"函数对列表值作图，通过一条竖直线叠加Utley的35场最长连续安打场次.

```
> L = replicate(100000, random.streak(utley))
> plot(table(L))
> abline(v=35, lwd=3)
> text(38, 10000, "Utley")
```

我们从中看出了什么? 如果Utley打出安打的场次在这个赛季的160场比赛中是随机分布的，那么从图11.7中我们看出最长连续安打场次在8到18之间是相当普通的，而11场连续安打是最有可能的. Utley的35场连续安打在这个分布的右边很远处，说明他的连续安打场次在随机序列中是很罕见的. 我们可以通过估计一个随机序列有35场或35场以上连续击打场次的概率来衡量这种情况"有多极端". 在我们的模拟中，我们观察到7个连续安打场次长度大于等于35的情况，所以估计的概率是

$$P(\text{连续安打场次} \geqslant 35) \approx \frac{7}{100000} = 0.00007.$$

对一个能力和Utley一样的击球手来说，打出至少35场连续安打的估计概率只有0.00007. 应该谨慎地得出这个结论，因为我们选择的是Utley开始打出较长连续安打场次之后的安打数据. 某个击球手在2006棒球赛季打出35场以上连续安打的概率是个更大一些的概率，这是因为会有更多的因素包含在计算过程中.

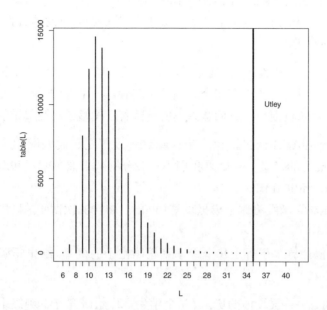

图 11.7 基于Utley安打序列随机置换的最长连续安打场次序列的图形. 图中显示了Utley的35场最长连续安打场次.

练习

11.1（轮盘赌）. 假设一个人一直在赌场玩轮盘赌. 在一局中，玩家押5美元在"红色"上；他有18/38的概率赢5美元，有20/38的概率输5美元. 如果玩20局轮盘赌（赌注不变），那么每一局的输赢可以看成是从向量(5, −5)中有放回地抽取的、容量为20的样本，其中各自的概率通过向量(18/38, 20/38)给出. 在"sample"函数中使用向量"prob"给出抽样概率，这样可以模拟这些输赢.

```
sample(c(5, -5), size=20, replace=TRUE,
  prob=c(18 / 38, 20 / 38))
```

a. 写出一个简短的函数来计算玩20局轮盘赌输赢的和. 使用"replicate"函数将这个"20局模拟"重复100次. 给出输赢总数是正数的近似概率.

b. 输赢总数是一个有20次试验的二项随机变量，成功概率是18/38. 使用"dbinom"函数给出输赢总数是正数的精确概率，并验证你在(a)中得到的近似概率确实是接近精确概率的.

c. 假定你记录了你在赌局中的累积输赢，并记录了你的累积输赢是正数的局数P. 如果每一局的输赢储存在向量"winnings"中，那么表达式"cumsum(winnings)"计算了累积输赢，表达式"sum(cumsum(winnings)>0)"计算了P的值. 调整你在(a)中给出的函数来计算P的值. 将这个过程模拟500次并构造结果的频数表. 将结果制图并讨论P的哪些值有可能出现.

11.2（检查帽子）. 假设过去人们只戴两种颜色的帽子，黑色和灰色，而同一种颜色的帽子是区分不出来的. 假设有20个人到餐馆就餐，一半人戴一种帽子，另一半人戴另一种帽子. 帽子被随机混合，我们感兴趣的是戴着正确帽子离开餐馆的人数.

a. 修改函数"scramble.hats"，用它来计算这种设置中正确匹配的个数（唯一的变化是向量"hats"的定义——如果我们用1和2分别代表黑色帽子和灰色帽子，那么"hats"含有10个1和10个2）.

b. 使用"replicate"函数将这个模拟重复1000次. 将1000次试验的匹配个数储存在向量"matches"中.

c. 通过模拟值近似计算大于等于10个人拿到正确帽子的概率. 给出正确匹配个数的期望值.

11.3（生日问题）. 假设你的班上有n个学生，你想研究一下班级中至少有两个学生生日相同的概率. 如果我们假设每个生日在集合$\{1, 2, \cdots, 365\}$中都是等可能的，那么收集到的生日可以看成是从这个集合中有放回地抽取的容量为n的样本.

a. 写出一个参数为n的函数，它抽取n个生日，计算观察到的唯一生日（重复的生日只取一个）的个数.

b. 对特殊情况$n = 30$个学生，使用"replicate"函数将这个模拟重复1000次.

c. 从结果中近似计算30个生日中至少有两个相同的概率.

d. 可以证明有相同生日的精确概率由

$$P(\text{有相同生日}) = 1 - \frac{{}_{365}P_{30}}{365^{30}},$$

其中，${}_NP_k$是从N个不同项目中抽取k个的方法数. 将(c)中的近似概率和精确概率进行比较.

e. 用参数为n的R函数"pbirthday"计算n个生日中至少有两个相同的（近似）概率. 使用这个函数验证你在(c)中的答案.

11.4（连续出现）. 在本章正文中，我们关注的是二元序列中连续出现的最长长度. 另一种衡量序列中的连续出现的方法是从0到1或从1到0的转换次数. 比如在给出的二元序列

```
0 1 0 0 0 1 0 0 1
```

中有三次从0转换到1、两次从1转换到0，所以总转换次数是5. 如果"y"是一个包含二元序列的向量，那么R表达式

```
sum(abs(diff(y)))
```

将会计算转换次数.

a. 构造一个函数"switches"来计算二元向量y中的转换次数. 通过计算2006赛季Chase Utley的比赛安打序列的转换次数来验证这个函数.

b. 对函数"random.streak"稍做改动, 构造一个函数来计算向量y中1和0的随机置换的转换次数.

c. 使用"replicate"函数对(b)中的随机置换进行10000次模拟. 构造这10000个随机序列转换次数的直方图. Utley序列的转换次数和这些随机序列生成的值是相符的吗? 通过使用转换次数统计量, 能够说明Utley在这个赛季有非同寻常的连续表现吗?

11.5 (收集50州25美分纪念币). 1999年美国发起了50州25美分纪念币计划, 每个州发行一款特殊的25美分硬币. 假设你买了100枚25美分硬币, 而每个州的硬币等可能的出现.

a. 使用"sample"函数写出一个函数来模拟购买100枚25美分硬币, 并记录购买的唯一硬币 (重复的硬币只取一枚) 的枚数.

b. 使用"replicate"函数重复1000次这个购买过程. 构造你在这1000次模拟中得到的唯一硬币枚数的表格. 使用这个表格估计你至少得到45枚唯一硬币的概率.

c. 使用(b)中的结果给出唯一硬币枚数的期望值.

d. 假定你可以从硬币商店以两美元一枚的价格购买各个州的25美分纪念币来完成一整套的收集. 修改你的函数来计算完成整套收集的总 (随机) 花费. 使用"replicate"函数将硬币购买过程重复1000次并计算完成整套收集的期望花费.

11.6 (有多少学生被排除在外?). Frederick Mosteller[35]提到了下面这个有趣的概率问题, 这个问题可以通过模拟试验解决. 假设一个班级有10名学生, 每一名学生独立地随机选择班里的其他两名学生. 有多少学生没有被其他学生选中?

这里按照Mosteller的建议, 给出了模拟这个试验的大概步骤:

- 用整数1到10组成的向量代表这些学生.

```
students = 1:10
```

- 用由0和1组成的10行、10列的矩阵"m"代表选择学生的结果. 如果学生i选择了学生j, 那么矩阵的(i, j)元等于1. 我们可以用R代码将最初的矩阵定义为全部是0.

```
m = matrix(0, nrow=10, ncol=10)
```

- 学生j会从去掉值j之后的向量"students"中选出两名其他学生. 这可以通过"sample"函数来完成. 被选择的学生储存在向量"s"中.

```
s = sample(students[-j], size=2)
```

- 在矩阵"m"中我们将第j行中标记"s"的列赋值为1, 这样来记录被选择的学生.

```
m[j, s] = c(1, 1)
```

- 如果对每一名学生重复上面的过程，那么我们可以把所有选择用矩阵"m"表示. 这里是一个模拟的矩阵.

	[,1]	[,2]	[,3]	[,4]	[,5]	[,6]	[,7]	[,8]	[,9]	[,10]
[1,]	0	1	0	0	1	0	0	0	0	0
[2,]	0	0	0	1	0	0	1	0	0	0
[3,]	0	0	0	0	0	0	0	1	0	1
[4,]	1	0	0	0	1	0	0	0	0	0
[5,]	0	1	0	0	0	1	0	0	0	0
[6,]	0	0	0	1	1	0	0	0	0	0
[7,]	0	1	0	0	0	1	0	0	0	0
[8,]	0	0	1	0	0	1	0	0	0	0
[9,]	0	1	0	0	0	0	1	0	0	0
[10,]	1	0	0	0	1	0	0	0	0	0

通过观察矩阵每一列的和我们可以看出有多少名学生没有被其他人选择（在这个例子中，有一名学生没有被选择）.

a. 写出一函数"mosteller"来运行这个试验的模拟.

b. 使用"replicate"函数将这个模拟重复100次.

c. 使用"table"函数将这100次模拟中未被选择的学生人数列表.

d. 最有可能出现的未被选择的学生人数是多少？这个结果的近似概率是多少？

第12章　贝叶斯模型

12.1　引言

统计学推断中有两种一般方法. 在基本推断方法和回归章节中，我们讨论了熟悉的频率论推断方法，比如t置信区间、卡方检验和均值相等的方差分析检验. 由于我们通过这些方法在重复抽样中的平均表现来评价它们的优度，所以它们被称为频率论方法. 比如90%置信区间意味着在重复抽样中这个随机区间有90%的机会覆盖未知参数. 在本章中我们介绍推断的另一种一般方法——贝叶斯方法.

Bolstad[4]和Hoff[23]分别对贝叶斯思想做了基本介绍和进一步介绍. Albert[1]介绍了R在运行贝叶斯计算方面的应用.

例12.1 (判断作者身份).

本章讨论了贝叶斯分析的基本内容，使用的数据来源于Mosteller和Wallace[36]的一个著名的关于写作风格的贝叶斯分析.《联邦党人文集》是由一系列写于1787年到1788年间劝说纽约州公民认可美国宪法的文章组成的. 在这些文章中，已知Alexander Hamilton是51篇文章的唯一作者，James Madison是14篇文章的唯一作者和另外3篇文章的合作作者. 剩下12篇文章的作者身份还有争议，Mosteller和Wallace解决的主要问题是判断这些争议文章的作者.

12.2　了解泊松比率

研究作者身份的第一步是检查Alexander Hamilton和James Madison的单词使用频率. 这个研究中一类有用的单词是所谓的"虚词"——类似a、an、by、to、than等用来连接或引出名词和动词的单词.

Mosteller和Wallace将James Madison的大量文章分成段，每段1000个单词，观察每一段中单词"from"出现的次数. 表12.1概括了262段文章中单词"from"的使用频数. 从表中我们看到有90段文字中没有出现"from"，93段只出现一次，42段出现两次，等等.

表 12.1 James Madison文章的262段文字中单词"from"出现次数的频数表.

			出现次数				
	0	1	2	3	4	5	6
观测值	90	93	42	17	8	9	3

假设y代表了从James Madison的文章里随机选择的一段文字中单词"from"的出现次数. y的一个常见概率模型是比率为λ的泊松分布，它的概率函数是

$$f(y|\lambda) = \frac{\exp(-\lambda)\lambda^y}{y!}, \qquad y = 0, 1, 2, \cdots$$

如果这个泊松模型是一个适合数据的拟合，那么我们可以通过比率参数λ来衡量Madison对这个特定单词的使用倾向. 由于λ是泊松分布的均值，所以λ代表了这个特定单词在Madison的多段文字中出现的平均次数.

12.3 先验密度

在贝叶斯方法中，我们使用主观概率来表示未知参数的不确定性. 我们使用主观概率表达我们对"一次性事件"的相信程度，比如一个人会在5年内结婚或者那个人会在接下来的20年里登上火星. 每个人的主观概率是不同的——老师对学生会在课程上拿到A的相信程度很可能和这个学生对这件事的相信程度不同. 此外，一个人对一件事的主观概率会发生变化，尤其是在他获得了新的信息之后. 事实上贝叶斯法则给了我们一个正式判断观察到新信息之后一个人的概率会如何改变的法则.

这里未知参数是λ，它代表了一段文字中单词"from"出现的平均次数. 由于λ未知，贝叶斯学派认为λ是一个随机量，我们关于这个参数的了解用连续概率密度$g(\lambda)$表示. 由于它代表了我们在收集数据之前对参数的判断，所以称为先验密度.

我们如何给出先验密度？在这个实例中，研究者是做贝叶斯推断的人，她对参数的位置有一些判断，用先验密度来表示. 研究者分析了和Madison生活在同一时代的作者的单词使用模式，她对λ的可能值有一些了解. 特别地，她认为Madison对"from"的平均使用率等可能地小于或大于1.0，并且她相信平均使用率小于1.5的概率是0.9. 使用符号进行表示，她相信

$$P(\lambda < 1.0) = 0.5, \ P(\lambda < 1.5) = 0.9.$$

研究者表明了她的先验想法之后，接下来她希望构造一个先验密度$g(\lambda)$来匹配这个信息. 对这个密度有很多可能的选择. 对连续正变量来说，伽马密度是一个常见且方

便的概率密度；形状参数为a、比率参数为b的伽马密度定义为

$$g(\lambda) = \frac{b^a \lambda^{a-1} \exp(-b\lambda)}{\Gamma(a)}, \ \lambda > 0.$$

经过几次反复试验，她发现形状参数为$a = 8.6$、比率参数为$b = 8.3$的特定伽马密度

$$g(\lambda) = \frac{8.3^{8.6} \lambda^{8.6-1} \exp(-8.3\lambda)}{\Gamma(8.6)}, \ \lambda > 0,$$

近似有中位数1.0和第90百分位数1.5，所以这个密度是研究者关于Madison对单词"from"平均使用率的判断的合理近似.

12.4 数据中包含的信息：似然函数

关于比率参数λ有两个信息来源——用密度$g(\lambda)$模拟的先验信息和数据. 我们用似然函数(likelihood function)表示数据中包含的信息.

注意我们观测了特定单词在多段文字中的出现次数y. 假设不同段的观测值是相互独立的，观测到y的概率由

$$P(\text{数据}|\lambda) = \prod_y f(y|\lambda)$$

给出，其中$f(y|\lambda)$是比率参数为λ的泊松密度. 代入泊松公式，我们得到

$$\begin{aligned} P(\text{数据}|\lambda) &= \prod_y f(y|\lambda) \\ &= \prod_y \frac{\exp(-\lambda)\lambda^y}{y!} \\ &= C\exp(-n\lambda)\lambda^s, \end{aligned}$$

其中，n是段数，s是单词出现总次数，C是一个正的常数. 在表12.1所列出的数据中，我们看到$n = 262$和$s = 323$，这个概率由

$$P(\text{数据}|\lambda) = C\exp(-262\lambda)\lambda^{323}.$$

给出.

似然函数是数据结果$P(\text{数据}|\lambda)$的概率，是参数λ的函数. 我们将似然函数用符号L表示——这里似然函数

$$L(\lambda) = \exp(-262\lambda)\lambda^{323}$$

告诉我们，在给定观测数据集的情况下，参数λ的哪些值是可能的、哪些值是不可能的. 这个函数在比较不同参数值的相对可靠性方面（给定数据）是很有帮助的，将似然函数乘上任何正的常数都不会改变这种相对比较. 画出似然函数的图形会提供更多信息. 使用"curve"函数，对0.9和1.6之间的λ值显示似然函数$L(\lambda)$（见图12.1）.

```
> curve(exp(-262 * x) * x^323, from=0.9, to=1.6,
+   xlab="Lambda", ylab="Likelihood")
```

我们从图中可以看出，在给定这个特定数据的情况下，参数值$\lambda = 1.2$接近于最可能的参数值，与之相反的是参数值$\lambda = 1.0$和$\lambda = 1.5$不是可能的值，这意味着这些参数值与观测数据并不相符.

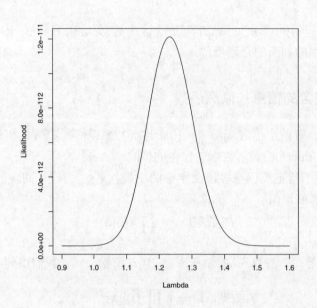

图 12.1　Madison文章中单词"from"使用率的似然函数.

12.5　后验和推断

12.5.1　后验的计算

先验密度$g(\lambda)$反映了收集数据之前关于比率参数的专家观点. 观察数据之后我们关于参数的观点可能会改变——新的（或者更新了的）密度称为后验密度(posterior density). 使用贝叶斯法则，后验密度由公式

$$后验密度 \propto 似然函数 \times 先验密度$$

给出. 在本例中，专家的先验密度通过

$$g(\lambda) \propto \lambda^{8.6-1} \exp(-8.3\lambda)$$

给出（忽略了常数），似然函数通过

$$L(\lambda) \propto \exp(-262\lambda)\lambda^{323}$$

给出. 所以把先验密度和似然函数相乘得到了后验密度

$$
\begin{aligned}
g(\lambda|\text{数据}) &\propto \left[\lambda^{8.6-1}\exp(-8.3\lambda)\right] \times \left[\exp(-262\lambda)\lambda^{323}\right] \\
&= \lambda^{331.6-1}\exp(-270.3\lambda)
\end{aligned}
$$

后验密度反映在观测数据之后对比率参数 λ 更新了的或当前的判断. 所有关于参数的推断, 包括点估计和区间估计, 都是以这个密度的不同概括为基础的. 我们使用多种方法来说明贝叶斯推断的计算过程. 第一种计算方法把后验密度看成是一个熟悉的函数形式, 我们可以对这个函数形式使用特殊的 R 函数概括密度. 第二种方法以模拟为基础, 由此产生了一个概括各种不同后验密度的一般方法.

12.5.2 后验密度的精确概括

伽马密度有函数形式

$$
f(y) \propto \lambda^{a-1}\exp(-b\lambda),\ y > 0,
$$

其中, a 和 b 分别是形状参数和比率参数. 比较这个函数形式和本例中的后验密度, 我们发现 λ 的后验密度是一个形状参数为 $a = 331.6$、比率参数为 $b = 270.3$ 的伽马密度. 使用 R 中伽马分布的概率函数, 我们可以直接概括后验密度.

我们简单地画出参数后验密度的图形来进行一个贝叶斯推断. 可以使用 "curve" 函数和伽马密度函数 "dgamma" 构造 λ 后验密度的图形. 通过反复试验, "curve" 中的参数 "to=1.6" 和 "from=0.9" 可以生成一个很好的后验密度显示. 在 "curve" 函数中使用 "add=TRUE" 选项将似然函数叠加到这个图形上去（见图12.2）. 注意似然函数和后验密度非常相似, 这说明后验密度主要由数据中的信息控制, 先验信息对推断的影响很小.

```
> curve(dgamma(x, shape=331.6, rate= 270.3), from=0.9, to=1.6)
> curve(dgamma(x, shape=324, rate=262), add=TRUE, lty=2, lwd=2)
> legend("topright", c("Posterior", "Likelihood"), lty=c(1, 2),
+    lwd=c(1, 2))
```

参数的贝叶斯点估计是后验密度的一个概括. 比率参数 λ 的一个有用点估计是后验中位数——它是满足

$$
P(\lambda < \lambda_M) = 0.5.
$$

的值 λ_M. 我们在伽马分位数函数 "qgamma" 中输入 0.5（概率）、形状参数和比率参数可以得到后验中位数.

```
> qgamma(0.5, shape=331.6, rate=270.3)
[1] 1.225552
```

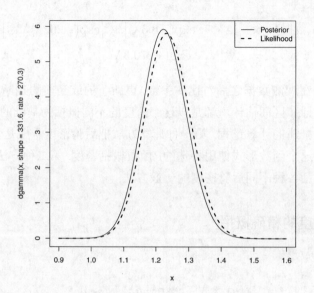

图 12.2 Madison的文章中单词"from"使用率的后验密度（实线）和似然函数（虚线）.

观测数据之后我们的观点是Madison的使用率等可能地小于或大于1.226.

比率参数的贝叶斯区间估计是一个区间$(\lambda_{LO}, \lambda_{HI})$，它包含$\lambda$的概率是一个特定值$\gamma$：

$$P(\lambda_{LO} < \lambda < \lambda_{HI}) = \gamma.$$

假设我们希望得到一个90%贝叶斯区间，其中$\gamma = 0.90$. 计算伽马后验密度的第5和第95百分位数可以得到"等尾"区间，这可以通过"qgamma"函数的第二种应用实现：

```
> qgamma(c(0.05, 0.95), shape=331.6, rate=270.3)
[1] 1.118115 1.339661
```

Madison的比率参数λ落在区间$(1.118, 1.340)$中的后验概率是0.90.

12.5.3 通过模拟概括后验

模拟提供了一种有吸引力的一般方法来概括后验概率分布. 我们对服从后验概率分布的参数进行多次模拟，通过寻找模拟样本的合适概括来执行贝叶斯推断.

在本例中，后验密度是一个$\Gamma(331.6, 270.3)$密度，我们可以从伽马密度中抽样来生成服从后验密度的模拟样本. 这可以通过R函数"rgamma"方便地完成. 使用R代码

```
> sim.post = rgamma(1000, shape=331.6, rate=270.3)
```

从$\Gamma(331.6, 270.3)$分布中抽取一个容量为1000的样本并储存在向量"sim.post"中.

　　我们对模拟样本构造直方图或其他类型的密度估计,这样可以将后验密度形象化.
在下面的代码中,我们构造一个直方图并叠加精确的伽马密度(见图12.3).伽马密度
和直方图吻合得很好,这说明模拟样本是后验密度的一个很好的代表.

```
> hist(sim.post, freq=FALSE, main="", xlab="Lambda")
> curve(dgamma(x, shape=331.6, rate=270.3), add=TRUE)
```

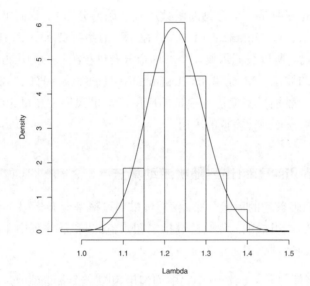

图 12.3　服从Madison的比率参数后验分布的模拟样本的直方图.图中画出了精确的伽
马后验密度,显示出模拟样本和精确后验密度看起来是相符的.

　　我们可以对服从后验概率分布的模拟样本使用数据分析方法来概括λ的后验分布.
对储存在"sim.post"中的参数值模拟样本计算第5、第50和第95样本百分位数可以给
出对应的后验密度百分位数.

```
> quantile(sim.post,c(0.05, 0.5, 0.95))
       5%      50%      95%
1.118563 1.225402 1.338694
```

后验中位数通过样本中位数1.225给出,第5和第95百分位数构成了λ的90%区间估
计(1.119, 1.339).

　　评论:我们注意到使用模拟方法的后验中位数和区间估计近似、但是不等于使用
"qgamma"函数计算得到的"精确"值.事实上这是经常出现的情况.从后验分布进行

模拟的时候，由于模拟程序的问题，我们会引入一些误差. 那为什么我们还要模拟呢？有几个很好的理由. 首先，模拟提供了一个很有吸引力的了解概率分布的方法，这是因为我们可以对模拟的样本使用数据分析方法来了解分布. 其次，我们很快就可以看到存在一个可以从任何后验密度进行模拟的好方法（甚至包括那些形式不是常用函数的密度），所以模拟为贝叶斯计算提供了一个通用的方法.

12.6　用随机游动模拟概率分布

12.6.1　引言

在本例中，后验分布是一个常见的函数形式（伽马分布），我们可以使用R的内置函数（比如"dgamma"和"qgamma"）来概括密度. 但是在实际中，后验密度通常不是一个熟悉的函数形式，所以我们需要一个对这个分布进行模拟的通用方法. 在这一节中我们介绍一种常用的算法，Metropolis-Hastings(M-H)随机游动算法. 在第13章中我们将介绍这种算法对一般抽样密度进行模拟的应用，这里我们主要讨论这种算法对一个连续参数的任意概率分布进行模拟的应用.

12.6.2　Metropolis-Hastings随机游动算法

用$g(\theta)$表示我们感兴趣的后验分布. 我们可以通过概率分布模拟一个随机游动，它是由值$\theta^{(0)}, \theta^{(1)}, \theta^{(2)}, \cdots$组成的. 我们通过指定初始值$\theta^{(0)}$和从序列中第$t$个值$\theta^{(t)}$移动到第$(t+1)$个值$\theta^{(t+1)}$的规则来指定这个随机游动，

a. 从$\theta^{(t)}$开始，从区间$(\theta^{(t)} - C, \theta^{(t)} + C)$中均匀地模拟一个备选值$\theta^*$，其中$C$是一个指定的常数，它决定了建议密度的宽度.

b. 在当前值$\theta^{(t)}$和备选值θ^*处计算后验密度——这两个值是$g(\theta^{(t)})$和$g(\theta^*)$.

c. 计算概率

$$P = \min\left(1, \frac{g(\theta^*)}{g(\theta^{(t)})}\right)$$

d. 序列的下一个值是备选值θ^*的概率是P，如果不是θ^*那么序列中的下一个值是当前值$\theta^{(t)}$.

随机游动模拟了一种特殊形式的马尔可夫链. 一般来说，模拟值序列$\theta^{(0)}, \theta^{(1)}, \theta^{(2)}, \cdots$会收敛于服从后验密度$g(\theta)$的样本. 这种算法和第13章中将要介绍的随机游动M-H算法非常类似. 唯一的差别是第13章的算法使用了对称正态密度来找到备选值，而我们这里用的是均匀密度.

在这个算法中，备选的参数值θ^*是从当前值$\theta^{(t)}$的一个邻域中随机选取的. 我们需要指定一个常数C来决定邻域的宽度. 和我们将在接下来的实例中看到的一样，有很多合适的C值可以生成近似服从后验密度的模拟样本.

我们写出了一个简短的函数"metrop.hasting.rw"来实现这个随机游动算法（这个函数和第13章中的同名函数非常类似）. 在我们使用这个函数之前, 必须先写出一个简短的函数来计算后验密度. 为了保证数值精确度, 我们计算后验密度的对数. 在我们的实例中, 后验密度是一个形状参数为331.6、比率参数为270.3的伽马密度. 写出函数"mylogpost"来计算这个伽马密度的对数. 这个函数有三个参数——随机参数λ、形状参数和比率参数. 注意, 我们在伽马密度"dgamma"中使用了参数"log = TRUE"来计算密度的对数.

```
mylogpost = function(lambda, shape, rate)
  dgamma(lambda, shape, rate, log=TRUE)
```

函数"metrop.hasting.rw"有五个参数: 定义了后验密度对数的函数的名称为"logpost", 算法中的初始值为"current", 邻域宽度常数为"C", 模拟样本容量"iter"和函数"logpost"需要的附加参数. 这里附加参数是伽马密度的形状参数和比率参数. 由于这个函数相对较短, 一行一行地解释函数的代码会比较容易理解.

- 使用函数"rep"定义了一个全是0的向量"S"来储存模拟值. 定义变量"n.accept"来计算被接受的备选值的个数.

  ```
  S = rep(0, iter); n.accept = 0
  ```

- 对循环中的每次迭代

  - 我们在当前值$\theta^{(t)}$的邻域中模拟备选值θ^*:

    ```
    candidate = runif(1, min=current - C, max=current + C)
    ```

  - 我们计算接受备选值的概率:

    ```
    prob = exp(logpost(candidate, ...) - logpost(current, ...))
    ```

  - 我们模拟一个均匀随机数——如果数字小于概率, "accept="yes""; 否则, "accept="no"":

    ```
    accept = ifelse(runif(1) < prob, "yes", "no")
    ```

  - 如果我们接受了备选值（"accept="yes""）, 那么新的当前值就是备选值; 否则, 新的当前值保持不变（还是原来的当前值）:

    ```
    current = ifelse(accept == "yes", candidate, current)
    ```

  - 我们将当前值储存在向量"S"中并记录被接受的备选值的个数:

    ```
    S[j] = current; n.accept = n.accept + (accept == "yes")
    ```

- 函数返回一个有两个分量的列表: 模拟值向量"S"和被接受的备选值的比例"accept.rate".

```
  list(S=S, accept.rate=n.accept / iter)
```

函数"metrop.hasting.rw"的完整代码如下.

```
metrop.hasting.rw = function(logpost, current, C, iter, ...){
  S = rep(0, iter); n.accept = 0
  for(j in 1:iter){
    candidate = runif(1, min=current - C, max=current + C)
    prob = exp(logpost(candidate, ...) - logpost(current, ...))
    accept = ifelse(runif(1) < prob, "yes", "no")
    current = ifelse(accept == "yes", candidate, current)
    S[j] = current; n.accept = n.accept + (accept == "yes")
  }
  list(S=S, accept.rate=n.accept / iter)
}
```

对于我们的实例, 注意函数"mylogpost"包含了伽马后验密度对数的定义. 假设我们希望从$\lambda = 1$开始随机游动, 模拟1000个马尔可夫链的值, 使用范围值$C = 0.2$. "metrop.hasting.rw"最后的参数为"mylogpost"函数中使用的形状参数和比率参数.

```
> sim = metrop.hasting.rw(mylogpost, 1, 0.2, 1000, 331.6, 270.3)
```

在我们运行随机游动之后需要检验一下模拟值是否是一个"很好的"服从后验密度的样本. 按惯例我们构造一个轨迹图, 模拟值$\theta^{(t)}$序列关于迭代次数t的散点图. 如果序列中没有很强的相依模式并且没有随着迭代发生大体上的移动, 那么序列将会是一个比较好的、服从我们感兴趣的概率密度的模拟样本. 我们也可以显示接受率——备选值被接受的比例. 一般来讲, 在随机游动M-H算法中接受率在20%~40%之间被认为是生成了一个可接受的模拟样本.

我们对这种算法选择了三个不同的范围常数$C = 0.02, 0.2, 1.0$, 对这三次模拟分别介绍这些检验的应用. 每个随机游动都运行了1000次迭代, 每个都从值$\lambda = 1$开始. 表12.2给出了这三次模拟的接受率. 如果我们使用较小的邻域$C = 0.02$, 那么就几乎接受了所有的备选值; 相反的是, 使用尺度值$C = 1.00$的话, 只有10%的备选值被接受了.

表 12.2 使用尺度C的三种选择的随机游动算法的接受率.

C	接受率
0.02	0.92
0.20	0.49
1.00	0.10

图12.4是对C的三种选择所显示的模拟样本的轨迹图. 注意选择$C = 0.02$有较大接受率92%, 它显示了一个蛇形轨迹. 模拟值的相互关系很强, 我们不能很快找到密度有绝大多数概率的区域; 相反的是, 选择$C = 1.0$的接受率为10%, 并且轨迹图中算法停留在相同值的区域是很常见的. 为了看一下哪个模拟样本是最准确的, 图12.5是对C的三种选择所显示的模拟样本的密度估计图. 每个图中的虚线是精确的伽马后验密度. 代表后验密度最佳模拟样本的看起来是选择$C = 0.2$, 之后是$C = 1.0$和$C = 0.02$.

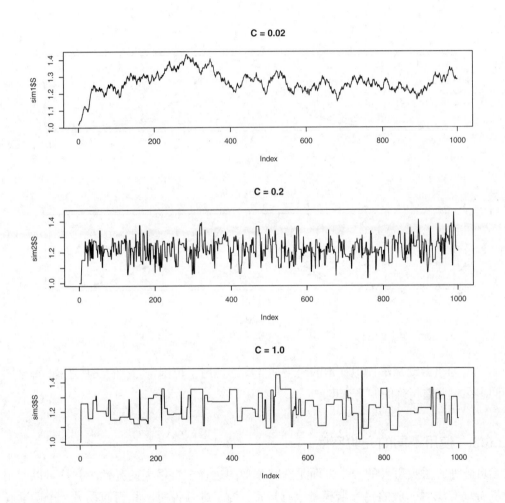

图 12.4 随机游动算法模拟样本的轨迹图, 使用了范围常数C的三种选择.

Metropolis-Hastings随机游动算法是一个非常好用的、可以对任何概率密度进行模拟的通用算法. 但是它不能自动对C的多个选择进行试验, 也不能自动使用接受率和轨迹图对C进行合适的选择. 如果我们对密度的标准差σ有个估计, 那么$C = 4\sigma$会是一个比较合理的初始猜测.

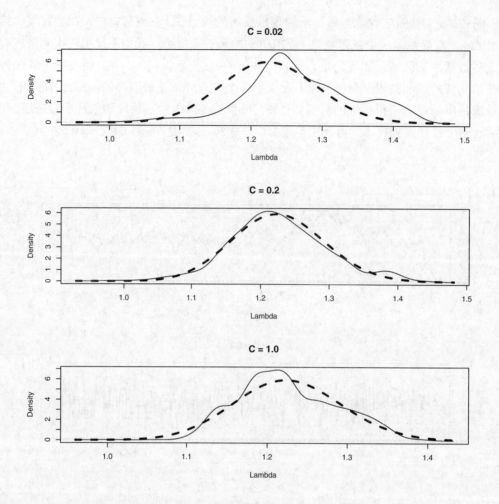

图 12.5 随机游动算法模拟样本的密度估计图, 使用了范围常数C的三种选择. 每个图中的虚线对应着精确的伽马密度.

12.6.3 使用不同的先验密度

贝叶斯方法吸引人的一个方面是它在模型的选择上有很大的弹性, 并且可以使用随机游动算法对一般的贝叶斯模型进行模拟. 为了进行说明, 我们假设另一个研究者对Madison使用单词"from"的频率有不同的看法. 他关于λ的最佳猜测是2, 并且他有95%的把握相信λ落在区间(1.6, 2.4)中. 他通过一个均值为2、标准差为0.2的正态先验密度来表示这个信息. 使用"似然函数乘以先验密度"这一公式, 后验密度由

$$g(\lambda|\text{数据}) \propto \exp(-262\lambda)\lambda^{323} \times \exp\left(-\frac{(\lambda-2)^2}{2(0.2)^2}\right).$$

给出 (取决于比例常数).

由于后验密度不是像伽马函数一样的常见函数形式, 所以这不是一个类似的问题.

但是如果我们使用随机游动模拟方法来概括后验密度那么这就不成问题了. 下面给出了一个函数来计算与正态先验密度对应的后验密度的对数. 由于似然函数是一个形状参数为324、比率参数为262的伽马密度, 我们使用带选项 "log=TRUE" 的 "dgamma" 函数对似然函数的对数编程, 使用带选项 "log=TRUE" 的 "dnorm" 函数对先验密度的对数编程.

```
mylogpost = function(lambda){
 dgamma(lambda, shape=324, rate=262, log=TRUE) +
   dnorm(lambda, mean=2.0, sd=0.2, log=TRUE)
}
```

请读者使用函数 "metrop.hasting.rw" 从后验密度模拟一个样本作为练习.

12.7 贝叶斯模型检验

在本例中, 我们假设了Madison的一段文字中 "from" 的出现次数服从泊松分布. 推断的有效性依赖于我们在模型中的假设, 包括泊松抽样的假设和我们关于比率参数的判断可以使用先验密度$g(\lambda)$表示的假设. 但是我们该如何检验这些模型假设是否合理呢? 我们模型检验的基础是接下来定义的预测分布.

12.7.1 预测分布

假设我们发现了一个Madison文章的新样本, 我们想要预测一下这个新样本中单词 "from" 的出现次数. 我们将这个次数表示为y^*——我们用额外的星号表示将来的数据或未被观测的数据. y^*的值未知, 这个未来数据的概率分布称为预测分布.

我们假定, 以比率λ为条件, 未来次数y^*服从泊松分布. 还假设现在关于比率λ的判断用概率密度$g(\lambda)$表示. 那么我们可以首先从密度$g(\lambda)$模拟一个比率——称模拟值为λ^*, 以此从预测密度$f(y^*)$模拟一个值. 那么y^*是从泊松密度$f(y^*|\lambda^*)$模拟的.

在我们使用伽马先验密度的实例中, λ的后验密度是$\Gamma(331.6, 270.3)$. 假设我们想预测一段新的文字中 "from" 的次数y^*. 我们可以使用R代码模拟一个y^*的值—— 先使用 "rgamma" 函数从λ的先验密度模拟一个λ值, 然后使用 "rpois" 函数和模拟值λ^*来模拟y^*的值.

```
> lambda = rgamma(1, shape=331.6, rate=270.3)
> ys = rpois(1, lambda)
```

由于我们使用后验分布$g(\lambda|数据)$来模拟我们关于比例参数的当前判断, 所以认为这个模拟值来自于后验预测分布.

假设我们想预测262段新文字中 "from" 出现的次数. 我们首先从伽马密度模拟一个值 "lambda", 然后从参数为这个 "lambda" 值的泊松分布模拟一个容量为262的样本.

```
> lambda = rgamma(1, shape=331.6, rate=270.3)
> ys = rpois(262, lambda)
```

我们使用"table"函数将这些次数值列表.

```
> table(ys)
ys
  0   1   2   3   4   5
 65 103  66  20   4   4
```

在262段新文字中, 有65段不含这个特殊的单词, 103段只含有一个, 66段含有两个, 等等.

12.7.2　模型检验

在我们预测262段文字中"from"的出现次数时, 还应注意到观测样本的次数和预测样本的次数存在着差异. 比如, 在我们的观测样本中有90段文字不含这个单词（见表12.1）, 但是在预测样本中只有65段文字不含这个单词. 还有, 在我们的样本中有3段文字含有6个"from"（见表12.1）, 而在我们的预测样本中没有一段文字含有5个或5个以上的"from". 当然, 我们只是模拟了一个预测样本和观测样本进行比较. 但是如果从模型模拟的预测和观测次数看起来一直不一样, 这可能会使我们怀疑我们的模型是否是数据的一个较好拟合（Gelman等人[19]对于使用预测分布检验贝叶斯模型给出了一般讨论）.

由这些观测值产生了一个检验我们的贝叶斯模型的方法. 我们从后验预测分布模拟多个预测样本, 每个预测样本的容量都和观测样本是一样的. 我们将这些预测样本和观测数据进行比较. 如果我们发现每个预测数据集和观测的次数都不同, 这就说明我们的模型有失拟问题.

我们使用下面的R代码执行观测数据和模拟数据的比较. 首先, 写出一个函数"sim.y"来从后验预测分布模拟一个262段文字中"from"出现次数的样本并将其列成表格.

```
sim.y = function(){
  lambda = rgamma(1, shape=331.6, rate=270.3)
  ys = rpois(262, lambda)
  H = hist(ys, seq(-.5,9.5,1), plot=FALSE)
  data.frame(y=H$mids, f=H$counts)
}
```

然后我们生成一个数据框, 里面包含了观测的频数和从后验预测分布模拟的8个样本的频数. 使用"lattice"包中的"xyplot"函数显示真实数据和这8个模拟样本中y^*值的直方图（见图12.6）.

```
> D = data.frame(Type="Obs", y=c(0:6),
+    f = c(90, 93, 42, 17, 8, 9, 3))
> for(j in 1:8){
+    sim.out = sim.y()
+    D = rbind(D, data.frame(Type=paste("Sim",j),
+       y=sim.out$y, f=sim.out$f))
+ }
> library(lattice)
> xyplot(f ~ y | Type, data=D, type="h", lwd=3)
```

大体看来模拟分布的直方图和观测数据的直方图是类似的. 但是如果我们将注意力集中在极端值上, 我们会注意到模拟中"from"的出现次数大于等于4是相当少见的, 但是在观测的文字中有20段出现了4次或4次以上的"from".

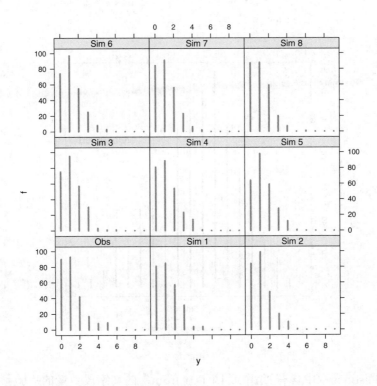

图 12.6 8个样本的直方图, 它们都服从未来样本中"from"出现次数的后验预测分布. 观测数据的直方图在左下角给出.

基于模拟预测数据和真实数据之间的这些比较, 我们考虑一个度量预测数据分布和真实数据分布差异的方法. 由于观测数据看起来有更多的极端值, 我们决定把注意力集中在下面的"检验函数"上.

$$T = y\text{的数量, 其中}y \geqslant 4.$$

对于我们的数据, 最少出现4次的数量是

$$T_{obs} = 8 + 9 + 3 = 20.$$

在我们的模型预测中观测到20段文字出现了4次或4次以上"from"是异常的吗？我们通过模拟1000个服从后验预测分布的样本来回答这个问题. 我们对每个样本计算T的值, 得到了一个由1000个T值组成的、服从后验预测分布的样本. 我们构造这些模拟值的直方图, 将这个分布和T的观测值T_{obs}进行比较. 如果T_{obs}在这个分布的尾部, 就说明了观测数据和模型的预测模拟是不一致的, 我们应该寻找一个更好的模型. 图12.7显示了我们在1000个模拟中的T的直方图. 我们看到T的平均值大约是9, T有很大可能落在4和16之间. 但是, 就像图中说明的一样, 我们观察到值$T_{obs} = 20$在分布的右端很远处.

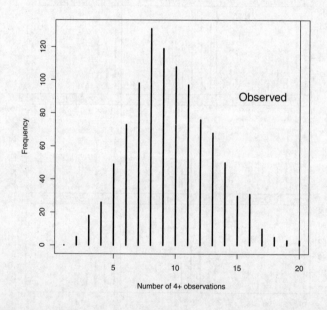

图 12.7　Madison文章中含有"4个或4个以上from"的文字段数量的后验预测分布. 竖线对应着观测数据中含有"4个或4个以上from"的文字段的数量.

我们通过这种模型检验方法看到, 在Madison的各段文章中观测到的特定单词出现次数和我们用这个泊松抽样模型以及伽马先验密度所预测的值有较大的区别. 由于似然函数对后验分布有最大的影响, 所以看起来我们的模型主要问题是泊松假设, 我们需要另外寻找一个可以容纳这个额外区别的抽样模型.

12.8 负二项模型

12.8.1 过度散布

我们的基本假设是特定单词（比如"from"）的出现次数y服从均值为λ的泊松分布. 泊松分布的一个性质是均值和方差是相等的：

$$\text{Var}(y) = E(y).$$

在我们关于Madison文章每段出现次数的实例中，我们可以通过样本方差和样本均值估计$\text{Var}(y)$和$E(y)$，我们发现

$$s^2 = 1.83, \ \bar{y} = 1.23.$$

这里有一个很好的证据说明了出现次数是过度散布的，这意味着在这种情况下方差超过了均值：

$$\text{Var}(y) > E(y).$$

在这种情况下，泊松抽样假设看起来是不合理的，我们希望拟合一个允许过度散布的抽样分布.

一个允许过度散布的分布是负二项分布，其概率函数为

$$p(y|a,b) = \frac{\Gamma(y+a)}{\Gamma(a)y!} \frac{b^a}{(b+1)^{a+y}}, \qquad y = 0, 1, 2, \cdots.$$

其中，$\Gamma(\cdot)$是完全伽马函数. 我们可以证明它的均值和方差分别为

$$E(y) = \frac{a}{b}, \qquad \text{Var}(y) = \frac{a}{b}\left(1 + \frac{1}{b}\right).$$

如果我们用均值$\mu = a/b$和a将这个分布重新参数化，那么我们可以将概率函数写成

$$p(y|\mu,a) = \frac{\Gamma(y+a)}{\Gamma(a)y!}\left(\frac{a}{a+\mu}\right)^a \left(\frac{\mu}{a+\mu}\right)^y, \ y = 0, 1, 2, \cdots.$$

在这个新的参数化形式中，均值和方差分别为

$$E(y) = \mu, \ \text{Var}(y) = \mu\left(1 + \frac{\mu}{a}\right).$$

参数a可以看成是过度散布参数，因为它决定了方差比均值大多少. 当a趋向无穷时，负二项模型趋向于均值和方差相等的泊松模型.

12.8.2 拟合负二项模型

拟合这个负二项模型比拟合泊松模型更有挑战，这是因为我们有两个未知参数，均值参数μ和过度散布参数a. 但是我们可以使用和泊松模型中一样的基本拟合模型方法. 我们对参数(μ, a)构造一个先验分布，计算参数的似然函数，然后通过"先验密度乘以似然函数"的公式计算后验密度.

先验密度

假设我们的专家在观测数据之前对参数 (μ, a) 的位置有一定的了解. 这种情况下我们构造这两个参数的先验概率密度, 它有较大的范围, 反映了不精确的先验判断. 这里我们假设 μ 和 a 是相互独立的, 每个参数赋给了一个标准的log-logistic密度:

$$g(\mu, a) = \frac{1}{(1+\mu)^2} \frac{1}{(1+a)^2}, \qquad \mu > 0, \qquad a > 0.$$

对每个参数, 先验中位数是1, 90%区间估计由(0.11, 9.0)给出. 先验密度也有其他可能的选择, 也可以反映参数的少量信息, 但是这个先验密度已经相当不精确了, 所以这个先验信息对后验分布的影响很小.

似然函数

注意我们的观测数据是James Madison的多段文字中单词"from"的出现次数 y. 似然函数是得到表12.1中观测数据的概率, 把它看成是未知参数的函数. 如果我们假设负二项抽样, 那么似然函数可以写成

$$
\begin{aligned}
L(\mu, a) &= \prod_y p(y|\mu, a) \\
&= \prod_y \frac{\Gamma(y+a)}{\Gamma(a)y!} \left(\frac{a}{a+\mu}\right)^a \left(\frac{\mu}{a+\mu}\right)^y.
\end{aligned}
$$

由于数据是频数表的格式, 其中 $y=0$ 观测到90次, $y=1$ 观测到93次, 所以我们可以将似然函数写为

$$
\begin{aligned}
L(\mu, a) = & \; p(0|\mu,a)^{90} p(1|\mu,a)^{93} p(2|\mu,a)^{42} p(3|\mu,a)^{17} p(4|\mu,a)^{8} \times \\
& \; p(5|\mu,a)^{9} p(6|\mu,a)^{3},
\end{aligned}
$$

其中

$$p(y|\mu, a) = \frac{\Gamma(y+a)}{\Gamma(a)y!} \left(\frac{a}{a+\mu}\right)^a \left(\frac{\mu}{a+\mu}\right)^y.$$

后验密度

假设了 (μ, a) 的log-logistic先验密度和基于负二项抽样的似然函数, 后验密度通过似然函数乘以先验密度给出 (取决于某个未知比例常数):

$$
\begin{aligned}
g(\mu, a|\text{数据}) \propto & \; p(0|\mu,a)^{90} p(1|\mu,a)^{93} p(2|\mu,a)^{42} p(3|\mu,a)^{17} p(4|\mu,a)^{8} \times \\
& \; p(5|\mu,a)^{9} p(6|\mu,a)^{3} \times \frac{1}{(1+\mu)^2} \frac{1}{(1+a)^2}.
\end{aligned}
$$

为了了解 (μ, a) 的值, 我们使用和泊松抽样模型中一样的模拟方法. 使用随机游动算法, 我们模拟了一个很大的、服从参数后验概率分布的样本, 然后我们概括这个模拟样本来进行推断.

为了使得随机游动算法更有效率, 我们使用自然对数转换将正的参数μ和a转换为实值参数会有所帮助:

$$\theta_1 = \log a, \ \theta_2 = \log \mu.^{\mathrm{i}}$$

转换后的参数(θ_1, θ_2)的后验概率分布由

$$
\begin{aligned}
g(\theta_1, \theta_2|\text{数据}) \ \propto \ & p(0|\theta_1, \theta_2)^{90} p(1|\theta_1, \theta_2)^{93} p(2|\theta_1, \theta_2)^{42} p(3|\theta_1, \theta_2)^{17} p(4|\theta_1, \theta_2)^8 \times \\
& p(5|\theta_1, \theta_2)^9 p(6|\theta_1, \theta_2)^3 \times \frac{\mathrm{e}^{\theta_1}}{(1+\mathrm{e}^{\theta_1})^2} \frac{\mathrm{e}^{\theta_2}}{(1+\mathrm{e}^{\theta_2})^2},
\end{aligned}
$$

给出, 其中

$$p(y|\theta_1, \theta_2) = \frac{\Gamma(y + \mathrm{e}^{\theta_1})}{\Gamma(\mathrm{e}^{\theta_1})y!} \left(\frac{\mathrm{e}^{\theta_1}}{\mathrm{e}^{\theta_1} + \mathrm{e}^{\theta_2}} \right)^a \left(\frac{\mathrm{e}^{\theta_2}}{\mathrm{e}^{\theta_1} + \mathrm{e}^{\theta_2}} \right)^y.$$

如果观察一下后验密度表达式, 会注意到一个新的因子$\exp(\theta_1 + \theta_2)$——这是一个雅可比项(Jacobian term), 当我们对参数a和μ应用非线性转换［比如$\log(a)$和$\log(\mu)$］时这一项是必不可少的.

后验的随机游动

可以使用之前给出的单参数Metropolis-Hastings随机游动算法的 一个直接推广来从这个双参数后验密度进行模拟. 和以前一样, 选择一个初始值, 然后设计接下来的从参数的第t个值$\theta^{(t)} = (\theta_1^{(t)}, \theta_2^{(t)})$移动到序列中的第$(t+1)$个值的方案. 和以前一样, 我们令$g(\theta)$表示后验密度, 其中$\theta$是参数向量$(\theta_1, \theta_2)$.

a. 从矩形邻域$(\theta_1^{(t)} - C_1 \leqslant \theta_1^* \leqslant \theta_1^{(t)} + C_1, \theta_2^{(t)} - C_2 \leqslant \theta_2^* \leqslant \theta_2^{(t)} + C_2)$ 均匀地模拟备选值$\theta^* = (\theta_1^*, \theta_2^*)$, 其中$C_1$和$C_2$是两个控制建议区域大小的合适常数.

b. 计算当前值$\theta^{(t)} = (\theta_1^{(t)}, \theta_2^{(t)})$和备选值$\theta^*$处的后验密度, 分别用$g(\theta^{(t)})$和 $g(\theta^*)$表示.

c. 计算概率P, 其中

$$P = \min \left(1, \frac{g(\theta^*)}{g(\theta^{(t)})} \right).$$

d. 序列中的下一个值是备选值θ^*的概率为P; 若下一个值不是备选值, 则令其为当前值$\theta^{(t)}$.

下面的R函数 "metrop.hasting.rw2" 实现了双参数概率密度的M-H随机游动算法. 需要输入的是定义了后验密度对数的函数 "logpost2"、参数向量 "curr" 中的初始值、M-H迭代次数 "iter"、包含了C_1和C_2值的范围参数向量 "scale". 最后的输入内容 "..." 对应的是函数 "logpost2" 需要的数据或信息. 这个函数和单参数M-H算法模拟中使用的函数 "metrop.hasting.rw" 非常类似. 现在使用两行命令来从当前向量值的矩形邻域中模拟备选参数值. 使用矩阵 "S" 储存模拟的向量——这个矩阵的维数是 "iter" 乘以2, 每一行对应着(θ_1, θ_2)的一个模拟值.

ⁱ注意这里的 "log" 其实就是自然对数 "ln", 余下同.——编辑注

```
metrop.hasting.rw2 = function(logpost2, curr, iter, scale, ...){
  S = matrix(0, iter, 2)
  n.accept = 0; cand = c(0, 0)
  for(j in 1:iter){
    cand[1] = runif(1, min=curr[1] - scale[1],
      max=curr[1] + scale[1])
    cand[2] = runif(1, min=curr[2] - scale[2],
      max=curr[2] + scale[2])
    prob = exp(logpost2(cand, ...) - logpost2(curr, ...))
    accept = ifelse(runif(1) < prob, "yes", "no")
    if(accept == "yes") curr=cand
    S[j, ] = curr
    n.accept = n.accept + (accept == "yes")
  }
  list(S=S, accept.rate=n.accept / iter)
}
```

为了使用函数"`metrop.hasting.rw2`", 我们写出一个简短的函数"`lognbpost`"来计算后验密度的对数. 使用函数"`dnbinom`"会比较方便, 它可以计算负二项概率函数. 不过R中的负二项函数使用了一个不同的参数化形式——函数"`dnbinom`"的参数形式是大小n和概率p, 概率函数为

$$f(y; n, p) = \frac{\Gamma(y+n)}{\Gamma(n)y!} p^n (1-p)^y, \ y = 0, 1, 2, \cdots$$

将其与我们的表现形式进行比较, 我们发现$n = a = e^{\theta_1}$, $p = a/(a+\mu) = e^{\theta_1}/(e^{\theta_1}+e^{\theta_2})$. 在这个函数中, 数据用$y$值向量"`y`"和对应的频数向量组成的列表表示.

```
lognbpost = function(theta, data){
  sum(data$f * dnbinom(data$y, size=exp(theta[1]),
    prob=exp(theta[1]) / sum(exp(theta)), log=TRUE)) +
    sum(theta) - 2 * log(1 + exp(theta[1])) -
      2 * log(1 + exp(theta[2]))
}
```

为了运行我们的模拟, 首先对我们的例子定义数据.

```
> dat = list(y=0:6, f=c(90, 93, 42, 17, 8, 9, 3))
```

然后我们运行函数"`metrop.hasting.rw2`", 初始值为$(\theta_1, \theta_2) = (1, 0)$, 将M-H算法运行10000次, 使用范围参数$C_1 = 1.0$和$C_2 = 0.2$:

```
sim.fit = metrop.hasting.rw2(lognbpost, c(1, 0), 10000, c(1.0, 0.2), dat)
```

这个算法的接受率是27%，落在了Metropolis-Hastings随机游动算法推荐的接受率区间中.

```
> sim.fit$accept.rate
[1] 0.2739
```

通过对每个参数的轨迹图（未给出）进行检查，我们发现模拟样本是后验密度的一个很好的近似. 我们（使用函数"smoothScatter"）构造模拟对的光滑散点图（见图12.8）来显示$(\theta_1 = \log a, \theta_2 = \log \mu)$的联合后验密度. 这个散点图说明$\log a$和$\log \mu$是近似相互独立的参数，我们可以通过每个参数的边缘后验分布来总结联合后验分布.

```
> smoothScatter(sim.fit$S, xlab="log a", ylab="log mu")
```

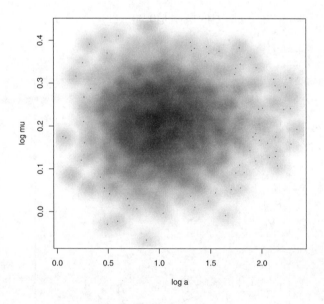

图 12.8　Madison文章单词出现次数的负二项模型中服从后验分布的$(\log a, \log \mu)$模拟值的光滑散点图.

均值和过度散布的推断

注意由于观测数据中看起来有过度散布，所以我们拟合了负二项模型. 我们通过参数a来度量过度散布的情况——a的值越小，说明过度散布的程度越大.

我们的M-H模拟算法给出了一个值$\{(\theta_1^{(s)}, \theta_2^{(s)})\}$构成的样本，它们服从参数为$\theta_1 = \log a$和$\theta_2 = \log \mu$的后验分布. 使用了自然对数转换来提高随机游动算法的效率，但是我们更加在意的是了解过度散布参数a的位置, 而不是$\log a$的位置. 如果我们取这些值的指数转换, 那么我们就得到了服从a的后验密度的样本.

```
> a = exp(sim.fit$S[ ,1])
```

我们通过构造向量"a"中模拟值的密度估计来显示过度散布参数a的后验密度（参见图12.9）.

```
> plot(density(a), xlab="a", ylab="Density", main="")
```

我们看到过度散布参数a是右偏分布的, 大多数概率质量在1和5之间. 使用"quantile"函数可以构造a的90%区间估计.

```
> quantile(a, c(0.05, 0.95))
      5%       95%
1.734907 4.853987
```

过度散布参数落在区间$(1.73, 4.85)$内的概率是0.90.

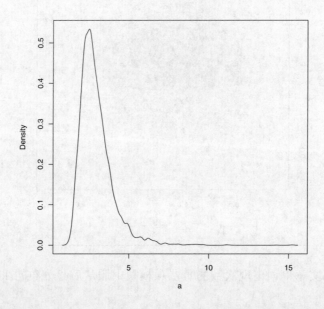

图 12.9 Madison文章的例子中过度散布参数a的边缘后验的密度估计.

我们使用类似的方法讨论单词"from"的平均使用次数, 它对应着均值参数μ. 通过对模拟值$\{\theta_2^{(s)}\}$取指数, 我们得到了服从μ的边缘后验密度的模拟样本, 将其储存在向量"mu"中.

```
> mu = exp(sim.fit$S[ ,2])
```

图12.10显示了模拟样本中平均使用次数的边缘后验的密度估计. 我们还是通过给出模拟样本的对应样本分位数来构造μ的90%贝叶斯区间估计.

```
> quantile(mu, c(0.05, 0.95))
      5%        95%
1.108965 1.371458
```

与泊松抽样中得到的μ的90%区间估计$(1.119, 1.339)$进行比较, 这里计算出的负二项区间要更宽一些. 较长的区间是因为在负二项抽样中过度散布参数a未知, 这个值的不确定性造成了较长的区间估计（由于类似的原因, 方差未知的正态总体的均值区间估计也要长于方差已知的正态均值的对应区间）.

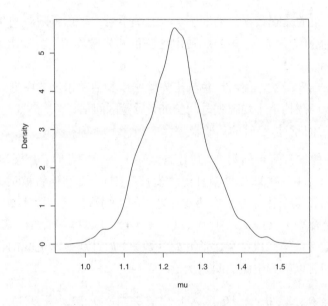

图 12.10 Madison文章的负二项抽样例子中均值参数μ的边缘后验的密度估计.

练习

12.1（了解学生的睡眠习惯）. 在第6章中我们考虑了某学校的学生平均睡眠时间μ. 假设一个教授关于μ的先验判断用均值$\mu_0 = 6$小时、方差$\tau_0^2 = 0.25$的正态曲线来表示.

$$g(\mu) \propto \exp\left(-\frac{1}{2\tau_0^2}(\mu - \mu_0)^2\right).$$

a. 使用"curve"和"dnorm"函数构造先验密度的图形.

b. 使用"qnorm"函数找出先验密度的四分位数.

c. （从先验密度中）找出平均睡眠时间超过7小时的概率（使用"pnorm"函数）.

12.2（了解学生的睡眠习惯，续）. 假设n个学生的睡眠时间$y_1,\cdots,y_n$代表了一个服从正态密度的随机样本，这个正态密度有未知均值μ和已知方差σ^2. μ的似然函数由

$$L(\mu) = \exp\left(-\frac{n}{2\sigma^2}(\bar{y}-\mu)^2\right)$$

给出. 如果将正态先验密度和这个似然函数乘起来，我们可以证明μ的后验密度也有正态形式，且其方差和均值参数分别变为

$$\tau_1^2 = \left(\frac{1}{\tau_0^2} + \frac{n}{\sigma^2}\right)^{-1}, \ \mu_1 = \tau_1^2\left(\frac{\mu_0}{\tau_0^2} + \frac{n\bar{y}}{\sigma^2}\right).$$

a. 对于第6章中收集的睡眠数据，抽取了$n=24$个学生，平均睡眠时间是$\bar{y}=7.688$. 假设我们知道了抽样方差是$\sigma^2=2.0$. 使用这些值和先验均值、先验方差来计算μ的后验密度的均值和方差.

b. 使用两次"curve"函数，用对比色画出先验密度和后验密度的图形.

c. 使用"qnorm"函数构造平均睡眠时间的90%后验区间估计.

d. 找出平均睡眠时间超过7小时的后验概率.

12.3（棒球中的安打等待局数）. 在体育运动中，爱好者们着迷于运动员的连续表现模式. 在棒球运动中，击球员希望打出"安打"(H)，否则他将被记录一次"出局"(O). 假设我们记录了某个棒球选手连续安打之间的出局次数（间隔次数）. 比如，球员在赛季初的结果是H、O、O、H、H、O、O、O、O、H、O、H、H，那么由0、2、4、1、0给出间隔次数（从第一次结果之前开始计数）. 通过观察球员Ian Kinsler在2008棒球赛季的表现我们可以得到下面的间隔次数：

```
0  2  0  4  1  0  2  0  1  0  0  1  1  3  1  0  0  0  1
6  0  9  0  4  1  9  1  0  3  4  5  5  1  0  2  4  0  4
0  3  2  1  0  1  3  7  0  3  1  2  14 4  0  1  6  1  10
1  2  0  1  0  4  5  0  7  3  1  2  1  2  1  2  2  4  3
3  1  1  2  1  2  7  0  3  1  2  2  2  2  0  3  4  1
0  0  1  1  1  1  11 2  2  1  3  1  0  1  2  1  1  1  0  0
2  0  10 1  2  1  1  0  0  1  1  0  0  0  0  1  1  1
0  1  0  0  0  2  1  4  5  5  0  0  0  0  0  2  0  8  5  2
11 8  0  7  1  3  1
```

用y表示下一次安打之前的出局次数. 一个基本的假设是y服从概率为p的几何分布，概率函数为

$$f(y|p) = p(1-p)^y, \ y = 0,1,2,\cdots$$

其中，p是球员的安打概率. 如果我们假设间隔次数是相互独立的，那么p的似然函数为

$$L(p) = \prod_y f(y|p) = p^n(1-p)^s,$$

其中，n是样本容量，$s = \sum y$是间隔次数的和.

a. 对Kinsler的数据计算n和s的值.

b. 使用"curve"函数对0.2和0.5之间的p值画出似然函数.

c. 基于似然函数的图形来判断，对于这个数据哪一个安打概率p值是最有可能的？

12.4（安打等待局数，续1）. 根据Ian Kinsler在之前赛季的表现，一个棒球迷对Kinsler的安打概率p有一定的先验判断. 他相信$P(p < 0.300) = 0.5$，并且$P(p < 0.350) = 0.90$. 这个先验信息与形状参数为$a = 44$、$b = 102$的贝塔密度（见下式）是吻合的.

$$g(p) = \frac{1}{B(44, 102)} p^{44-1}(1-p)^{102-1}, \ 0 < p < 1.$$

如果我们将这个先验密度乘以练习12.3中给出的似然函数，那么p的后验密度是（取决于一个比例常数）

$$g(p|\text{data}) \propto p^{n+44-1}(1-p)^{s+102-1}, \ 0 < p < 1,$$

其中，n是样本容量，$s = \sum y$是间隔次数的和. 这是一个形状参数为$a = n + 44$、$b = s + 102$的贝塔密度（n和s的值可以从练习12.3的数据中找到）.

a. 使用"curve"函数对0.2和0.5之间的p值画出后验密度.

b. 使用"qbeta"函数找出p的后验密度的中位数.

c. 使用"qbeta"函数对p构造95%贝叶斯区间估计.

12.5（安打等待局数，续2）. 在练习12.4中我们看到Ian Kinsler的安打概率的后验密度是一个形状参数为$a = n + 44$、$b = s + 102$的贝塔密度（n和s的值可以从练习12.3的数据中找到）.

a. 使用"rbeta"函数从p的后验密度模拟1000个值.

b. 对模拟样本使用"hist"函数来显示后验密度.

c. 使用模拟值来近似计算后验密度的均值和标准差.

d. 使用模拟值来构造95%贝叶斯区间估计. 将这个区间与使用"qbeta"函数得到的精确95%区间估计进行比较.

12.6（安打等待局数，续3）. 在练习12.4中我们看到Ian Kinsler的安打概率的后验密度是一个形状参数为$a = n + 44$和$b = s + 102$的贝塔密度（n和s的值可以从练习12.3的数据中找到）. 可以使用本章给出的"metrop.hasting.rw"函数从安打概率p的后验密度模拟一个样本. 下面的函数"betalogpost"可以计算形状参数为a和b的贝塔密度的对数.

```
betalogpost = function(p, a, b)
  dbeta(p, a, b, log=TRUE)
```

a. 使用函数"`metrop.hasting.rw`"和"`betalogpost`"，用Metropolis-Hastings随机游动算法从后验密度进行模拟. 以$p = 0.2$作为初始值，做1000次迭代，取范围常数$C = 0.1$. 构造模拟值的轨迹图，给出算法的接受率. 通过模拟值计算p的后验均值，将这个模拟估计值和精确后验均值$(n+44)/(n+s+44+102)$ 进行比较.

b. 分别使用范围常数值$C = 0.01$和$C = 0.30$重新运行随机游动算法. 在每一种情况下，构造轨迹图并计算算法的接受率. 在范围常数值C的三种选择中，有哪些是不合适的？解释你的结论.

第13章 蒙特卡罗方法

13.1 计算积分的蒙特卡罗方法

13.1.1 引言

计算随机变量的期望是概率和统计应用中常见的问题. 假设随机变量X有密度函数$f(x)$，我们想要计算一下函数$h(x)$的期望，它可以表示为积分

$$E(h(X)) = \int h(x)f(x)\mathrm{d}x.$$

在$h(x) = x$的情况下，这个期望对应着均值$\mu = E(X)$. 如果$h(x) = (x - \mu)^2$，那么期望对应着方差$\mathrm{Var}(X) = E[(X - \mu)^2]$. 如果函数$h$是示性函数$h(x) = 1, x \in A$; $h(x) = 0, x \notin A$，那么这个期望对应着概率$E(h(X)) = P(A)$.

假设我们从密度$f(x)$模拟了一个随机样本$x^{(1)}, \cdots, x^{(m)}$，那么期望$E(h(X))$的蒙特卡罗估计由

$$\bar{h} = \frac{\sum\limits_{j=1}^{m} h(x^{(j)})}{m}$$

给出. 这是期望的一个很好的估计，因为模拟样本容量m趋于无穷时$\bar{h}$会收敛到$E(h(X))$. 但是$\bar{h}$只是期望的样本估计，在这个以模拟为基础的计算中会出现误差. $\bar{h}$的方差由

$$\mathrm{Var}(\bar{h}) = \frac{\mathrm{Var}(h(X))}{m}$$

给出，其中$\mathrm{Var}(h(X))$是模拟值$h(x^{(j)})$的方差. 我们通过模拟值$\{h(x^{(j)})\}$的样本方差估计$\mathrm{Var}(h(X))$：

$$\widehat{\mathrm{Var}(h(X))} = \frac{\sum\limits_{j=1}^{m} (h(x^{(j)}) - \bar{h})^2}{m - 1}.$$

那么这个蒙特卡罗估计的标准误差由

$$se_{\bar{h}} = \sqrt{\mathrm{Var}(\bar{h})} \approx \sqrt{\frac{\widehat{\mathrm{Var}(h(X))}}{m}}$$

给出.

例13.1 (西雅图夜未眠).

这里有一个用蒙特卡罗方法计算积分的简单实例，这个实例是通过电影《西雅图夜未眠》(Sleepless in Seattle)想到的. 主人公Sam和Annie的情人节约会地点在帝国大厦. Sam在晚上10点到11点30分之间随机到达，Annie在晚上10点30分到12点之间随机到达. Annie比Sam早到的概率是多少？两个到达时间的期望差值是多少？

13.1.2 估计概率

用A和S分别表示Annie和Sam的到达时间，我们用12小时制表示时间. 我们假设A和S是相互独立的，其中A在(10.5, 12)上均匀分布，S在(10, 11.5)上均匀分布. 我们希望计算概率$P(A < S)$，它可以表示成积分

$$P(A < S) = \int_{a < s} f_A(a) f_S(s) \mathrm{d}a \mathrm{d}s,$$

f_A和f_S表示A和S的均匀密度［由独立性假设可知联合密度$f_{A,S}(a,s) = f_A(a)f_S(s)$］. 我们可以将这个概率表示为期望

$$P(A < S) = E\left[I(A < S)\right] = \int I(a < s) f_A(a) f_S(s) \mathrm{d}a \mathrm{d}s,$$

其中$I(a < s)$是示性函数，当$a < s$时等于1，否则等于0.

为了使用蒙特卡罗方法计算这个积分，我们从(A, S)的分布模拟大量的值，比如1000个. 由于A和S是相互独立的，我们可以从(10.5, 12)上的均匀密度模拟1000个A的值，并独立地从(10, 11.5)上的均匀密度模拟1000个S的值，用这样的方法来运行试验. 这些模拟可以通过使用两次"runif"函数来便捷地完成——模拟值储存在向量"sam"和"annie"中.

```
> sam = runif(1000, 10, 11.5)
> annie = runif(1000, 10.5, 12)
```

概率$P(A < S)$通过满足a小于s的模拟对(a, s)的比例进行估计. 我们通过"sum"函数计算满足$a < s$的配对的数量，并将结果除以总模拟数量.

```
> prob = sum(annie < sam) / 1000
> prob
[1] 0.229
```

Annie比Sam早到的模拟概率是0.229.

图13.1说明了计算这个概率的过程. 1000个模拟对$\{S^{(j)}, A^{(j)}\}$显示在一个散点图上，阴影区域代表了$A < S$. 这个显示可以使用R代码

```
> plot(sam, annie)
> polygon(c(10.5, 11.5, 11.5, 10.5),
+         c(10.5, 10.5, 11.5, 10.5), density=10, angle=135)
```

生成（"polygon"函数对当前图形添加了一个阴影多边形. 前两个参数是多边形顶点的横坐标和纵坐标，"density"和"angle"参数控制了阴影线的密度和角度）. 这个概率的蒙特卡罗估计是落入阴影区域的点所占的比例.

　　由于蒙特卡罗估计只是一个样本比例，我们可以使用熟知的比例的标准误差公式来计算这个估计的标准误差. 比例估计$\hat{p}$的标准误差由

$$se_{\hat{p}} = \sqrt{\frac{\hat{p}(1 - \hat{p})}{m}}$$

给出，其中m是模拟样本容量. 在R中应用这个公式，我们得到

```
> sqrt(prob * (1 - prob) / 1000)
[1] 0.01328755
```

对$\hat{p}$的抽样分布应用正态近似，我们有95%的把握相信Annie比Sam早到的概率在$0.229 - 1.96 \times 0.013$和$0.229 + 1.96 \times 0.013$ [或者说$(0.203, 0.255)$] 之间.

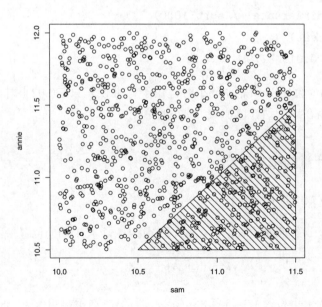

图 13.1　随机会面例子中(S, A)模拟值的散点图. 阴影区域对应着事件$\{A < S\}$，区域中点的比例是概率$P(A < S)$的一个估计.

13.1.3　估计期望

让我们考虑第二个问题：到达时间间隔的期望是多少？由于Annie更可能在Sam之后到达，所以我们来计算期望$E(A-S)$，它可以表示成积分

$$E(A-S) = \int (a-s)f_A(a)f_S(s)\mathrm{d}a\mathrm{d}s.$$

这个期望的蒙特卡罗估计由

$$\widehat{E(A-S)} = \frac{\sum_{j=1}^{m} (A^{(j)} - S^{(j)})}{m}$$

给出，其中$\{(A^{(j)}, S^{(j)})\}$是服从(A, S)的联合密度的模拟样本. 我们已经从联合密度模拟了一个样本，并将其储存在向量"annie"和"sam"中. 对每一对模拟值$(A^{(j)}, S^{(j)})$，我们计算差值$A^{(j)} - S^{(j)}$并将其储存在向量"difference"中.

```
> difference = annie - sam
```

$E(A-S)$的蒙特卡罗估计是这些差值的均值. 这个样本均值估计的估计标准误差是差值的标准差除以模拟样本容量的平方根.

```
> mc.est = mean(difference)
> se.est = sd(difference) / sqrt(1000)
> c(mc.est, se.est)
[1] 0.50156619 0.01945779
```

所以我们估计Annie会比Sam晚到0.5小时；由于标准误差只是0.02小时，我们有95%的把握相信真实差值在这个估计值加减0.04小时之内.

13.2　了解统计量的抽样分布

例13.2 (中位数的抽样分布).

假设我们观测一个随机样本$y_1, \cdots, y_n$，它服从一个有未知的位置参数θ的指数分布.

$$f(y|\theta) = \mathrm{e}^{-(y-\theta)}, \ y \geqslant \theta.$$

假设我们只观察样本中位数$M = \mathrm{median}(y_1, \cdots, y_n)$；真实观测值$y_1, \cdots, y_n$不可用. 我们该如何使用可用的数据来构造一个$\theta$的90%置信区间？

θ的置信区间可以使用枢轴量(pivotal quantity)方法得到. 定义一个新的随机变量

$$W = M - \theta.$$

可以证明，W的分布不依赖于未知参数. 所以可以找到W的两个百分位数w_1和w_2使得(w_1, w_2)覆盖W的概率是给定的概率γ：

$$P(w_1 < W < w_2) = \gamma.$$

可以证明θ的$100\gamma\%$置信区间由$(M - w_2, M - w_1)$给出；这个随机区间覆盖θ的概率是γ.

$$P(M - w_2 < \theta < M - w_1) = \gamma.$$

为了实现这个置信区间方法，我们需要得到W的抽样分布，它表示从标准指数密度抽取的容量为n的随机样本的样本均值

$$f(w) = \mathrm{e}^{-w}, \ w \geqslant 0.$$

遗憾的是，W的抽样分布有一个相对杂乱的形式；在样本容量n是奇数的情况下密度由下式给出.

$$f(m) = \frac{n!}{\left(\frac{n-1}{2}\right)! \left(\frac{n-1}{2}\right)!} \mathrm{e}^{-m} \left(1 - \mathrm{e}^{-m}\right)^{(n-1)/2} \left(\mathrm{e}^{-m}\right)^{(n-1)/2}, \ m \geqslant 0.$$

由于密度不是一个简洁的函数形式，所以很难找到百分位数w_1和w_2.

13.2.1 通过蒙特卡罗方法模拟抽样分布

样本中位数W的分布可以通过蒙特卡罗试验简单地模拟. 为了得到一个W的值，我们使用"rexp"函数从标准指数分布模拟一个容量为n的样本，然后使用"median"函数计算样本中位数. 我们写出一个简短的函数"sim.median"，它在给定样本容量n时模拟一个W的值.

```
> sim.median = function(n)
+    median(rexp(n))
```

可以使用"replicate"函数简单地将这个模拟重复多次. 在R代码中，我们假设观测一个容量为$n = 21$的样本并模拟1000个样本中位数W的值，将这些值储存在向量"M"中.

```
> M = replicate(10000, sim.median(21))
```

我们使用"hist"函数显示模拟值的直方图（我们使用"prob=TRUE"选项使得纵轴对应概率密度）.

```
> hist(M, prob=TRUE, main="")
```

为了确认模拟值真的服从M的抽样密度，我们首先定义一个函数"samp.med"来计算精确密度.

```
> samp.med = function(m, n){
+   con = factorial(n) / factorial((n - 1) / 2)^2
+   con * pexp(m)^((n - 1) / 2) * (1 - pexp(m))^((n - 1) / 2) * dexp(m)
+ }
```

然后我们使用"curve"函数将精确密度叠加到模拟样本的直方图上（见图13.2）. 注意曲线和直方图吻合得很好, 这说明我们使用蒙特卡罗程序成功地"捕获"了感兴趣的密度.

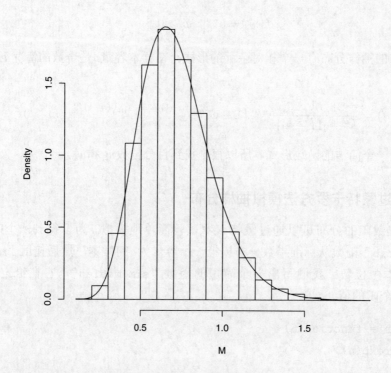

图 13.2 服从指数分布的样本中位数M的抽样分布模拟值的直方图. 精确抽样密度叠加在上面, 看起来模拟值确实按照"正确的"密度分布.

13.2.2 生成百分位数置信区间

注意我们可以通过找到两个值w_1、w_2来构造θ的置信区间, W在这两个值之间的概率是某个特定的γ. 如果我们想要得到一个90%置信区间, 那么可以使用第5和第95 百分位数. 这两个百分位数可以通过W的模拟样本的第5和第95样本百分位数来估计, 我们可以使用"quantile"函数找到这两个样本百分位数.

```
quantile(M, c(0.05, 0.95))
      5%        95%
0.398709  1.118365
```

使用这两个值可以给出θ的90%置信区间（对容量为21的样本）（$M - 1.118365$, $M - 0.398709$）.

为了说明如何使用这个置信区间，假设我们收集了下面的21个指数分布的观测值，它们储存在向量"y"中.

```
> y = c(6.11, 5.04, 4.83, 4.89, 4.97, 5.15, 7.98, 4.62,
+       6.19, 4.58, 6.34, 4.54, 6.37, 5.64, 4.53, 4.68,
+       5.17, 4.72, 5.06, 4.96, 4.70)
> median(y)
[1] 4.97
```

这个样本的样本中位数（使用"median"函数给出）是$M = 4.97$，θ的90%置信估计由

```
> c(4.97 - 1.118365, 4.97 - 0.398709)
[1] 3.851635 4.571291
```

给出. 顺便说一下，这个数据是从值$\theta = 4.5$的指数分布模拟的，所以在这种特定情况下，置信区间成功覆盖了参数值. 如果我们将这个程序重复多次，我们会发现将近有90%的区间会覆盖θ.

R$_{\mathbf{x}}$ 13.1 要注意到这种构造置信区间的方法和样本容量有关. 如果我们对不同的n值观测指数样本，那么我们必须使用蒙特卡罗试验对那个样本容量来模拟M的抽样分布.

R$_{\mathbf{x}}$ 13.2 置信区间的端点对应着W分布第5和第95百分位数基于模拟值的估计值，在估计中会出现误差. 我们可以使用自助法程序得到这两个百分位数估计的标准误差.

13.3 比较估计量

例13.3 (出租车问题).

一个人在城市的街道上散步，注意到五辆经过的出租车的编号：

$$34, 100, 65, 81, 120.$$

他能对这个城市出租车的数量做出准确的猜测吗？这描述了一个简单的统计推断问题，我们感兴趣的总体是行驶在城市中的出租车构成的集合，我们希望了解未知的出租车数量N.

我们假设出租车被编号为1到N，观测者在给定时间内等可能地观测到N辆出租车中的任何一辆. 所以我们观测到了互相独立的观测值$y_1, \cdots, y_n$，其中每个观测值都是根据下面的离散均匀分布来分布的.

$$f(y) = \frac{1}{N}, \qquad y = 1, \cdots, N.$$

考虑N的两个可能估计：观测到的最大出租车编号

$$\hat{N}_1 = \max\{y_1, \cdots, y_n\}.$$

和两倍样本均值

$$\hat{N}_2 = 2\bar{y}.$$

哪一个是出租车数量N的较好估计？

13.3.1 模拟试验

我们使用模拟试验来比较这两个估计量. 我们根据已知的出租车数量N，从均匀分布模拟出租车数量并计算这两个估计. 通过多次重复这个模拟程序，我们可以得到两个经验抽样分布. 可以通过检验各自抽样分布的各种性质来比较这两个估计量.

函数"taxi"实现了一个模拟试验. 这个函数有个两个参数，真实出租车数量"N"和样本容量"n". "sample"函数模拟了观测到的出租车编号，并将两个估计值储存在变量"estimate1"和"estimate2"中. 函数返回两个估计值.

```
> taxi = function(N, n){
+  y = sample(N, size=n, replace=TRUE)
+  estimate1 = max(y)
+  estimate2 = 2 * mean(y)
+  c(estimate1=estimate1, estimate2=estimate2)
+}
```

为了说明这个函数，我们假设城市中真实出租车数量是$N = 100$，我们观察$n = 5$辆出租车.

```
> taxi(100, 5)
estimate1 estimate2
     93.0      87.6
```

这里两个估计值分别是$N_1 = 93.0$和$N_2 = 87.6$.

我们可以使用"replicate"函数将这个抽样过程模拟多次.

```
> EST = replicate(1000, taxi(100, 5))
```

输出的变量"EST"是一个2行、1000列的矩阵，两行分别对应着估计$\hat{N}_1$和$\hat{N}_2$在1000次模拟试验中的模拟值.

R_x 13.3　*当我们在"replicate"中使用有多个输出的函数时，结果是一个矩阵，它的每一行对应着一个输出，每一列对应着一次重复试验. R默认"按列"填充矩阵，所以第一次输出被储存在第一列中，等等.*

13.3.2　估计偏差

一个估计量应该具备的性质是无偏性，这意味着估计量的平均值等于重复抽样中的参数. 在这个设定下，如果$E(\hat{N}) = N$，那么$\hat{N}$是无偏的. 当一个估计量是有偏的，我们希望估计偏差(bias)

$$Bias = E(\hat{N}) - N.$$

在已知参数N的情况下，在模拟试验中我们可以计算m个模拟结果的样本均值再减去真实参数值，以此对估计量$\hat{N}$的偏差进行估计：

$$\widehat{Bias} = \frac{1}{m}\sum_{j=1}^{m}\hat{N}^{(j)} - N.$$

这个模拟估计的标准误差可以通过模拟结果$\{N^{(j)}\}$的标准差除以模拟样本容量的平方根来估计.

在我们的模拟试验中，估计量的模拟结果储存在矩阵"EST"中，出租车数量的真实值是$N = 100$. 在下面的R代码中，我们估计了两个估计量的偏差和标准误差.

```
> c(mean(EST["estimate1", ]) - 100, sd(EST["estimate1", ]) / sqrt(1000))
[1] -16.1960000  0.4558941
> c(mean(EST["estimate2", ]) -100, sd(EST["estimate2", ]) / sqrt(1000))
[1] -0.4248000  0.8114855
```

我们可以计算95%置信区间来估计偏差的真实大小. $\hat{N}_1$的偏差的区间估计是$(-16.196 - 2\times0.456, -16.196+2\times0.456) = (-17.108, -15.284)$，$\hat{N}_2$的偏差的区间估计是$(-0.425 - 2\times0.811, -0.425+2\times0.811) = (-2.047, 1.197)$. 我们的结论是$\hat{N}_1$有负偏差，这说明这个估计量总是低估了出租车的真实数量. 相反，由于$\hat{N}_2$的偏差的置信区间包含了0，所以我们不能断定估计量$\hat{N}_2$是有正偏差还是有负偏差.

13.3.3　估计与目标的平均距离

尽管从偏差的观点来看估计量$\hat{N}_2$比估计量$\hat{N}_1$更为可取，但我们还不清楚它是否是一个较好的估计量. 由于对估计量来说接近目标参数是非常重要的，那么比较这两个估计量与参数N的平均距离（通常称为平均绝对误差）会更好一些：

$$D = E(|\hat{N} - N|).$$

数量D可以由模拟的估计量的值$\hat{N}^{(1)}, \cdots, \hat{N}^{(m)}$到$N$的平均距离来估计.

$$\hat{D} = \frac{1}{m}\sum_{j=1}^{m}|\hat{N}^{(j)} - N|.$$

我们对两个估计量$\hat{N}_1$和$\hat{N}_2$计算模拟结果的绝对误差,并将绝对误差储存在矩阵"absolute.error"中. 我们可以使用"boxplot"函数来比较两个估计量的绝对误差(注意我们使用了转置函数将"absolute.error"转换为两列的矩阵来满足"boxplot"函数的要求). 从图13.3中我们可以看出,$\hat{N}_1 = \max\{y_i\}$相较于$\hat{N}_2 = 2\bar{y}$倾向有更小的估计误差.

```
> absolute.error = abs(EST - 100)
> boxplot(t(absolute.error))
```

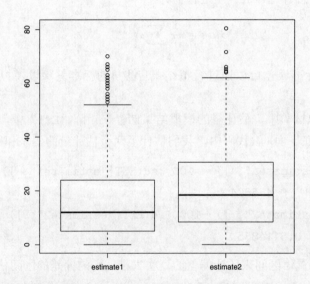

图 13.3 估计出租车数量时两个估计$\hat{N}_1 = \max\{y_i\}$和$\hat{N}_2 = 2\bar{y}$的绝对误差的比较. 很明显$\hat{N}_1$比$\hat{N}_2$更倾向于接近目标参数值

使用"apply"函数给出绝对误差的样本均值,这样我们可以估计两个估计量的平均距离D.

```
> apply(t(absolute.error), 2, mean)
estimate1 estimate2
  16.7180    20.8172
```

再次使用"apply"函数计算这两个估计的模拟标准误差,公式是"标准差除以样本容量的平方根".

```
> apply(t(absolute.error), 2, sd) / sqrt(1000)
estimate1 estimate2
0.4500211 0.5093954
```

很明显估计量$\hat{N}_1$比$\hat{N}_2$更为可取,因为它有更小的平均绝对误差.

13.4 评估覆盖率

例13.4 (比例的常用置信区间方法).

为了了解总体中的成功比例p,假设我们选取了一个容量为n的随机样本并计算样本比例$\hat{p}$. 比例常用的Wald置信区间是以$\hat{p}$的渐进正态性为基础的. 对一个给定的置信水平γ,这个置信区间由

$$INT_{Wald} = \left(\hat{p} - z\sqrt{\frac{\hat{p}(1-\hat{p})}{n}}, \hat{p} + z\sqrt{\frac{\hat{p}(1-\hat{p})}{n}} \right)$$

给出,其中z代表一个标准正态变量对应的$1 - (1 - \gamma)/2$百分位数.

由于这个程序有置信水平γ,那么一个合理要求是这个区间包含未知比例p的覆盖率是γ. 即对区间$(0, 1)$中的任何比例值p,我们希望

$$P(p \in INT_{Wald}) \geqslant \gamma.$$

遗憾的是,这个程序达不到声称的覆盖率. 存在着p值,使概率$P(p \in INT_{Wald})$要小于名义水平γ. 这就产生了几个疑问. 比例空间中是否存在着一个特殊区域使得 Wald 区间有较低的覆盖率?从覆盖率方面来看,有比常用的Wald区间要好的其他置信区间方法吗?

13.4.1 计算覆盖率的蒙特卡罗试验

首先,我们写出一个简短的计算Wald区间的函数"wald". 函数的输入信息是成功次数"y"、样本容量"n"和置信水平"prob". 输出结果是一个一行的矩阵,第一列和第二列分别包含了Wald区间的左端点和右端点. 注意在函数代码中我们使用"qnorm"函数计算z值并定义"p"为成功比例.

```
wald = function(y ,n, prob){
  p = y / n
  z = qnorm(1 - (1 - prob) / 2)
  lb = p - z * sqrt(p * (1 - p) / n)
```

```
  ub = p + z * sqrt(p * (1 - p) / n)
  cbind(lb, ub)
}
```

假设我们取了一个容量为20的样本, 观测到5次成功, 希望得到比例p的95%区间估计. 我们将这些值输入函数

```
> wald(5, 20, 0.95)
          lb        ub
[1,] 0.0602273 0.4397727
```

函数 "wald" 有一个很好的特点, 就是它可以对y值构成的向量给出Wald区间. 如果参数 "y" 是一个向量, 那么变量 "lb" 和 "ub" 就分别是左端点和右端点构成的向量, "wald" 的输出结果变成了一个矩阵, 每一行给出了 "y" 值所对应的置信区间限. 比如, 假设我们希望在样本容量为$n = 20$的情况下对y值分别为2、4、6、8计算90%Wald区间.

```
> y = c(2, 4, 6, 8)
> wald(y, 20, 0.90)
              lb         ub
[1,] -0.01034014 0.2103401
[2,]  0.05287982 0.3471202
[3,]  0.13145266 0.4685473
[4,]  0.21981531 0.5801847
```

我们很快就可以看到在 "wald" 函数中可对y取向量参数的重要性.

我们现在准备写出一个函数 "mc.coverage", 它通过蒙特卡罗试验对一个特定的比例值p计算Wald区间的真实覆盖率. 参数是比例值 "p"、样本容量 "n"、声称的置信水平 "prob" 和蒙特卡罗重复次数 "iter". 这个函数包含了三行代码. 首先, 我们使用 "rbinom" 函数模拟出 "iter" 个二项随机变量y的值——这些模拟值储存在向量 "y" 中. 我们对每个模拟的二项值计算Wald区间并将这些区间储存在矩阵 "c.interval" 中. 最后, 我们计算确实含有比例值 "p" 的区间的比例. 这可以通过逻辑运算符来完成——如果比例大于左端点**并且**比例小于右端点, 那么 "p" 就包含在区间中.

```
mc.coverage = function(p, n, prob, iter=10000){
  y = rbinom(iter, n, p)
  c.interval = wald(y, n, prob)
  mean((c.interval[ ,1] < p) & (p < c.interval[ ,2]))
}
```

注意函数默认使用了"iter = 10000"次重复. 假设我们希望计算真实比例值是$p = 0.15$时样本容量为$n = 20$的90%Wald区间的覆盖率. 我们将函数"mc.coverage"输入到R控制台. 那么真实覆盖率的蒙特卡罗估计为

```
> mc.coverage(0.15, 20, 0.90)
[1] 0.8005
```

覆盖率的蒙特卡罗估计的标准误差可以通过

```
> sqrt(0.8005 * (1 - 0.8005) / 10000)
[1] 0.003996245
```

估计. 真实覆盖率的估计为0.8005, 标准误差为0.004. 很显然覆盖率比名义覆盖率$\gamma = 0.90$小, 这是我们担心的一个原因.

事实上我们希望了解单位区间中所有比例值的Wald区间覆盖率. 我们可以使用"sapply"函数来执行这个计算. 我们写出一个简短的函数"many.mc.coverage"对p值构成的向量计算覆盖率.

```
many.mc.coverage = function(p.vector, n, prob)
  sapply(p.vector, mc.coverage, n, prob)
```

函数"mc.coverage"和"many.mc.coverage"的唯一差别是"many.mc.coverage"有一个向量参数"p.vector". 函数"sapply"对"p.vector"中的每个元素应用蒙特卡罗计算, 输出结果是估计覆盖率构成的向量.

现在我们有了一个函数"many.mc.coverage"来对向量参数计算覆盖率, 我们还可以将覆盖率作为比例p的函数, 使用"curve"函数画出它的图形. 下面我们对样本容量$n = 20$、置信水平$\gamma = 0.90$的情况给出$p = 0.001$和$p = 0.999$之间的Wald区间覆盖率. 由于我们想比较真实的覆盖率和置信水平, 所以我们使用"abline"函数在0.90处添加一条水平线（见图13.4）. 我们看到, 由于覆盖率在比例值范围内并不总是大于0.90, 所以Wald区间并不是真正的90%置信区间. 我们从图中看到对很大一部分比例值覆盖率都小于0.90, 而0和1附近的极端比例值的覆盖率最小. 作为一个练习, 读者可以使用蒙特卡罗试验探索改进的"加四"置信区间程序的覆盖率.

```
> curve(many.mc.coverage(x, 100, 0.90), from=0.001, to=0.999,
+   xlab="p", ylab="Coverage Probability",
+   main=paste("n=", 100, ", prob=", 0.90),
+   ylim=c(0.7, 1))
> abline(h=.9)
```

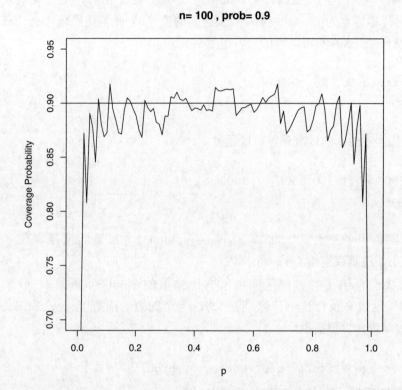

图 13.4　对样本容量$n = 20$、置信水平$\gamma = 0.90$的情况使用了10000次蒙特卡罗试验得到的Wald区间程序的估计覆盖率. 覆盖率并不总是大于声称的值0.90，所以这个程序不是真正的90%置信区间.

13.5　马尔可夫链蒙特卡罗

13.5.1　马尔可夫链

例13.5（随机游动）.

　　假设一个人在排成环形的值1、2、3、4、5、6之间进行随机游动（见图13.5）. 如果这个人现在在某个位置处，下一秒他等可能地留在相同的位置或者移动到相邻的数字. 如果他进行了移动，他便会等可能地顺时针或逆时针移动. 这是一个离散马尔可夫链的简单实例. 马尔可夫链描述了若干个状态之间的概率性移动. 这里有6个可能的状态，1到6，对应着行人的可能位置. 假设这个人站在当前位置上，他以特定的概率移动到其它位置上. 他移动到其他位置的概率只依赖于他当前的位置，不依赖于他之前到过的位置. 我们用转移概率的形式描述状态之间的移动，转移概率描述了马尔可夫链中所有可能状态间一步转移的可能性. 我们用转移矩阵$\boldsymbol{P}$来概括转移概率：

$$P = \begin{pmatrix} 0.50 & 0.25 & 0 & 0 & 0 & 0.25 \\ 0.25 & 0.50 & 0.25 & 0 & 0 & 0 \\ 0 & 0.25 & 0.50 & 0.25 & 0 & 0 \\ 0 & 0 & 0.25 & 0.50 & 0.25 & 0 \\ 0 & 0 & 0 & 0.25 & 0.50 & 0.25 \\ 0.25 & 0 & 0 & 0 & 0.25 & 0.50 \end{pmatrix}.$$

P的第一行给出了从位置1一步转移到位置1到6中每一个的概率，第2行给出了位置2的一步转移概率，等等.

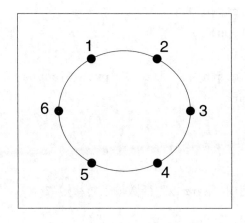

图 13.5　随机游动实例中围成一圈的6个位置.

这个特殊的马尔可夫链有一些重要的性质. 从任何一个状态都可以经过一步或几步转移到任何一个状态——具有这个性质的马尔可夫链称为不可约的. 假设这个人处在某个状态，如果他只能每隔一定间隔返回这个状态，那么马尔可夫链称为有周期的. 这个例子是非周期的，因为它不是一个有周期的马尔可夫链.

我们可以将一个人当前的位置表示成概率行向量，其形式为

$$\boldsymbol{p} = (p_1, p_2, p_3, p_4, p_5, p_6),$$

其中，p_i表示这个人当前在状态i的概率. 如果$\boldsymbol{p}^{(j)}$代表了行人在第j步的位置，那么行人在第$j+1$步的位置由矩阵乘积

$$\boldsymbol{p}^{(j+1)} = \boldsymbol{p}^{(j)}\boldsymbol{P}$$

给出. 假设我们可以找到一个概率向量$\boldsymbol{w}$使得$\boldsymbol{w}\boldsymbol{P} = \boldsymbol{w}$. 那么$\boldsymbol{w}$称为平稳分布. 如果一个有限的马尔可夫链是不可约的、非周期的，那么它有唯一的平稳分布. 此外，当步数趋

向于无穷时，这个马尔可夫链的极限分布等于这个平稳分布.

我们可以运行一个模拟试验，经验地证明我们的马尔可夫链存在平稳分布. 我们在一个特定状态开始我们的随机游动，比如位置3，然后使用转移矩阵P模拟马尔可夫链. 许多步之后我们的行人在6个位置的相对频率会最终接近于平稳分布w.

我们首先写出一个简短的函数来模拟离散的马尔可夫链. 参数为转移矩阵"P"、链的初始位置"starting.state"和模拟步数"steps". 函数的输出结果是一个向量，它给出了所有步数中链的位置. 在这个函数中，使用了函数"sample"和转移矩阵"P"适当的行来进行抽样.

```
simulate.markov.chain = function(P, starting.state, steps){
  n.states = dim(P)[1]
  state = starting.state
  STATE = rep(0, steps)
  for(j in 1:steps){
    state = sample(n.states, size=1, prob=P[state, ])
    STATE[j ] = state
  }
  return(STATE)
}
```

对于本例，我们使用"matrix"函数输入转移矩阵.

```
> P = matrix(c(0.50, 0.25, 0, 0, 0,0.25,
+           0.25, 0.50, 0.25, 0, 0, 0,
+           0, 0.25, 0.50, 0.25, 0, 0,
+           0, 0, 0.25, 0.50, 0.25, 0,
+           0, 0, 0, 0.25, 0.50, 0.25,
+           0.25, 0, 0, 0, 0.25, 0.50),
+           nrow=6, ncol=6, byrow=TRUE)
> P
     [,1] [,2] [,3] [,4] [,5] [,6]
[1,] 0.50 0.25 0.00 0.00 0.00 0.25
[2,] 0.25 0.50 0.25 0.00 0.00 0.00
[3,] 0.00 0.25 0.50 0.25 0.00 0.00
[4,] 0.00 0.00 0.25 0.50 0.25 0.00
[5,] 0.00 0.00 0.00 0.25 0.50 0.25
[6,] 0.25 0.00 0.00 0.00 0.25 0.50
```

然后我们使用函数"simulate.markov.chain"对这个马尔可夫链模拟10000步，转移矩阵为"P"，初始状态为3，步数为10000. 向量"s"中包含了这10000步中链的位置.

```
> s = simulate.markov.chain(P, 3, 10000)
```

可以使用 "table" 函数将模拟中链的位置列成表格.

```
> table(s)
s
    1     2     3     4     5     6
 1662  1663  1653  1662  1655  1705
```

我们可以把 "table" 的输出结果除以10000, 将这些计数转换为频率.

```
> table(s) / 10000
      1       2       3       4       5       6
 0.1662  0.1663  0.1653  0.1662  0.1655  0.1705
```

这些频率近似代表了这个马尔可夫链的平稳分布. 可以通过单独计算证明这个马尔可夫链的平稳分布是6个状态上的均匀分布.

```
> w = c(1, 1, 1, 1, 1, 1) / 6
```

通过使用特殊的矩阵乘法运算符将这个向量乘以转移矩阵 "P", 我们可以确认这个向量确实是平稳分布.

```
> w %*% P
              [,1]        [,2]        [,3]        [,4]        [,5]        [,6]
[1,] 0.1666667 0.1666667 0.1666667 0.1666667 0.1666667 0.1666667
```

13.5.2 Metropolis-Hastings算法

从一般概率密度 $f(y)$ 进行模拟的一个常用方法是马尔可夫链蒙特卡罗(Markov chain Monte Carlo, MCMC)算法. 这种方法本质上是前一节中描述的离散马尔可夫链的连续值推广. MCMC抽样策略设定了一个不可约的、非周期的马尔可夫链, 它的平稳分布等于感兴趣的概率分布. 这里我们介绍一个构造马尔可夫链的一般方法, 称为Metropolis-Hastings算法.

假设我们希望从一个特定的密度函数 $f(y)$ 进行模拟. 我们模拟一个马尔可夫链, 模拟值分别用 $y^{(1)}, y^{(2)}, y^{(3)}, \cdots$ 表示. Metropolis-Hastings算法以一个初始值 $y^{(0)}$ 和从序列的当前值 $y^{(t)}$ 模拟下一个值 $y^{(t+1)}$ 的规则开始. 从当前值 x 生成下一个序列值 x^* 的规则包含三步:

a. (**建议步骤**) 令 $p(y|x)$, 以表示在 x 值的条件下 y 的一个建议或备选密度. 如果 x 表示当前值, 那么我们从建议密度 $p(y|x)$ 来模拟 y 的值.

b. (**接受概率**) 这个建议值被接受的概率由表达式

$$PROB = \min\left(\frac{f(y)p(x|y)}{f(x)p(y|x)}, 1\right)$$

给出.

c. (**模拟下一个值**) 模拟序列的下一个值 x^*. 它是建议值 y 的概率是 $PROB$；如果不是建议值，那么序列中下一个值 x^* 就等于当前值 x.

在建议密度 $p(y|x)$ 的一些容易满足的条件下，模拟值序列 $y^{(1)}, y^{(2)}, y^{(3)}, \cdots$ 将会收敛到一个根据概率密度 $f(y)$ 分布的随机变量.

　　例13.6 (中位数的抽样分布，续1).

让我们回顾一下本章前面的一个实例，在那个实例中我们讨论了一个容量为 n、服从标准指数密度的随机样本的样本均值 W 的抽样分布. Metropolis-Hastings算法的一个优点是我们不需要 $f(y)$ 的规范化常数，这是因为在计算接受概率 $PROB$ 时会消掉这个常数. 如果我们忽略规范化常数，那么（当样本容量为奇数时）我们可以将 W 的抽样密度写成

$$f(y) \propto e^{-y}\left(1 - e^{-y}\right)^{(n-1)/2}\left(e^{-y}\right)^{(n-1)/2},\ y \geqslant 0.$$

我们首先写出一个简短的函数来计算感兴趣的密度 $f(y)$ 的对数. 由于对数在数值上更稳定（计算产生下溢结果的可能性较小），所以计算密度的对数比计算密度更可取. 这个函数有两个参数，变量 "y" 和样本容量 "n"，函数中使用了指数密度函数 "dexp" 和指数累积分布函数 "pexp".

```
log.samp.med = function(y, n){
  (n - 1) / 2 * log(pexp(y)) + (n - 1) / 2 * log(1 - pexp(y)) +
    log(dexp(y))
}
```

接下来我们需要考虑建议密度 $p(y|x)$ 的合适选择. 对于 p 有很多合适的选择. 实际上这个算法的一个吸引人的特点就是它对一大类密度都起作用. 由于密度的支撑是正数，所以我们尝试一下指数密度——我们令 p 是比率参数为 x 的指数密度：

$$p(y|x) = xe^{-xy},\ y > 0.$$

在这个建议密度下，备选值 y 被接受的概率由（假设当前值是 x）由

$$P = \min\left(\frac{f(y)ye^{-yx}}{f(x)xe^{-xy}}, 1\right)$$

给出.

现在我们准备写出一个函数 "metrop.hasting.exp"，它使用指数建议密度实现这个Metropolis-Hastings算法. 这个函数有四个参数："logf" 是用来计算密度 f 的

对数的函数名称，"current"是马尔可夫链的初始值，"iter"是马尔可夫链的步数，"..."代表函数"logf"需要的参数（比如n）.

```
metrop.hasting.exp = function(logf, current, iter, ...){
  S = rep(0, iter); n.accept = 0
  for(j in 1:iter){
   candidate = rexp(1, current)
   prob = exp(logf(candidate, ...) - logf(current, ...) +
       dexp(current, candidate, log=TRUE) -
       dexp(candidate, current, log=TRUE))
   accept = ifelse(runif(1) < prob, "yes", "no")
   current = ifelse(accept == "yes", candidate, current)
   S[j] = current; n.accept = n.accept + (accept == "yes")
  }
  list(S=S, accept.rate=n.accept / iter)
}
```

　　由于这个函数比较简短，我们可以花一些时间逐行讨论.

- 我们使用"rep"函数指定一个长为"iter"的向量来储存模拟值. 我们还将接受的模拟值个数"n.accept"设为0.
- 我们写出一个循环语句将基本Metropolis-Hastings步骤重复"iter"次. 在每一步中，
  - 我们使用"rexp"函数从比率参数为当前值的指数分布中模拟一个备选值.
  - 计算备选值被接受的概率. 我们计算$\log f(x)$、$\log f(y)$、$\log p(y|x)$和$\log p(x|y)$（使用"logf"和"dexp"函数），将它们组合在一起然后取指数，将接受概率储存在变量"prob"中.
  - 我们希望以概率"prob"接受备选值. 我们通过模拟区间$(0, 1)$上的均匀变量做到这一点（使用"runif"函数），如果均匀变量小于"prob"那么接受备选值. 变量"accept"或者是"yes"，或者是"no"，由"runif(1) < prob"的结果决定.
  - 如果我们接受接受备选值，那么新的当前值就是备选值；否则，新的当前值还是原来的当前值.
  - 我们将新的当前值储存在向量"S"中，并且更新接受的模拟值个数.
- 函数返回了一个列表，它有两个分量："S"是马尔可夫链中模拟值构成的向量，"accept.rate"是备选值被接受的观测比例.

　　假设我们想要对一个给定样本容量为$n = 21$的模拟均值的抽样分布. 我们计划在值1处开始马尔可夫链，并对马尔可夫链模拟10000次迭代. 我们输入

```
> mcmc.sample = metrop.hasting.exp(log.samp.med, 1, 10000, 21)
```

来执行这个抽样. 通过显示接受率我们看到在这个算法中大约有28%的备选值被接受了.

```
> mcmc.sample$accept.rate
[1] 0.2782
```

理论上来说，MCMC模拟会最终收敛到密度f. 但是这个理论结果并没有说明收敛的速度. 在实际中，我们应该关注一下"预热期"(burn-in period)的长度——马尔可夫链达到平稳分布的迭代次数. 我们还希望从模拟样本中可以快速地找出密度f有大部分概率的区域. 如果MCMC模拟有这个性质，那么我们称它有好的混合(good mixing). 在实际中，构造轨迹图是很有帮助的，在轨迹图中我们按照迭代次数画出模拟值$\{y^{(t)}\}$. 在这个例子中我们输入

```
> plot(mcmc.sample$S)
```

来构造所有模拟值的轨迹图. 结果显示在图13.6中.

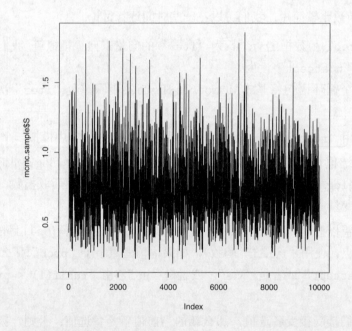

图 13.6 带有指数建议密度的中位数的实例中Metropolis-Hastings算法模拟值的指标图.

在本例中，我们没有看到模拟值序列中有任何趋势，这说明预热期的长度比较短. 此外，模拟值看起来有很宽的范围，这说明马尔可夫链混合得很好并且访问了密度f的"重要"区域.

这个方法看起来有用吗？由于有精确的抽样分布，所以我们可以将模拟值构成的样本和精确密度进行比较. 下面的R代码显示了模拟值的密度估计，并叠加了精确抽样密度（见图13.7）. 两个密度非常相似，这说明这个蒙特卡罗算法近似收敛到感兴趣的密度.

```
> plot(density(mcmc.sample$S), lwd=2, main="", xlab="M")
> curve(samp.med(x, 21), add=TRUE, lwd=2, lty=2)
> legend("topright", c("Simulated", "Exact"), lty=c(1, 2),lwd=c(2, 2))
```

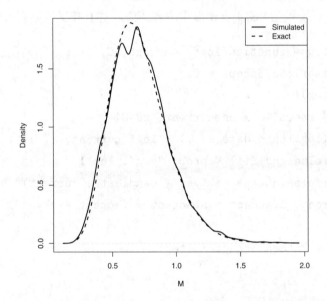

图 13.7　带有指数建议密度的中位数的实例中Metropolis-Hastings算法10000个模拟值的密度估计. 精确抽样密度用虚线表示.

13.5.3　随机游动Metropolis-Hastings算法

建议密度$p(y|x)$的不同选择构造了不同的Metropolis-Hastings算法. 一个常用的选择是令p满足

$$p(y|x) = h(y - x),$$

其中，h是一个关于原点对称的密度. 比如，假设h是均值为0、标准差为C的对称正态密度. 那么建议密度满足

$$p(y|x) = \frac{1}{\sqrt{2\pi}C} \exp\left(-\frac{1}{2C^2}(y - x)^2\right).$$

在这种情况下，备选值y从当前值x的一个邻域中选取，其中邻域的宽度通过正态标准差参数C控制. 如果选择了一个"较小的"C值，那么备选值很有可能接近当前值，算法的接受率会比较高. 相反的是，较大的C值会造成在当前值的一个很宽的区间中选择备选值，这样会降低方法的接受率.

当建议密度满足这个对称形式时，$p(y|x)$和$p(x|y)$是相等的，接受概率可以简单表示为

$$PROB = \min\left(\frac{f(y)}{f(x)}, 1\right).$$

可以直接写出一个函数"metrop.hasting.rw"来实现带有正态建议密度的随机游动Metropolis-Hastings算法，将我们之前的程序稍做修改就可以了. 唯一的变化是从均值等于当前值、标准差为C的正态密度生成备选值，并且接受概率有一个简化的形式.

```
metrop.hasting.rw = function(logf, current, C, iter, ...){
  S = rep(0, iter); n.accept = 0
  for(j in 1:iter){
    candidate = rnorm(1, mean=current, sd=C)
    prob = exp(logf(candidate, ...) - logf(current, ...))
    accept = ifelse(runif(1) < prob, "yes", "no")
    current = ifelse(accept == "yes", candidate, current)
    S[j] = current; n.accept = n.accept + (accept == "yes")
  }
list(S=S, accept.rate=n.accept / iter)
}
```

例13.7 (中位数的抽样分布，续2).

为了使用这个随机游动算法，我们输入范围参数C的值. 下面我们对中位数抽样问题模拟两个MCMC样本，一个使用$C = 1$，另一个使用$C = 0.05$.

```
> mcmc.sample1 = metrop.hasting.rw(log.samp.med, 1, 1, 10000, 21)
> mcmc.sample2 = metrop.hasting.rw(log.samp.med, 1, 0.05, 10000, 21)
```

图13.8显示了两个抽样器的模拟样本的轨迹图，在图的标题中显示了对应的接受率.

```
> plot(mcmc.sample1$S, type="l", main=paste(
+    "Scale C = 1, Acceptance rate =",
+    round(mcmc.sample1$accept.rate,2)))
> plot(mcmc.sample2$S, type="l", main=paste(
+    "Scale C = 0.05, Acceptance rate =",
+    round(mcmc.sample2$accept.rate,2)))
```

选择较小的值$C = 0.05$时，接受率很大(93%)，这使得模拟值是强烈正相关的，算法很慢才能找出目标密度的区域. 相对的是，选择$C = 1$，接受率比较小(26%)，模拟值相关性较弱，算法能更好地覆盖密度有大部分概率的区域.

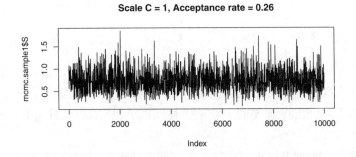

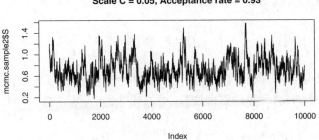

图 13.8　使用尺度参数C两种选择的随机游动Metropolis-Hastings算法模拟值的轨迹图. 注意选择$C = 0.05$导致了较高的接受率、呈蛇形的轨迹图和变量空间中较弱的移动性.

13.5.4　Gibbs抽样

Gibbs抽样是一个很有吸引力的设计MCMC算法的方法，它的基础是从条件分布集合中抽样. 在最简单的设定中，假设我们想要构造一个MCMC算法以便从变量构成的向量(x, y)进行模拟，它们是根据联合密度$g(x, y)$分布的. 假设从条件密度$g(x|y)$和$g(y|x)$抽样是很方便的. 这里"方便"的意思是这两个条件密度是常见的函数形式，可以使用R中的标准模拟方法（比如"rnorm" "rbeta" "rgamma"，等等）进行模拟.

假设我们在$x = x^{(0)}$处开始MCMC算法. 那么在Gibbs抽样器的一个循环中

- 从条件密度$g(y|x^{(0)})$模拟$y^{(1)}$.
- 从条件密度$g(x|y^{(1)})$模拟$x^{(1)}$.

我们按这种方式继续抽样. 连续地从两个条件密度$g(y|x)$和$g(x|y)$模拟, 在每种情况下我们都以另一个变量的最新模拟值为条件.

Gibbs抽样器定义了一个马尔可夫链, 一般情况下, t次循环得到$(x^{(t)}, y^{(t)})$之后变量的分布在t趋于无穷时会收敛于$g(x, y)$的联合分布. 在很多问题中收敛会非常快, 所以模拟值样本$(x^{(1)}, y^{(1)}), \cdots, (x^{(m)}, y^{(m)})$可以看成是近似服从感兴趣的联合分布的样本.

例13.8 (掷随机硬币).

假定一个假想的盒子中包含了大量的分币. 掷硬币时, 每一枚分币正面朝上的概率都是不同的, 正面朝上的概率服从区间$(0, 1)$上的均匀密度. 你随机选择了一枚硬币并掷了10次, 得到了3个正面. 你将同一枚硬币继续掷了12次. 你恰好得到4个正面的概率是多少?

在这个问题中有两个未知量——硬币正面朝上的概率p和在后面的12次掷硬币中得到的正面数量y. 我们可以从这个试验的描述中给出(p, y)的联合密度——它由下式给出.

$$g(p, y) = \binom{10}{3} p^3 (1-p)^7 \times \binom{12}{y} p^y (1-p)^{12-y}, \ 0 < p < 1, y = 0, 1, \cdots, 12.$$

为了实现Gibbs抽样, 我们需要确定两个条件分布, p以y为条件的密度和y以p为条件的密度. 为了给出$g(p|y)$, 我们整理变量p中的项并将y看成常数——我们发现

$$g(p|y) \propto p^{y+3} (1-p)^{19-y}, \qquad 0 < p < 1.$$

如果我们将这个密度重新写为

$$g(p|y) \propto p^{y+4-1} (1-p)^{20-y-1}, \qquad 0 < p < 1,$$

就可以看出这个条件密度其实就是形状参数为$a = y + 4$和$b = 20 - y$的贝塔密度. 为了得到第二个条件密度, 我们整理y中的项, 将概率p看成常数. 我们得到

$$g(y|p) \propto \binom{12}{y} p^y (1-p)^{12-y}, \qquad y = 0, 1, \cdots, 12,$$

我们看出它是一个样本容量为12、成功概率为p的二项分布.

我们写出一个简短的函数 "random.coin.gibbs" 对本例实现Gibbs抽样算法. 函数有两个参数—— "p" 是概率p的初始值, "m" 是Gibbs抽样循环次数. 在函数中定义了矩阵 "S" 来储存模拟样本; 为了容易分辨, 我们将矩阵的两列分别标记为 "p" 和 "y". 设定了一个循环语句; 在循环语句中, 我们连续地从二项密度抽样y (使用 "rbinom" 函数), 从贝塔密度抽样p (使用 "rbeta" 函数).

```
random.coin.gibbs = function(p=0.5, m=1000){
  S = matrix(0, m, 2)
  dimnames(S)[[2]] = c("p", "y")
```

```
  for(j in 1:m){
    y = rbinom(1, size=12, prob=p)
    p = rbeta(1, y+4, 20-y)
    S[j, ] = c(p, y)
  }
 return(S)
}
```

我们直接输入"random.coin.gibbs",不使用参数,这样可以用默认初始值$p =$ 0.5将Gibbs抽样器运行默认的次数(1000次).

```
> sim.values = random.coin.gibbs()
```

变量"sim.values"包含了服从(p, y)的联合密度的模拟值构成的矩阵. 我们可以使用 "plot"函数画出这个分布的散点图(见图13.9).

```
> plot(sim.values)
```

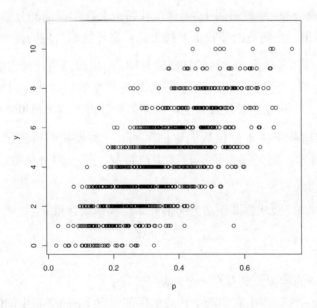

图 13.9　随机硬币实例的Gibbs抽样算法中(p, y)的模拟样本的散点图.

在本例中,观察模拟值$\{p^{(t)}\}$和$\{y^{(t)}\}$的轨迹图(未给出)之后,我们可以看出预热期看起来比较短并且马尔可夫链混合得很好. 假设矩阵"sim.matrix"是近似服从(p, y)的联合概率分布的模拟样本,那么两列的样本分别是服从p和y的边缘分布的样本. 在这一节的开始我们想求出$P(y = 4)$的概率. 我们使用"table"函数将"y"的模拟值列成表格.

```
> table(sim.values[ ,"y"])
  0   1   2   3   4   5   6   7   8   9  10  11
 47  92 135 148 168 152  85  81  55  22  11   4
```

在y的1000个值中，我们观察到有168个"4"，所以$P(y = 4) \approx 168/1000 = 0.168$. y的边缘分布的其他性质，比如均值和标准差，可以通过计算y的模拟值样本的概括得到.

13.6 补充阅读

Gentle[20]给出了蒙特卡罗方法的一个一般描述. Chib和Greenberg[9]对Metropolis-Hastings算法做了介绍. Casella和George[8]对Gibbs抽样做了一些基本介绍. Albert[1]提供了一些使用R代码的MCMC算法的说明.

练习

13.1（上课迟到了吗？）. 假设一个学生从家到学校的时间服从均值为20分钟、标准差为4分钟的正态分布. 学校每周上5天课，他每天会在上课前30分钟从家里出发. 对下面每一个问题写出一个简短的蒙特卡罗模拟函数来计算感兴趣的概率或期望.

a. 给出这个学生一周5天从家到学校的期望总时间. 给出模拟估计和它的标准误差.

b. 给出这个学生一周5天至少迟到一次的概率. 给出概率的模拟估计和对应的标准误差.

c. 平均来讲一周5天中从家到学校最长的时间是多少？再次给出模拟估计和标准误差.

13.2（正态均值基于样本分位数的置信区间）. 假设我们得到了一个容量为$n = 20$的正态分布的样本，但是只记录了样本中位数M、第一四分位数Q_1和第三四分位数Q_3的值.

a. 使用容量为$n = 20$、服从标准正态分布的样本，模拟统计量

$$S = \frac{M}{Q_2 - Q_1}$$

的抽样分布. 将S的模拟值储存在一个向量中.

b. 找到两个值s_1和s_2，使得由它们两个构成的区间包含了S的分布中间90%的概率.

c. 对于容量为$n = 20$，服从均值为μ、标准差为σ的正态分布的样本，可以证明：

$$P\left(s_1 < \frac{M - \mu}{Q_2 - Q_1} < s_2\right) = 0.90.$$

使用这个结果，对均值μ构造90%置信区间.

d. 在一个容量为20的样本中我们观测到$(Q_1, M, Q_2) = (37.8, 51.3, 58.2)$. 使用你在(b)和(c)中的结果给出均值$\mu$的90%置信区间.

13.3（比较方差估计量）. 假设我们从均值为μ、方差为σ^2的正态分布中抽取了一个样本$y_1, \cdots, y_n$.

a. 众所周知，样本方差

$$S = \frac{\sum\limits_{j=1}^{n}(y_j - \bar{y})^2}{n-1}$$

是σ^2的无偏估计量. 为了确认这一点，假设$n = 5$，运行一个模拟试验来计算样本方差S的偏差.

b. 考虑另一个方差估计量

$$S_c = \frac{\sum\limits_{j=1}^{n}(y_j - \bar{y})^2}{c},$$

其中c是一个常数. 假设我们想要找出使得均方误差

$$MSE = E\left[(S_c - \sigma^2)^2\right]$$

尽可能小的估计量S_c. 再次假设$n = 5$，使用模拟试验计算估计量S_3、S_5、S_7和S_9的均方误差，（在3、5、7、9中）找到使得均方误差最小的c值.

13.4（评价"加四"区间）. 一个计算比例的置信区间的现代方法是Agresti和Coull[2]给出的"加四"（plus-four）区间. 我们首先在数据中添加4个假想的观测值，两个成功和两个失败，然后对调整的样本使用Wald区间. 令$\tilde{n} = n + 4$表示调整的样本容量，$\tilde{p} = (y+2)/\tilde{n}$表示调整的样本比例. 那么"加四"区间由

$$INT_{Plus\text{-}four} = \left(\tilde{p} - z\sqrt{\frac{\tilde{p}(1-\tilde{p})}{\tilde{n}}}, \hat{p} + z\sqrt{\frac{\tilde{p}(1-\tilde{p})}{\tilde{n}}}\right)$$

给出，其中z表示一个标准正态变量对应的$1 - (1-\gamma)/2$百分位数.

通过蒙特卡罗模拟来对0.001和0.999之间的比例p计算"加四"区间的覆盖率. 当名义覆盖水平为$\gamma = 0.90$时，比较"加四"区间和Wald区间的覆盖率. "加四"区间对所有的p值都有90%的覆盖率吗？

13.5（聚柯西分布的Metropolis-Hastings算法）. 假设一个随机变量y是按照聚柯西密度

$$g(y) = \prod_{i=1}^{n}\frac{1}{\pi[1+(y-a_i)^2]}$$

分布的，其中$a = (a_1, \cdots, a_n)$是实值参数向量. 假设$n = 6$，$a = (1, 2, 2, 6, 7, 8)$.

a. 写出一个函数计算y的密度的对数（使用计算柯西密度的函数"dcauchy"会很有帮助）.

b. 使用函数"metrop.hasting.rw"从y的密度抽取一个容量为10000的模拟样本. 通过标准差C的不同选择进行试验. 研究C的选择对接受率的影响，以及对按照这个概率密度模拟的马尔可夫链的混合程度有什么影响.

c. 使用C的"较好的"选择模拟样本，近似计算概率$P(6 < Y < 8)$.

13.6（泊松/伽马模型的Gibbs抽样）. 假设随机变量向量(X, Y)有联合密度函数

$$f(x, y) = \frac{x^{a+y-1}e^{-(1+b)x}b^a}{y!\Gamma(a)}, \; x > 0, y = 0, 1, 2, \cdots.$$

我们希望从这个联合密度模拟.

a. 证明条件密度$f(x|y)$是一个伽马密度，并给出这个密度的形状参数和比率参数.
b. 证明条件密度$f(y|x)$是一个泊松密度.
c. 给定常数$a = 1$和$b = 1$时，写出一个R函数来实现Gibbs抽样.
d. 使用你的R函数，将Gibbs抽样器运行1000次循环，从结果显示（比如使用直方图）Y的边缘概率质量函数并计算$E(Y)$.

附　　录

附录 A　　向量、矩阵和列表

A.1　向量

A.1.1　生成一个向量

向量可以用多种方法生成. 我们已经见到过两种方法, 组合函数"c"和冒号运算符"："可以把给定的值生成向量. 比如, 为了生成由整数1到9组成的向量并将它赋值给"i", 我们可以使用下面两种方法.

```
i = c(1,2,3,4,5,6,7,8,9)
i = 1:9
```

为了生成一个向量但不指定任何元素, 我们只需要指定向量的类型和长度. 比如,

```
y = numeric(10)
```

生成了一个长度为10的数值向量"y",

```
a = character(4)
```

生成了一个由4个空字符串组成的向量. 由此生成的向量分别是

```
> y
 [1] 0 0 0 0 0 0 0 0 0 0
> a
[1] "" "" "" ""
```

A.1.2　序列

R中有多个函数可以生成特殊类型和模式的序列. 除了"："之外, 还有序列(sequence)函数"seq"和重复(repeat)函数"rep". 我们经常使用这些函数来生成向量.

"seq" 函数用于生成 "常规的" 序列, 不一定是整数. 基本语句为 "seq(from, to, by)", 其中 "by" 是增量的大小. 除了 "by" 之外, 我们还可以指定序列的长度 "length". 要想生成由数 $0, 0.1, 0.2, \cdots, 1$ 组成的序列, 它里面含有11个等间距的数, 下面两个命令都可以做到.

```
> seq(0, 1, .1)
 [1] 0.0 0.1 0.2 0.3 0.4 0.5 0.6 0.7 0.8 0.9 1.0
> seq(0, 1, length=11)
 [1] 0.0 0.1 0.2 0.3 0.4 0.5 0.6 0.7 0.8 0.9 1.0
```

"rep" 函数通过将一个给定模型重复给定次数来生成向量. "rep" 函数的用法可以通过下面几个实例的结果来解释:

```
> rep(1, 5)
[1] 1 1 1 1 1

> rep(1:2, 5)
[1] 1 2 1 2 1 2 1 2 1 2

> rep(1:3, times=1:3)
[1] 1 2 2 3 3 3

> rep(1:2, each=2)
[1] 1 1 2 2

> rep(c("a", "b", "c"), 2)
[1] "a" "b" "c" "a" "b" "c"
```

A.1.3 提取和替换向量的元素

如果 "x" 是一个向量, 那么 "x[i]" 是 "x" 的第 "i" 个元素. 这个语句既可以用来赋值, 也可以用来提取值. 如果 "i" 恰好是正整数构成的向量 $(i_1, \cdots, i_k)$, 并且这些数都是 "x" 的有效下标, 那么 "x[i]" 是由 $x_{i_1}, \cdots, x_{i_k}$ 组成的向量.

可以通过下面几个实例来说明如何从向量中提取元素:

```
> x = letters[1:8]    #letters of the alphabet a to h
> x[4]                #fourth element
[1] "d"

> x[4:5]              #elements 4 to 5
```

```
[1] "d" "e"

> i = c(1, 5, 7)
> x[i]                   #elements 1, 5, 7
[1] "a" "e" "g"
```

介绍赋值的实例如下:

```
> x = seq(0, 20, 2)
> x[4] = NA          #assigns a missing value
> x
 [1]  0  2  4 NA  8 10 12 14 16 18 20

> x[4:5] = c(6, 7)   #assigns two values
> x
 [1]  0  2  4  6  7 10 12 14 16 18 20

> i = c(3, 5, 7)
> x[i] = 0           #assigns 3 zeros, at positions i
> x
 [1]  0  2  0  6  0 10  0 14 16 18 20
```

有时指定"删掉"哪些元素比指定包含哪些元素更容易. 这种情况下我们可以使用负数指标. 比如表达式"x[-2]"表示"x"中除了第二个元素之外的所有元素. 负号也可用于指标向量，如下所示.

```
> x = seq(0, 20, 5)
> x
[1]  0  5 10 15 20

> i = c(1, 5)
> y = x[-i]          #leave out the first and last element
> y
[1]  5 10 15
```

A.2 "sort"和"order"函数

"sort"函数将向量中的值按升序（默认）或降序排列. 有时我们希望将一些变量按照其中某一个变量的顺序排序. 这可以通过"order"函数来完成.

例A.1 ("order"函数).

假设我们有下列关于温度(temperatures)和臭氧(ozone)水平的数据

```
> temps = c(67, 72, 74, 62)
> ozone = c(41, 36, 12, 18)
```

并希望将("ozone","temps")组合按照臭氧增加的顺序排列. 表达式"order(ozone)"是一个由指标组成的向量，它可以用来把臭氧水平按照升序重新排列. 这和"temps"要求的顺序是一样的，所以这个向量就是我们需要的"temps"的指标向量.

```
> oo = order(ozone)
> oo
[1] 3 4 2 1

> Ozone = sort(ozone)    #same as ozone[oo]
> Temps = temps[oo]

> Ozone
[1] 12 18 36 41
> Temps
[1] 74 62 72 67
```

R$_x$ A.1 在例A.1中我们使用"sort"来将"ozone"的值排序；但是（再次）排序是不必要的，因为"order(ozone)"包含了将"ozone"排序的信息. 在本例中，"sort(ozone)"等价于"ozone[oo]".

将数据框排序的实例参见2.7.3节.

A.3 矩阵

A.3.1 生成一个矩阵

可以使用"matrix"函数生成一个矩阵. 基本语句是"matrix(x, nrow, ncol)"，其中"x"是一个常数或一列值，"nrow"是行数，"ncol"是列数. 比如，为了生成一个由0组成的4×4矩阵，我们使用

```
> matrix(0, 4, 4)
     [,1] [,2] [,3] [,4]
[1,]    0    0    0    0
[2,]    0    0    0    0
```

```
[3,]     0     0     0     0
[4,]     0     0     0     0
```

为了生成一个由指定元素组成的矩阵,我们把这些元素组成的向量作为"matrix"的第一个参数.

```
> X = matrix(1:16, 4, 4)
> X
     [,1] [,2] [,3] [,4]
[1,]    1    5    9   13
[2,]    2    6   10   14
[3,]    3    7   11   15
[4,]    4    8   12   16
```

R工作空间中已经存在的矩阵的行数、列数和维数可以分别通过函数"nrow"(或"NROW")"ncol"和"dim"得到.

```
> nrow(X)
[1] 4
> NROW(X)
[1] 4
> ncol(X)
[1] 4
> dim(X)
[1] 4 4
```

$\mathbf{R_x}$ **A.2** ("NROW""nrow"和"length") 了解什么时候使用"NROW""nrow"和"length"是非常有用的. "length"给出了一个向量的长度,"nrow"给出了一个矩阵的行数. 但是对矩阵应用"length"并不会返回行数,而是返回矩阵中元素的个数. "NROW"的一个优点在于它对向量计算"length",对矩阵计算"nrow". 当对象既可能是一个向量又可能是一个矩阵时,这是非常有用的.

注意,当我们把向量"x=1:16"作为矩阵"X"的元素时,在默认情况下,矩阵是按列填充的. 我们也可以通过可选参数"byrow=TRUE"来改变这种模式.

```
> matrix(1:16, 4, 4)
     [,1] [,2] [,3] [,4]
[1,]    1    5    9   13
[2,]    2    6   10   14
[3,]    3    7   11   15
[4,]    4    8   12   16
```

```
> A = matrix(1:16, 4, 4, byrow=TRUE)
> A
     [,1] [,2] [,3] [,4]
[1,]    1    2    3    4
[2,]    5    6    7    8
[3,]    9   10   11   12
[4,]   13   14   15   16
```

　　矩阵的行标签和列标签也可以用来从矩阵中提取一行或一列. 为了提取第2行的所有元素我们使用"A[2,]". 为了提取第4列的所有元素我们使用"A[,4]". 为了提取第2行、第4列的元素，我们使用"A[2, 4]".

```
> A[2,]
[1] 5 6 7 8
> A[,4]
[1]  4  8 12 16
> A[2,4]
[1] 8
```

　　通过指定行指标向量和（或）列指标向量我们可以提取子矩阵. 比如，为了提取由矩阵"A"的最后两行和最后两列组成的子矩阵，我们使用

```
> A[3:4, 3:4]
     [,1] [,2]
[1,]   11   12
[2,]   15   16
```

为了删除一些行或列我们可以使用负数指标，这和我们对向量使用的方法是一样的. 为了只删除掉第3行，我们可以使用

```
> A[-3, ]
     [,1] [,2] [,3] [,4]
[1,]    1    2    3    4
[2,]    5    6    7    8
[3,]   13   14   15   16
```

　　矩阵的行和列可以分别使用"rownames"和"colnames"来命名. 比如我们可以如下指定矩阵A的行名和列名.

```
> rownames(A) = letters[1:4]
> colnames(A) = c("FR", "SO", "JR", "SR")
```

```
> A
  FR SO JR SR
a  1  2  3  4
b  5  6  7  8
c  9 10 11 12
d 13 14 15 16
```

现在我们可以通过名称来提取元素. 为了提取标记为"JR"的列, 我们可以使用"A[, 3]"或者

```
> A[, "JR"]
 a  b  c  d
 3  7 11 15
```

A.3.2 矩阵运算

对矩阵使用基本算术运算符"+"（加法）、"-"（减法）、"*"（乘法）、"/"（除法）、"^"（指数）时系统会逐个元素地应用这些运算，类似于向量化运算. 这意味如果 $A = (a_{ij})$ 和 $B = (b_{ij})$ 是相同维数的矩阵，那么"A*B"是由乘积 $a_{ij}b_{ij}$ 构成的矩阵.

```
> A = matrix(1:16, 4, 4, byrow=TRUE)
> A
     [,1] [,2] [,3] [,4]
[1,]    1    2    3    4
[2,]    5    6    7    8
[3,]    9   10   11   12
[4,]   13   14   15   16
> A * A
     [,1] [,2] [,3] [,4]
[1,]    1    4    9   16
[2,]   25   36   49   64
[3,]   81  100  121  144
[4,]  169  196  225  256
```

指数运算符也是应用到矩阵的每一个元素上. R表达式"A^2"表示每个元素的平方（即 a_{ij}^2）组成的矩阵，而不是矩阵乘积 AA.

```
> A^2      #not the matrix product
     [,1] [,2] [,3] [,4]
[1,]    1    4    9   16
```

```
[2,]    25    36    49    64
[3,]    81   100   121   144
[4,]   169   196   225   256
```

矩阵乘法可以通过运算符"%*%"得到. 为了（使用矩阵乘法）得到矩阵"A"的平方，我们使用"A %*% A".

```
> A %*% A   #the matrix product
     [,1] [,2] [,3] [,4]
[1,]   90  100  110  120
[2,]  202  228  254  280
[3,]  314  356  398  440
[4,]  426  484  542  600
```

R中的许多单变量函数也可以逐元应用到矩阵上. 比如，"log(A)"返回了元素的自然对数$\log(a_{ij})$组成的矩阵.[i]

```
> log(A)
          [,1]      [,2]      [,3]      [,4]
[1,] 0.000000 0.6931472 1.098612 1.386294
[2,] 1.609438 1.7917595 1.945910 2.079442
[3,] 2.197225 2.3025851 2.397895 2.484907
[4,] 2.564949 2.6390573 2.708050 2.772589
```

可以使用"apply"函数将一个函数应用到矩阵的行或列上去. 比如，要想得到每一行最小值构成的向量和每一列最大值构成的向量，我们可以分别使用

```
> apply(A, MARGIN=1, FUN="min")
[1]  1  5  9 13
```

```
> apply(A, MARGIN=2, FUN="max")
[1] 13 14 15 16
```

行均值和列均值可以通过"apply"计算，或者使用

```
> rowMeans(A)
[1]  2.5  6.5 10.5 14.5
```

```
> colMeans(A)
[1]  7  8  9 10
```

---

[i]这里用log来表示自然对数，不过在我国教材中一般用ln来表示，特此说明.——编辑注

"sweep"函数可以用来从矩阵中"去掉"一个统计量. 比如，为了减去矩阵的最小值，并将得到的矩阵除以它的最大值，我们可以使用

```
> m = min(A)
> A1 = sweep(A, MARGIN=1:2, STATS=m, FUN="-")  #subtract min

> M = max(A1)
> A2 = sweep(A1, 1:2, M, "/")  #divide by max

> A2
          [,1]        [,2]       [,3]        [,4]
[1,] 0.0000000 0.06666667 0.1333333 0.2000000
[2,] 0.2666667 0.33333333 0.4000000 0.4666667
[3,] 0.5333333 0.60000000 0.6666667 0.7333333
[4,] 0.8000000 0.86666667 0.9333333 1.0000000
```

这里我们指定"MARGIN=1:2"，说明对矩阵所有的元素使用. 默认函数是减法，所以在"sweep"的第一个应用中参数"-"可以省略.

要想将每一列减去列均值可以使用

```
> sweep(A, 2, colMeans(A))
     [,1] [,2] [,3] [,4]
[1,]   -6   -6   -6   -6
[2,]   -2   -2   -2   -2
[3,]    2    2    2    2
[4,]    6    6    6    6
```

1.3节的例1.8对矩阵运算进行了介绍.

A.4 列表

使用向量、矩阵和数组的共同限制是它们都只能包含同一种类型的数据. 比如，一个向量的元素都是数值数据或者都是字符数据. 列表是一类特殊的对象，它可以包含多种类型的数据.

列表中的对象可以有名称；如果有的话，它们可以通过"$"运算符引用. 对象还可以使用双方括号"[[ ]]"通过名称或位置进行引用.

例A.2 (生成一个列表).

如果例1.3的结果（马匹蹬踏导致的死亡人数）不在当前工作空间中，我们可以通过运行1.1.3节中讨论过的脚本"horsekicks.R"来调用它们. 现在假定我们想要把数据

（"k" 和 "x"）、样本均值 "r" 和样本方差 "v" 都储存在一个对象中. 向量 "x" 和
"k" 的长度都是5，但是均值和方差的长度都是1. 这样的数据不可能组合成矩阵，但是
可以组合成列表. 这类列表可以这样生成.

```
> mylist = list(k=k, count=x, mean=r, var=v)
```

列表的内容可以像其他任何对象一样，通过输入对象的名称或者使用 "print" 函数进
行显示.

```
> mylist
$k
[1] 0 1 2 3 4

$count
[1] 109  65  22   3   1

$mean
[1] 0.61

$var
[1] 0.6109548
```

列表分量的名称可以通过 "names" 函数进行显示.

```
> names(mylist)
[1] "k"     "count" "mean"  "var"
```

由上面的结果可知，这个列表的所有分量都有名称，所以它们既可以通过名称引
用也可以通过位置引用. 实例如下.

```
> mylist$count    #by name
[1] 109  65  22   3   1

> mylist[[2]]     #by position
[1] 109  65  22   3   1

> mylist["mean"] #by name
$mean
[1] 0.61
```

一种简洁的描述列表内容的方式是使用 "str" 函数. 它是描述对象的一般方法
["str" 是structure（结构）的缩写].

```
> str(mylist)
List of 4
 $ k    : num [1:5] 0 1 2 3 4
 $ count: num [1:5] 109 65 22 3 1
 $ mean : num 0.61
 $ var  : num 0.611
```

当列表很大不能在一个屏幕上显示，或者对象是一个非常大的数据集时，使用"str"函数会尤其方便.

R中许多函数返回的值都是列表. 一个有趣的实例是"hist"函数，它显示一个直方图；它的返回值（一个列表）将在下个实例中进行讨论.

例A.3 (直方图对象（一个列表）).

R安装文件中包含了很多数据集，其中一个是"faithful". 这个数据记录了美国怀俄明州黄石国家公园中的老忠实泉(Old Faithful)两次喷发间的等待时间和喷发的持续时间. 我们感兴趣的是变量"waiting"，即从上一次喷发结束到下一次喷发开始的等待时间，单位是分钟.

我们使用"hist"函数构造两次喷发间等待时间的频数直方图，显示在图A.1中. 条形的高度对应着每个组的计数. 直方图有一个非常有趣的形状. 很明显它不是接近正态分布的，事实上它有两个众数，一个在50~55附近，另一个在80附近.

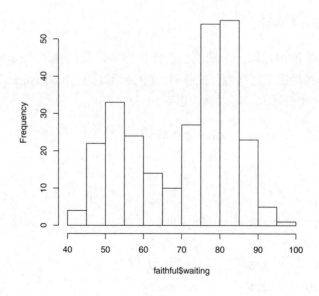

图 A.1 例A.3中老忠实泉两次喷发间等待时间的直方图.

我们通常感兴趣的是"hist"函数的图形输出结果,但是函数也返回了其他一些有用的信息.我们将函数的值赋给某个对象就可以储存这些信息.这里我们将"hist"的结果储存在对象"H"中.对象"H"实际上是一个列表;它储存了直方图的各种信息,比如组计数、断点(端点)和区间中点,等等.

```
> H = hist(faithful$waiting)

> names(H)
[1] "breaks"      "counts"      "intensities" "density"
[5] "mids"        "xname"       "equidist"
```

区间端点(断点)是

```
> H$breaks
 [1]  40  45  50  55  60  65  70  75  80  85  90  95 100
```

每个区间上的频数(组计数)分别为

```
H$counts
 [1]  4 22 33 24 14 10 27 54 55 23  5  1
```

"hist"的帮助主题在"Value"一节中对列表"H"的各个分量都做了说明.

使用"list"函数可以生成一个列表;本节的开始给出了一个简单的实例(见例A.2).本书中还有很多其他的实例介绍了如何生成列表.

A.5 从一个数据框抽样

为了从一个数据框中抽取一个观测值的随机样本,我们使用"sample"函数对行指标或行标签抽样然后提取这些行.参考例1.9中介绍过的"USArrests"数据.为了得到一个5个州组成的随机样本,可以输入以下代码.

```
> i = sample(1:50, size=5, replace=FALSE)
> i
[1] 30  1  6 50  3
> USArrests[i, ]
           Murder Assault UrbanPop Rape
New Jersey    7.4     159       89 18.8
Alabama      13.2     236       58 21.2
Colorado      7.9     204       78 38.7
Wyoming       6.8     161       60 15.6
Arizona       8.1     294       80 31.0
```

或者我们还可以对行标签进行抽样：

```
> samplerows = sample(rownames(USArrests), size=5, replace=FALSE)
> samplerows
[1] "North Dakota"  "West Virginia" "Montana"       "Idaho"
[5] "Virginia"
> USArrests[samplerows, ]
              Murder Assault UrbanPop Rape
North Dakota     0.8      45       44  7.3
West Virginia    5.7      81       39  9.3
Montana          6.0     109       53 16.4
Idaho            2.6     120       54 14.2
Virginia         8.5     156       63 20.7
```

参考文献

[1] Albert, J. (2009), *Bayesian Computation with R*, Springer, New York.

[2] Agresti, A. and Coull, B. (1998), "Approximate is better than 'exact' for interval estimation of binomial proportions," *The American Statistician*, 52, 119-126.

[3] Ashenfelter, O. and Krueger, A. (1994), "Estimates of the economic return to schooling from a new sample of twins," *The American Economic Review*, 84, 1157–1173.

[4] Bolstad, W. (2007), *Introduction to Bayesian Statistics*, Wiley-Interscience.

[5] Box, G. E. P., Hunter W. G. and Hunter J. S. (1978), *Statistics for Experimenters: An Introduction to Design, Data Analysis, and Model Building*, Wiley, New York.

[6] Cameron E. and Pauling L. (1978), "Experimental studies designed to evaluate the management of patients with incurable cancer," *Proc. Natl. Acad. Sci. U. S. A.*, 75, 4538–4542.

[7] Canty, A. and Ripley. B. (2010), *boot: Bootstrap R Functions,* R package version 1.2-43.

[8] Casella, G., and George, E. (1992), "Explaining the Gibbs sampler," *The American Statistician*, 46, 167–174.

[9] Chib, S., and Greenberg, E. (1995), "Understanding the Metropolis-Hastings algorithm," *The American Statistician*, 49, 327–335.

[10] Cleveland, W. (1979), "Robust locally weighted regression and smoothing scatterplots," *Journal of the American Statistical Association*, 74, 829–83.

[11] Carmer, S. G. and Swanson, M. R. (1973), "Evaluation of ten pairwise multiple comparison proceedures by Monte Carlo methods," *Journal of the American Statistical Association*, 68, 66–74.

[12] DASL: The Data and Story Library, `http://lib.stat.cmu.edu/DASL/`.

[13] Davison, A. C. and Hinkley, D. V. (1997), *Bootstrap Methods and Their Applications*. Cambridge University Press, Cambridge.

[14] Efron, B. and Tibshirani, R. J. (1993), *An Introduction to the Bootstrap*, Chapman & Hall/CRC, Boca Raton, FL.

[15] Everitt, B. S., Landau, S., And Leese, M. (2001), *Cluster Analysis*, 4th edition, Oxford University Press, Inc. New York.

[16] Faraway, J. (2002), "Practical regression and ANOVA Using R," Contributed documentation in PDF format available at `http://cran.r-project.org/doc/contrib/Faraway-PRA.pdf`.

[17] Friendly, M. (2002), "A brief history of the mosaic display," *Journal of Computational and Graphical Statistics*, 11, 89-107.

[18] Fienberg, S. E. (1971), "Randomization and social affairs: The 1970 draft lottery," *Science*, 171, 255–261.

[19] Gelman, A., Carlin, J., Stern, H. and Rubin, D. (2003), *Bayesian Data Analysis*, second edition, Chapman and Hall, New York.

[20] Gentle, J. E. (2003), *Random Number Generation and Monte Carlo Methods*, second edition, Springer, New York.

[21] Hand D. J., Daly F., Lunn A. D., McConway K. J., Ostrowski E. (1994), *A Handbook of Small Data Sets*, Chapman and Hall, London.

[22] Hoaglin, D., Mosteller, F., and Tukey, J. (2000), *Understanding Robust and Exploratory Data Analysis*, Wiley-Interscience.

[23] Hoff, P. (2009), *A First Course in Bayesian Statistics*, Springer, New York.

[24] Hogg, R. and Klugman, S. (1984), *Loss Distributions*, Wiley, New York.

[25] Hollander. M. and Wolfe, D. (1999), *Nonparametric Statistical Methods*, second edition, Wiley, New York.

[26] Hornik, K (2009). *R FAQ: Frequently Asked Questions on R*, Version 2.13.2011-04-07, `http://cran.r-project.org/doc/FAQ/R-FAQ.html`.

[27] Hothorn, T., Hornik, K., van de Wiel, M. and Zeileis, A. (2008), "Implementing a class of permutation tests: The coin package," *Journal of Statistical Software*, 28, 1-23.

[28] Koopmans, L. (1987), *Introduction to Contemporary Statistical Methods*, Duxbury Press.

[29] Labby, Z. (2009), "Weldon's dice, automated" *Chance*, 22, 258-264.

[30] Larsen, R. J. and Marx, M. L. (2006), *An Introduction to Mathematical Statistics and Its Applications*, 4th edition, Pearson Prentice Hall, Saddle River, New Jersey.

[31] Leisch, F. (2007), *bootstrap: Functions for the Book "An Introduction to the Bootstrap,"* R package version 1.0-22.

[32] Meyer, D., Zeileis, A., and Hornik, K. (2010), *vcd: Visualizing Categorical Data*, R package version 1.2-9.

[33] Montgomery, D. G. (2001), *Design and Analysis of Experiments*, 5th edition., Wiley, New York.

[34] Moore, G. (1965), "Cramming more components onto integrated circuits," *Electronics Magazine*, April, 114-117.

[35] Mosteller, F. (2010), *The Pleasures of Statistics*, Springer, New York.

[36] Mosteller, F. and Wallace, D. L. (1984), *Applied Bayesian and Classical Inference: The Case of the Federalist Papers*, Springer-Verlag, New York.

[37] Murrell, P. (2006), *R Graphics*, Chapman and Hall, Boca Raton, Florida.

[38] *OzDASL, Australian Data and Story Library*, `http://www.statsci.org/data/index.html`.

[39] Pearson, K. (1900), "On the criterion that a given system of derivations from the probable in the case of a correlated system of variables is such that it can be reasonably supposed to have arisen from random sampling," *Philosophical Magazine*, 5, 157-175.

[40] R Development Core Team (2011), "R: A language and environment for statistical computing," R Foundation for Statistical Computing, Vienna, Austria, `http://www.R-project.org/`.

[41] The R Development Core Team (2011), "R: A Language and Environment for Statistical Computing, Reference Index." Version 2.13.0 (2011-04-13).

[42] Ross, S. (2007), *Introduction to Probability Models*, 9th edition, Academic Press, Burlington, MA.

[43] Sarkar, D. (2008), *Lattice: Multivariate Data Visualization with R*, Springer, New York.

[44] Smith, J. M. and Misiak, H. (1973), "The effect of iris color on critical flicker frequency (CFF)," *Journal of General Psychology* 89, 91–95.

[45] Snell, L. (1988), *Introduction to Probability*, Random House, New York.

[46] Starr, N. (1997), "Nonrandom risk: the 1970 draft lottery. *Journal of Statistics Education*," 5, `http://www.amstat.org/publications/jse/v5n2/datasets.starr.html`.

[47] Tukey, J. (1977), *Exploratory Data Analysis*, Addison-Wesley.

[48] "Campaign 2004: Time-tested formulas suggest both Bush and Kerry will win on Nov. 2," USA Today, `http://www.usatoday.com/news/politicselections/nation/president/2004-06-23-bush-kerry-cover_x.htm`.

[49] Venables, W. N., Smith, D. M. and the R Development Core Team (2011). "An Introduction to R", Version 2.13.0 (2011-04-13).

[50] Venables, W. N. and Ripley, B. D. (2002), *Modern Applied Statistics with S*, fourth edition. Springer, New York.

[51] Verzani, J. (2010), *UsingR: Data sets for the text Using R for Introductory Statistics*," R package version 0.1-13.

[52] Wickham, H. (2009), *ggplot2: Elegant Graphics for Data Analysis*, Springer, New York.

[53] *The Washington Post* (2007) "Heads and Shoulders above the Rest", `http://blog.washingtonpost.com/44/2007/10/11/head_and_shoulders_above.html`.

[54] Wikipedia, "Heights of Presidents of the United States and presidential candidates," retrieved June 28, 2011.

[55] Wilkinson, L. (2005), *The Grammar of Graphics*, second edition, Springer, New York.

[56] Willerman, L., Schultz, R., Rutledge, J. N., and Bigler, E. (1991), "In vivo brain size and intelligence," *Intelligence*, 15, 223–228.

索　引